中国轻工业“十三五”规划教材
北大社普通高等教育“十三五”数字化建设规划教材

概率论与数理统计

（第二版）

陕西科技大学大学数学中心　编
蔺小林　郭改慧　主　编

本书资源使用说明

北京大学出版社
PEKING UNIVERSITY PRESS

内 容 简 介

本书介绍了概率论与数理统计的基本概念、基本理论和基本方法，内容包括：随机事件与概率、随机变量及其分布、多维随机变量及其分布、随机变量的数字特征与极限定理、数理统计的基本概念、参数估计、假设检验、回归分析与方差分析. 本书每章均配有习题，书末附有习题参考答案，供学生学习时参考.

本书可作为高等学校非数学专业概率论与数理统计课程的教材，也可供工程技术人员参考.

图书在版编目(CIP)数据

概率论与数理统计 / 陕西科技大学大学数学中心编. 2版. -- 北京 : 北京大学出版社, 2025. 5. -- ISBN 978-7-301-36210-5

Ⅰ. O21

中国国家版本馆 CIP 数据核字第 202507QA97 号

书　　名	概率论与数理统计（第二版） GAILÜLUN YU SHULI TONGJI (DI-ER BAN)
著作责任者	陕西科技大学大学数学中心　编
责任编辑	潘丽娜
标准书号	ISBN 978-7-301-36210-5
出版发行	北京大学出版社
地　　址	北京市海淀区成府路 205 号　100871
网　　址	http://www.pup.cn
电子邮箱	总编室 zpup@pup.cn
新浪微博	@北京大学出版社
电　　话	邮购部 010-62752015　发行部 010-62750672　编辑部 010-62752021
印 刷 者	长沙超峰印刷有限公司
经 销 者	新华书店
	787 毫米×1092 毫米　16 开本　15 印张　380 千字
	2020 年 1 月第 1 版
	2025 年 5 月第 2 版　2025 年 5 月第 1 次印刷
定　　价	55.00 元

第二版前言

本书自 2020 年出版以来，作为大学数学课程“概率论与数理统计”的教材，已在陕西科技大学和部分兄弟院校使用了五年. 在使用过程中，广大师生对本书的内容安排都给予了充分的肯定.

本书第二版由陕西科技大学大学数学中心编，蔺小林、郭改慧主编，最后由郭改慧统稿. 陕西科技大学概率论与数理统计课程教学团队为本书主要章节录制了视频，可扫描相应二维码观看. 为了使书中内容更加完善，我们修改了部分例题和习题，以便通过例题和习题的更新，使学生能够更好地掌握有关知识点. 同时，我们还在各章例题及习题中补充了一些近年来全国硕士研究生招生考试试题，希望学生在学习完本课程后，能有更大的信心去面对硕士研究生招生考试.

在本书第二版的编写过程中，编者吸收了陕西科技大学大学数学中心各位老师的经验，也吸取了不少同行专家的意见和建议，同时得到了陕西科技大学教务处、数学与数据科学学院和北京大学出版社的大力支持与帮助，付小军、苏娟、宋晨、朱顺春提供了版式和装帧设计方案，在此一并致以衷心的感谢.

由于编者水平所限，加之时间仓促，本书内容仍会存在不足之处，敬请各位同行与广大读者批评指正.

编　者

2024 年 9 月

第一版前言

概率论与数理统计是高等学校工科类各专业重要的基础课之一，也是理工科大学生的一门必修课程. 该课程内容与生活实践和科学试验有着紧密的联系，是许多新发展的前沿学科（如控制论、信息论、可靠性理论、人工智能等）的重要基础，本课程的学习对学生各方面能力的培养和塑造有着非常重要的促进作用. 因此，学好这门课程是十分重要的.

编者在长期的教学过程中，深入探索概率论与数理统计课程的学习规律，因此在课程内容的安排上由浅入深，符合认知规律，并且尽可能通过实际背景引入数学概念，做到基本理论叙述严谨、简明扼要、逻辑清晰，遵循教学活动自身的规律性，方便教师教学和学生学习.

本书的编排从教学需求出发，具有以下两个特点.

1. 基本内容完整. 本书的基本内容包括随机事件与概率、随机变量及其分布、多维随机变量及其分布、随机变量的数字特征与极限定理、数理统计的基本概念、参数估计、假设检验、回归分析与方差分析等. 全书内容简明易懂、结构简洁，每节有较多的典型例题，每章末配有适量练习题，书末附有习题参考答案，能满足一般高等学校学生学习概率论与数理统计课程的需求.

2. 重视实际应用. 本书每章的例题及练习题都有实际应用背景，涉及工业、农业、经济、交通运输等，充分体现了概率论与数理统计在实际问题应用中的广泛性.

本书由陕西科技大学大学数学教研室编，蔺小林主编，具体编写任务：第一章由岳宗敏编写，第二、第三章由王玉萍编写，第四章由连铁艳编写，第五章由王莉编写，第六、第七章由白云霄编写，第八章由蔺小林编写. 最后由蔺小林统稿.

本书在编写过程中得到了陕西科技大学教务处和文理学院领导及相关教师的支持和帮助，北京大学出版社的有关同志对本书的出版也付出了辛勤的劳动，在此我们一并深表谢意.

由于编者水平有限，书中的疏漏之处在所难免，希望使用教材的教师和学生提出宝贵意见.

编　者

2019 年 5 月

目　录

第一章 随机事件与概率

在自然界和社会实践中，发生了很多以各种各样形式呈现出来的现象．其中，有一类现象在一定条件下必然发生，例如，每天早上的太阳从东方升起；水在标准大气压（约为101 kPa）下，加热到 100 ℃ 就沸腾；在地面向上抛一颗石子，石子必然落下；等等．这些现象称为**确定性现象**．还有一类现象在一定条件下并不总是出现相同的结果，例如，抛一枚硬币，落地时可能正面朝上，也可能反面朝上；掷一颗骰子，落地后六个面中的每一面都可能出现，但在投掷之前不能确切知道哪一面出现；等等．那么，这种在一定条件下，可能出现这样的结果，也可能出现那样的结果，但是在试验或观察之前不能确切预知的现象，有规律可循吗？经过人们长期实践并深入研究，发现在大量重复的试验或观察之下，它们逐渐呈现出某种固有的规律，这就是我们所说的**统计规律性**．概率论与数理统计就是研究和揭示这些看似不确定，却在大量重复的试验或观察下呈现出统计规律性的一门学科．

导学

微课视频

§1.1 随机现象与随机试验

在一定条件下,个别试验的结果呈现出不确定性,但是在大量重复试验中其结果又具有统计规律性的现象,称为随机现象. 随机现象有以下两个特点:

(1) 试验的结果不止一个;

(2) 出现哪个结果,人们事先并不能确定.

例 1 下面给出一些随机现象的例子:

(1) 一天内进入某个超市的人数;

(2) 一种新的产品在未来市场的占有率;

(3) 从一批含有正品和次品的产品中任意抽取一个产品,观察正品或次品出现的情况;

(4) 掷一颗骰子四次,观察掷出 1 点的次数.

随机现象到处可见,但是为了研究其统计规律性,大部分情况下,需要进行反复的重复试验或观察,把这种可重复性的随机现象又称为随机试验. 例 1 中的(1),(2),(3),(4) 都可以称为随机试验.

概率论与数理统计主要研究能大量重复的随机现象(随机试验),但是也十分重视研究不能重复的随机现象. 这里需要说明的一点是,随机试验中所指的试验,是一个含义广泛的术语,它包含各种各样具体的科学实验,也包含对事物某种特质或特征的观察.

§1.2 随机事件及其运算

一、样本空间

虽然在随机试验前不能预知试验的结果,但是试验的所有可能结果是已知的. 我们把随机试验中所有可能的基本结果组成的集合称为样本空间,记为 $\Omega=\{\omega\}$,其中样本空间的元素 ω 表示基本结果,称为样本点.

例 1 对应于 §1.1 例 1 中的随机试验,其样本空间如下:

(1) 一天内进入某个超市的人数的样本空间为

$$\Omega_1=\{0,1,2,\cdots\}.$$

一天内进入该超市的最多人数虽不能确切说出，而一天内无人进入该超市的情况，虽然很少发生但却不能肯定不发生，所以该样本空间用非负整数集表示，既不脱离实际情况，又是合理的抽象.

(2) 一种新的产品在未来市场的占有率的样本空间为

$$\Omega_2=\{x\mid 0\leqslant x\leqslant 1\},$$

其中 x 表示该产品在未来市场的占有率.

(3) 从一批含有正品和次品的产品中任意抽取一个产品，观察正品或次品出现的情况的样本空间为

$$\Omega_3=\{\text{正品},\text{次品}\}.$$

(4) 掷一颗骰子四次，观察掷出 1 点的次数的样本空间为

$$\Omega_4=\{0,1,2,3,4\}.$$

从上面的例子可以看出：

(1) 样本空间中的元素可以是数，也可以不是数.

(2) 样本空间至少有两个样本点，仅仅含有两个样本点的样本空间是最简单的样本空间.

(3) 样本空间可以是有限集，也可以是无限集. 需要注意的是，无限集又有可列无限集[如例 1(1)]，也有不可列无限集[如例 1(2)].

在数学上，样本点个数为有限个或无限可列个的情况可以归为一类，称为**离散样本空间**；样本点个数为无限不可列的情况归为另一类，称为**连续样本空间**. 这两类样本空间有本质上的区别.

二、随机事件

在随机试验中，由某些样本点组成的集合称为**随机事件**，简称**事件**，这里用大写字母 $A,B,C,\cdots$ 表示. 事实上，随机事件是随机试验样本空间的一个子集，在随机试验中，如果该子集中的一个样本点出现，则称这一**事件发生**.

例 2 假设将转盘分为均等的六份，即转盘中六个扇形的面积都相等，且每个扇形分别标有数字 1,2,3,4,5,6,. 任意转动转盘一次，当转盘停止转动时，观察指针指向的数字，样本空间为

$$\Omega=\{1,2,3,4,5,6\}.$$

记事件 $A=$“指向奇数”，则 $A=\{1,3,5\}$；

记事件 $B=$“指向 6”，则 $B=\{6\}$；

记事件 $C=$“指向的数字小于 6”，则 $C=\{1,2,3,4,5\}$；

记事件 $D=$“指向的数字小于 7”，则 $D=\{1,2,3,4,5,6\}$；

记事件 $F=$“指向的数字大于 6”，则 $F=\varnothing$，此时样本空间中任一样本点都不在 F 中.

在事件的定义中,有如下几个特殊的事件:

(1) 当事件是由一个样本点构成的单点集时,称为**基本事件**,如例 2 中的事件 B.

(2) 当事件是由样本空间的所有样本点构成的集合时,称为**必然事件**,如例 2 中的事件 D.

(3) 空集 $\varnothing$ 不包含任何样本点,但同样为样本空间的子集,称为**不可能事件**,如例 2 中的事件 F.

三、事件之间的关系与运算

微课视频

既然事件是一个集合,那么按照集合论中集合之间的关系,可以给出随机事件之间的关系.

1. 包含与相等

如果属于事件 A 的样本点必然属于事件 B,即事件 A 发生必然导致事件 B 发生,则称**事件 B 包含事件 A**,记作 $A \subset B$. 特别地,

(1) 对于任一事件 A,都有 $\varnothing \subset A \subset \Omega$,其中 Ω 为样本空间;

(2) 若 $A \subset B$ 且 $B \subset A$,则称**事件 A 与 B 相等**,记作 $A = B$.

例 3 某人连续投篮三次,记录命中与否的情形,用“对”表示命中,“错”表示未命中,则此随机试验的样本空间为

$\Omega=$ {对对对,对错对,对错错,错对对,错错对,错错错,错对错,对对错}.

记事件 $A=$“连续投篮三次,只命中一次”,事件 $B=$“连续投篮三次,至少命中一次”. 当事件 A 发生时,事件 B 必然发生,所以 $A \subset B$.

例 4 口袋中有 5 个红球,6 个白球,从袋中一个一个地把球拿出来,注意只拿出,不放回,直到把球全部拿完. 记

事件 $A=$“最后拿出来的几个球全是红球”,

事件 $B=$“最后拿出来的一个球是红球”.

事件 A 发生必然导致事件 B 发生,即 $A \subset B$,而事件 A 中所述的几个最少是 1 个,最多是 5 个,所以事件 B 发生必然导致事件 A 发生,即 $B \subset A$,由此得 $A = B$.

2. 互不相容与对立事件

(1) 如果事件 A 与 B 没有相同的样本点,则称事件 A 与 B **互不相容**(也称**互斥**). 换句话说,事件 A 与 B 不可能同时发生.

例如在例 4 中,假设事件 $C=$“最后拿出来的一个球是白球”,那么显然事件 C 与 A(或 B) 不可能同时发生,所以事件 C 与 A(或 B) 是互不相容的.

(2) 如果在样本空间 Ω 中,不在事件 A 中的所有样本点组成一个新事件,则称这个事件为事件 A 的**对立事件**(也称**互逆事件**),记作 $\overline{A}$. 此时意味着,事件

A 不发生必然导致事件 $\overline{A}$ 发生，反之亦然. 所以，对立事件是相互的，由此也有

$$\overline{\overline{A}}=A.$$

需要注意的是，对于样本空间中的每个基本事件，两两之间都是互不相容的，但是不一定对立；对立的两个事件必然是互不相容的. 必然事件 Ω 与不可能事件 $\varnothing$ 是对立的.

例 5 有篮球、足球和排球共三个球，一个人去选，如果只能选一个的话，那么样本空间为 $\Omega=\{$篮球，足球，排球$\}$. 对于三个基本事件“篮球”“足球”“排球”，它们之间必然是互不相容的，不会同时发生. 但是如果不选篮球，还可以选择足球或排球，可见这三个基本事件两两并不对立. 假设事件 $A=$“篮球”，那么它的对立事件应该为 $\overline{A}=$“足球，排球”.

事件之间的关系可以用集合的运算来表示，从概率论的角度来看，这就是事件之间的运算.

3. 事件之间的运算及性质

事件之间的运算有和、积、差和余四种运算. 假设某随机试验的样本空间为 Ω，而 $A,B,A_i\,(i=1,2,\cdots)$ 都是 Ω 的子集.

(1) 称事件 $A\cup B=\{x\mid x\in A$ 或 $x\in B\}$ 为事件 A 与 B 的**和事件**. 这意味着，当事件 A 与 B 至少有一个发生时，事件 $A\cup B$ 发生.

更一般地，称 $\bigcup\limits_{i=1}^{n}A_i$ 为 n 个事件 $A_i\,(i=1,2,\cdots,n)$ 的和事件；称 $\bigcup\limits_{i=1}^{\infty}A_i$ 为无限可列个事件 $A_i\,(i=1,2,\cdots)$ 的和事件.

(2) 称事件 $A\cap B=\{x\mid x\in A$ 且 $x\in B\}$ 为事件 A 与 B 的**积事件**. 这意味着，当事件 A 与 B 同时发生时，事件 $A\cap B$ 发生. $A\cap B$ 也可以表示为 AB.

类似地，称 $\bigcap\limits_{i=1}^{n}A_i$ 为 n 个事件 $A_i\,(i=1,2,\cdots,n)$ 的积事件；称 $\bigcap\limits_{i=1}^{\infty}A_i$ 为无限可列个事件 $A_i\,(i=1,2,\cdots)$ 的积事件.

(3) 称事件 $A-B=\{x\mid x\in A$ 且 $x\notin B\}$ 为事件 A 与 B 的**差事件**. 这意味着，当且仅当事件 A 发生而事件 B 不发生时，事件 $A-B$ 发生.

根据上面的定义，可以把事件之间的关系做如下定义：

当 $A\cap B=\varnothing$ 时，称事件 A 与 B 互不相容或互斥.

若 $A\cup B=\Omega$ 且 $A\cap B=\varnothing$，则称事件 A 与 B 互为对立事件；如果把样本空间 Ω 看作全集，那么 A 就是 B 的余集，即 $\overline{A}=B=\Omega-A$.

设样本空间为 Ω，A,B,C 为任意三个事件，则事件之间的运算具有如下性质.

(1) **交换律**：$A\cup B=B\cup A$，$A\cap B=B\cap A$.

(2) **结合律**：$A\cup(B\cup C)=(A\cup B)\cup C$，

$A\cap(B\cap C)=(A\cap B)\cap C$.

(3) **分配律**：$A\cup(B\cap C)=(A\cup B)\cap(A\cup C)$，

$$A\cap(B\cup C)=(A\cap B)\cup(A\cap C).$$

(4) **对偶律[德摩根(De Morgan)公式]**：$\overline{A\cup B}=\overline{A}\cap\overline{B}$，

$\overline{A\cap B}=\overline{A}\cup\overline{B}$.

这些性质不难证明，读者可自行根据集合论的有关方法去证明.

例 6 设 A,B,C 为某个随机试验的三个事件，则

(1) 事件“A,B 同时发生，C 不发生”可表示为 $AB\overline{C}$.

(2) 事件“A,B,C 同时发生”可表示为 ABC.

(3) 事件“A,B,C 中至少有两个发生”可表示为 $AB\cup BC\cup AC$.

(4) 事件“A,B,C 中恰好有两个发生”可表示为 $AB\overline{C}\cup A\overline{B}C\cup\overline{A}BC$.

类似于集合，也可以使用**维恩(Venn)图**直观地表示事件之间的关系以及运算，如图 1-1～图 1-6 所示，其中阴影部分表示运算结果.

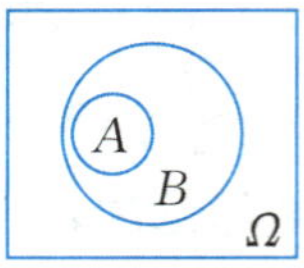

$A\subset B$

图 1-1

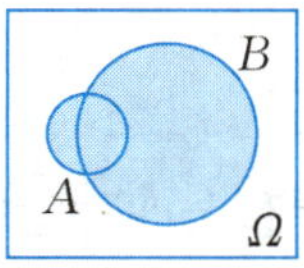

$A\cup B$

图 1-2

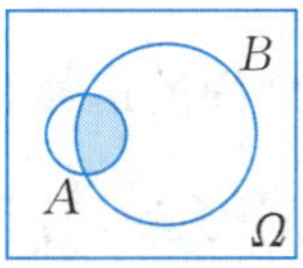

$A\cap B$

图 1-3

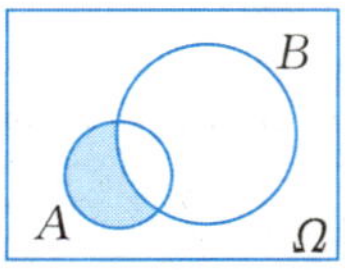

$A-B$

图 1-4

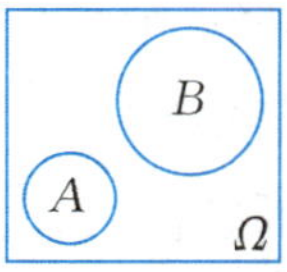

$A\cap B=\varnothing$

图 1-5

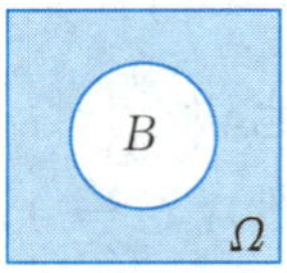

$\overline{B}=\Omega-B$

图 1-6

§ 1.3 随机事件的概率及其性质

在日常生活中，我们常常希望知道某些事件在一次试验中发生的可能性究竟有多大. 例如，产品抽检中产品的合格率，买彩票能中奖的可能性大小，等等. 为此，我们希望找到一个合适的数来表征事件在一次试验中发生的可能性大小.

一、频率

在相同的条件下进行 n 次试验，在这 n 次试验中，事件 A 发生的次数称为

事件A发生的**频数**,记为n_A. 称比值$\frac{n_A}{n}$为事件A发生的**频率**,记为$f_n(A)$.

从上述定义中可看出频率具有以下性质.

(1) $0 \leqslant f_n(A) \leqslant 1$.

(2) $f_n(\Omega)=1$.

(3) 若事件A与B互不相容,则

$$f_n(A \cup B)=\frac{n_A+n_B}{n}=f_n(A)+f_n(B).$$

事件发生的频率反映了事件发生的频繁程度. 这意味着,某个事件A发生的频率越大,它在一次试验中发生的可能性就越大. 这就给了我们一个很直观的想法,用事件A发生的频率来刻画事件A在一次试验中发生的可能性大小. 这样是否可行呢? 先来看一个简单的例子.

例1 考虑"抛硬币"这个试验,假设n为试验的次数,n_A表示事件A(出现正面)发生的次数,$f_n(A)$表示事件A发生的频率. 读者可以自己做此试验,刚开始当n较小时,$f_n(A)$是一个在0和1之间随机波动的数字,看似并无规律,但是随着n的增大,$f_n(A)$的值逐渐稳定于一个常数. 历史上做过类似试验的人很多,如表1-1所示.

表1-1

试验者	n	n_A	$f_n(A)$
德摩根	2 048	1 061	0.518 1
蒲丰(Buffon)	4 040	2 048	0.506 9
费勒(Feller)	10 000	4 979	0.497 9
皮尔逊(Pearson)	12 000	6 019	0.501 6
皮尔逊	24 000	12 012	0.500 5

从表1-1中可以看出,试验中出现正面的频率逐渐稳定到0.5.

例2 英语单词由26个字母中的部分字母组成,但是有人注意到英语单词中某些字母出现的频率要高于另外一些字母. 国外学者杜威(Dewey)统计了约438 023个单词,发现各个字母出现的频率呈现稳定性. 各个字母出现频率的统计如表1-2所示.

表1-2

字母	频率	字母	频率	字母	频率
E	0.126 8	N	0.070 6	D	0.038 9
T	0.097 8	S	0.063 4	U	0.028 0
A	0.078 8	R	0.059 4	C	0.026 8
O	0.077 6	H	0.057 3	F	0.025 6
I	0.070 7	L	0.039 4	M	0.024 4

续表

字母	频率	字母	频率	字母	频率
W	0.021 4	B	0.015 6	J	0.001 0
Y	0.020 2	V	0.010 2	Q	0.000 9
G	0.018 7	K	0.006 0	Z	0.000 6
P	0.018 6	X	0.001 6		

除此之外，在人口统计中，拉普拉斯(Laplace)对伦敦、圣彼得堡、柏林等多个地区的大量人口资料进行了统计，发现女婴的出生频率总是在 0.488 3 左右波动；统计学家克拉梅(Cramér)对瑞典1935年的官方资料进行统计，发现女婴的出生频率总是在 0.482 左右波动.

大量的试验证实，当重复试验的次数逐渐增大时，事件发生的频率会逐步稳定到一个常数，呈现出稳定性，这就是通常所说的统计规律性. 所以，当一个试验重复大量次数时，用事件 A 发生的频率 $f_n(A)$ 表示事件 A 发生的可能性大小是合适的.

然而问题是，在实际生活中并不可能对每一个事件都做大量重复的试验，然后得到这个频率. 不过，根据频率的性质及统计规律性，可以给出概率的公理化定义.

二、概率的公理化定义

微课视频

假设 Ω 为某个随机试验的样本空间，对该随机试验的每一个事件 A 赋予一个实数，记为 $P(A)$，且 $P(A)$ 满足以下三条性质.

(1) **非负性**：对于任意事件 A，有 $0 \leqslant P(A) \leqslant 1$，

(2) **规范性**：对于必然事件 Ω，有 $P(\Omega)=1$，

(3) **可列可加性**：若 $A_1, A_2, \cdots, A_n, \cdots$ 为两两互不相容的事件，则有

$$P\left(\bigcup_{i=1}^{\infty} A_i\right)=\sum_{i=1}^{\infty} P(A_i),$$

则称 $P(A)$ 为事件 A 的**概率**.

那么在同一个随机试验中，事件 A 发生的频率 $f_n(A)$ 与概率 $P(A)$ 有什么关系呢？在后面学习了伯努利(Bernoulli)大数定律后，大家就会明白，当试验次数 n 充分大时，事件 A 发生的频率 $f_n(A)$ 在一定意义上接近于事件 A 的概率 $P(A)$. 正因如此，概率 $P(A)$ 成为事件 A 在一次试验中发生可能性的代表.

根据概率的公理化定义，可以得到概率的一些重要性质.

微课视频

性质 1 $P(\varnothing)=0$.

证明 令 $A_i=\varnothing\ (i=1,2,\cdots)$，则有

$$A_k A_j=\varnothing \quad (k \neq j; k, j=1,2,\cdots).$$

又 $\varnothing=\varnothing \cup \varnothing \cup \cdots$，由概率的可列可加性得

$$P(\varnothing)=P\left(\bigcup_{i=1}^{\infty} A_i\right)=\sum_{i=1}^{\infty} P(A_i)=\sum_{i=1}^{\infty} P(\varnothing),$$

即 $P(\varnothing)=\lim_{n\to\infty}[n\cdot P(\varnothing)]$. 因为 $P(\varnothing)\geqslant 0$,所以 $P(\varnothing)=0$.

性质 2(有限可加性) 若 $A_1,A_2,\cdots,A_n$ 为两两互不相容的事件,则有

$$P\left(\bigcup_{i=1}^{n} A_i\right)=\sum_{i=1}^{n} P(A_i).$$

证明 令 $A_{n+1}=A_{n+2}=A_{n+3}=\cdots=\varnothing$,则有

$$A_iA_j=\varnothing \quad (i\neq j;i,j=1,2,\cdots).$$

由概率的可列可加性得

$$P\left(\bigcup_{i=1}^{n} A_i\right)=P\left(\bigcup_{i=1}^{\infty} A_i\right)=\sum_{i=1}^{n} P(A_i)+\sum_{i=n+1}^{\infty} P(A_i)$$

$$=\sum_{i=1}^{n} P(A_i)+0=\sum_{i=1}^{n} P(A_i).$$

性质 3(对立事件的概率) 对于任一事件 A,有

$$P(\overline{A})=1-P(A).$$

证明 因为 $\overline{A}\cup A=\Omega,\overline{A}A=\varnothing$,则由概率的有限可加性知

$$P(\overline{A})+P(A)=P(\Omega).$$

而根据概率的规范性有 $P(\Omega)=1$,所以

$$P(\overline{A})=1-P(A).$$

性质 4(单调性) 若 A,B 两个事件满足 $A\subset B$,则有

$$P(B)\geqslant P(A) \quad 且 \quad P(B-A)=P(B)-P(A).$$

证明 因为 $A\subset B$,所以 $B=(B-A)\cup A$,且$(B-A)A=\varnothing$. 由概率的有限可加性得

$$P(B)=P(B-A)+P(A),$$

即

$$P(B-A)=P(B)-P(A).$$

又由概率的非负性可知 $P(B-A)=P(B)-P(A)\geqslant 0$,所以

$$P(B)\geqslant P(A).$$

性质 5(加法公式) 对于任意两个事件 A,B,有

$$P(A\cup B)=P(A)+P(B)-P(AB).$$

证明 因为 $A\cup B=A\cup(B-AB)$,且 $A(B-AB)=\varnothing$,所以由概率的有限可加性得

$$P(A\cup B)=P(A)+P(B-AB). \tag{1.1}$$

而 $AB\subset B$,由概率的单调性知

$$P(B-AB)=P(B)-P(AB),$$

将其代入式(1.1),则有

$$P(A\cup B)=P(A)+P(B)-P(AB).$$

从性质 5 很容易得到,对于任意两个事件 A,B,有

$$P(A\cup B)\leqslant P(A)+P(B).$$

性质 5 的结论可以继续推广,例如,A,B,C 为任意三个事件,则有

$$P(A\cup B\cup C)=P(A)+P(B)+P(C)-P(AB)-P(AC)-P(BC)+P(ABC)$$

以及

$$P(A\cup B\cup C)\leqslant P(A)+P(B)+P(C).$$

对于更多事件的情形,读者可自行推广.

例 3 设 A,B,C 为三个事件,且两两互不相容.已知 $P(A)=0.45$, $P(B)=0.35$, $P(C)=0.1$,求 $P(\overline{A})$, $P(A\cup B)$, $P(A\overline{C})$, $P(\overline{B}\,\overline{C})$.

解 由于事件 A,B,C 两两互不相容,因此 $AB=BC=AC=\varnothing$.于是

$$P(\overline{A})=1-P(A)=1-0.45=0.55,$$

$$P(A\cup B)=P(A)+P(B)-P(AB)=0.45+0.35-0=0.8,$$

$$P(A\overline{C})=P(A(\Omega-C))=P(A-AC)=P(A)-P(AC)=0.45,$$

$$\begin{aligned}P(\overline{B}\,\overline{C})&=P(\overline{B\cup C})=1-P(B\cup C)=1-[P(B)+P(C)]\\&=1-(0.35+0.1)=0.55.\end{aligned}$$

例 4 已知事件 $A,B,A\cup B$ 的概率分别为 0.3,0.2,0.4,求 $P(\overline{A}B)$.

解 根据概率的加法公式可知 $P(A\cup B)=P(A)+P(B)-P(AB)$,因此有

$$P(AB)=P(A)+P(B)-P(A\cup B)=0.3+0.2-0.4=0.1.$$

所以

$$P(\overline{A}B)=P(B-AB)=P(B)-P(AB)=0.2-0.1=0.1.$$

例 5 已知 A,B,C 这三个事件的概率均为 0.3,且 $P(AB)=0.02$, $P(BC)=0$, $P(AC)=0.06$,求:

(1) A,B,C 同时发生的概率;

(2) A,B,C 至少有一个发生的概率;

(3) A,B,C 都不发生的概率.

解 (1) 由于 $ABC\subset BC$,而 $P(BC)=0$,因此 $P(ABC)=0$,即 A,B,C 同时发生的概率是 0.

(2) 记 A,B,C 至少有一个发生的概率为 $P(A\cup B\cup C)$,则有

$$\begin{aligned}P(A\cup B\cup C)&=P(A)+P(B)+P(C)-P(AB)\\&\quad-P(AC)-P(BC)+P(ABC)\\&=0.3+0.3+0.3-0.02-0.06-0+0=0.82.\end{aligned}$$

(3) A,B,C 都不发生是 A,B,C 至少有一个发生的对立事件,所以所求概率为

$$P(\overline{A\cup B\cup C})=1-P(A\cup B\cup C)=1-0.82=0.18.$$

§ 1.4 古典概型

微课视频

在概率论的发展历史上，对概率有过各种定义，但是这些定义各适合一类随机现象. 例如，历史上用频率来定义概率，但是这需要做大量重复的试验才能够得到. § 1.3 中所给出的概率定义，是一个公理化的定义，即以最少的几条本质特征去刻画概率的概念. 在本节中，将介绍古典概率模型，这是概率论历史上最先开始研究且实际应用最广泛的概率模型.

假设某个随机试验具有以下两个特点：

(1) 试验所涉及的样本空间包含有限个样本点，

(2) 试验中每个样本点（基本事件）发生的可能性相同，

则称该随机试验为**等可能概率模型**，也称为**古典概率模型**，简称**古典概型**.

古典概型的例子有很多，例如，抛一枚均匀的硬币，"正面向上" 与"反面向上" 的可能性是相同的；掷一颗均匀的骰子，每个面出现的可能性都是相同的.

对于古典概型，假设样本空间为 $\Omega=\{\omega_1,\omega_2,\cdots,\omega_n\}$，由于基本事件 $\omega_1,\omega_2,\cdots,\omega_n$ 两两互不相容，因此

$$P(\Omega)=1=P(\omega_1)+P(\omega_2)+\cdots+P(\omega_n).$$

而根据古典概型的特点(2)，有

$$P(\omega_1)=P(\omega_2)=\cdots=P(\omega_n),$$

所以

$$P(\omega_1)=P(\omega_2)=\cdots=P(\omega_n)=\frac{1}{n}.$$

对于某一个事件 $A=\{\omega_{i_1},\omega_{i_2},\cdots,\omega_{i_k}\}$，这里 $i_1,i_2,\cdots,i_k$ 是 $1,2,\cdots,n$ 中 k 个不同的数，那么

$$P(A)=P(\omega_{i_1})+P(\omega_{i_2})+\cdots+P(\omega_{i_k})=\frac{k}{n}.$$

于是，对于古典概型的某个随机事件 A，它的概率计算公式为

$$P(A)=\frac{\text{事件 } A \text{ 所含样本点(基本事件)的个数}}{\text{样本空间中所含样本点(基本事件)的个数}}.$$

读者可以验证，上面公式中所确定的概率满足 § 1.3 所给出概率定义的三条性质. 同时也可以看到，在古典概型中，概率的确定与样本点的个数有关，所以在这里的计算中经常用到排列组合工具.

例 1（**抽样模型**） 一批零件共有 90 个，其中不合格的零件有 25 个，剩余均为合格零件. 现从中一次随机抽取 10 个，试求：

(1) 取出的 10 个零件中没有不合格零件的概率；

(2) 取出的 10 个零件中恰好有 5 个不合格零件的概率;

(3) 取出的 10 个零件中恰好有 10 个不合格零件的概率;

(4) 取出的 10 个零件中至少有 1 个不合格零件的概率.

解 首先,计算样本空间中所含样本点的个数:从 90 个零件中抽取 10 个,不考虑排序,抽取的方法有 C_{90}^{10} 种,这 C_{90}^{10} 种结果构成样本空间,即样本点总数为 C_{90}^{10} 个.

(1) 记事件 A_0 ="取出的 10 个零件中没有不合格零件",这意味着取出的 10 个零件全部来自 65 个合格的零件,抽取的方法有 C_{65}^{10} 种,即事件 A_0 所含样本点的个数为 C_{65}^{10},所以

$$P(A_0)=\frac{C_{65}^{10}}{C_{90}^{10}}=\frac{65\times 64\times\cdots\times 56}{90\times 89\times\cdots\times 81}\approx 0.031.$$

(2) 记事件 A_1 ="取出的 10 个零件中恰好有 5 个不合格零件",这意味着取出的 10 个零件中有 5 个来自 65 个合格的零件,有 5 个来自 25 个不合格的零件,抽取的方法有 $C_{65}^{5}C_{25}^{5}$ 种,即事件 A_1 所含样本点的个数为 $C_{65}^{5}C_{25}^{5}$,所以

$$P(A_1)=\frac{C_{65}^{5}C_{25}^{5}}{C_{90}^{10}}=\frac{(65\times 64\times 63\times 62\times 61\times 25\times 24\times 23\times 22\times 21)\times 10!}{(90\times 89\times\cdots\times 81)\times(5!)^2}$$
$$\approx 0.077.$$

(3) 记事件 A_2 ="取出的 10 个零件中恰好有 10 个不合格零件",这意味着取出的 10 个零件全部来自 25 个不合格的零件,则事件 A_2 所含样本点的个数为 C_{25}^{10},所以

$$P(A_2)=\frac{C_{25}^{10}}{C_{90}^{10}}=\frac{25\times 24\times\cdots\times 16}{90\times 89\times\cdots\times 81}\approx 5.71\times 10^{-7}.$$

类似地,计算 10 个抽检零件中抽中不合格零件 n 个(这里 $0\leqslant n\leqslant 10$)的概率可以表示为

$$\frac{C_{65}^{10-n}C_{25}^{n}}{C_{90}^{10}}.$$

(4) 记事件 A_3 ="取出的 10 个零件中至少有 1 个不合格零件",则 A_3 的对立事件是"取出的 10 个零件中没有不合格零件",即 $A_3=\overline{A_0}$,所以

$$P(A_3)=P(\overline{A_0})=1-P(A_0)=1-0.031=0.969.$$

例 2 箱子中有 12 个球,编号分别为 1,2,…,12. 现从中任意取出 3 个球,试求:

(1) 取出的球中最小号码为 6 的概率;

(2) 取出的球中最大号码为 6 的概率;

(3) 取出的球中最大号码不大于 6 的概率.

解 12 个球中任取 3 个球的取法一共有 $C_{12}^{3}=\frac{12\times 11\times 10}{3!}=220$ 种,每一种取法为一个基本事件,所以样本空间中样本点总数为 220 个.

(1) 记事件 A_1 ="取出的球中最小号码为 6",则 3 个球中必有 6 号球,只要在 7 ~ 12 号球中任意抽取 2 个球即可,这种取法有 C_6^2 种,所以

$$P(A_1)=\frac{C_6^2}{C_{12}^3}=\frac{3}{44}.$$

(2) 记事件 A_2 ="取出的球中最大号码为 6",同理只要在 1 ~ 5 号球中任意抽取 2 个球即可,这种取法有 C_5^2 种,所以

$$P(A_2)=\frac{C_5^2}{C_{12}^3}=\frac{1}{22}.$$

(3) 记事件 A_3 ="取出的球中最大号码不大于 6",那么最大的号码是 3,4,5,6 这四个号码中的任一个. 而最大号码分别为 3,4,5,6 的四个事件是互不相容的,且这四个事件的概率分别为 $\frac{C_2^2}{C_{12}^3}$,$\frac{C_3^2}{C_{12}^3}$,$\frac{C_4^2}{C_{12}^3}$,$\frac{C_5^2}{C_{12}^3}$,所以

$$P(A_3)=\frac{C_2^2}{C_{12}^3}+\frac{C_3^2}{C_{12}^3}+\frac{C_4^2}{C_{12}^3}+\frac{C_5^2}{C_{12}^3}=\frac{1}{11}.$$

例 3 假设有 3 张不同的卡片和 6 个形态各异的足够大的盒子. 如果随机地把 3 张卡片放入 6 个盒子中,对每张卡片而言,放入 6 个盒子的可能性是一样的,求每个盒子至多装 1 张卡片的概率.

解 3 张不同的卡片放入 6 个盒子中,每种放法都是一个基本事件. 对每张卡片而言,都有 6 种放法,所以总共有 $6\times 6\times 6=216$ 种放法,即样本空间中样本点总数为 216 个.

设事件 A ="每个盒子至多装 1 张卡片",按照这个要求,先放第一张卡片,放法有 6 种,第二张卡片的放法就只有 5 种,第三张卡片的放法只有 4 种,所以整个事件 A 的放法有 $6\times 5\times 4=120$ 种. 因此

$$P(A)=\frac{120}{216}\approx 0.556.$$

更一般地,假设 n 张卡片放入 $N(0<n\leqslant N)$ 个盒子中,每个盒子至多装 1 张卡片的概率为

$$P=\frac{N(N-1)(N-2)\cdots(N-n+1)}{N^n}.$$

特别地,n 张卡片随机放入 n 个盒子中,则恰好一个盒子一张卡片的概率为 $P=\frac{n!}{n^n}$. 可以看到,$n\geqslant 1$,$\frac{n!}{n^n}\leqslant\frac{1}{n}$,随着 n 的增大,这个概率越来越小.

例 4 某商场为了回馈顾客,举行一个抽奖活动,在抽奖箱里放了 100 个大小相同的小球,其中 95 个白球,5 个红球. 凡是购买额度达到要求的顾客都可前来抽奖,抽到红球即为中奖. 分别在下述两种情况下求第 30 位顾客抽到红球(记为事件 A)的概率:

（1）抽出的球继续放回抽奖箱中，以供后续顾客抽奖；

（2）抽出的球不再放回抽奖箱中，后续顾客只能抽剩余的球（此时只有前 100 位顾客可以抽奖）.

解　（1）抽出的球继续放回抽奖箱的情况下，第 1 位顾客抽到红球的概率为 $\frac{5}{100}=\frac{1}{20}$，但是因为球继续放回，所以后一位顾客抽到红球的概率同样为 $\frac{1}{20}$. 因此，无论是第几位顾客，抽中红球的概率都是一样的，从而 $P(A)=\frac{1}{20}$.

（2）抽出的球不再放回抽奖箱的情况下，第 1 位顾客有 100 种取法，第 2 位顾客有 99 种取法，第 3 位顾客有 98 种取法 …… 第 30 位顾客有 71 种取法 …… 最后一位顾客有 1 种取法，所以根据乘法原理，100 位顾客每人抽一个球，一共有 $100\times 99\times\cdots\times 1=100!$ 种取法.

如果第 30 位顾客抽中红球，则他有 5 种取法，剩余 99 位顾客只可以抽取剩余的 99 个球中的任意一个，其余顾客抽取的方法共有 99! 种，所以

$$P(A)=\frac{5\times 99!}{100!}=\frac{1}{20}.$$

类似地，假设有 $k(30\leqslant k\leqslant 100)$ 位顾客来抽奖，第 $i(i=1,2,\cdots,k)$ 位顾客抽中红球（记为事件 A_i）的概率为

$$P(A_i)=\frac{5\times 99\times 98\times\cdots\times[99-(k-1)+1]}{100\times 99\times\cdots\times(100-k+1)}=\frac{1}{20}.$$

所以，如果商场举行抽奖活动，不管有多少顾客参加，也不管是抽出放回，还是抽出不放回，每位顾客中奖的概率是均等的. 这个概率值等于奖票数与总票数的比值.

在古典概型中有一些经典模型，如抽样模型（例 1）、盒子模型（例 3）、放回抽样与不放回抽样（例 4）等，可以把方法抽象出来，应用到其他实际生活中的很多问题. 例如，考察 n 个人生日全不相同的概率，可以看成 n 张卡片放入 365 个盒子中，每个盒子至多装一张卡片的模型；掷骰子 6 次，正好 6 次掷出 6 个不同点的概率，也可以看成 6 张卡片正好放入 6 个盒子中的模型.

§1.5　几何概型

微课视频

古典概型只适用于具有等可能性的有限样本空间，若试验结果无穷多，它显然已不适合. 为了克服有限的局限性，可将古典概型加以推广.

假设某个随机试验具有以下两个特点：

（1）试验所涉及的样本空间 Ω 是一个几何区域，这个区域的大小可以度量

(如长度、面积、体积等),并把 Ω 的度量记作 $m(\Omega)$.

(2) 向区域 Ω 内任意投掷一点,落在该区域内任一点处都是等可能的. 或者设落在 Ω 中的区域 A 内的可能性与 A 的度量 $m(A)$ 成正比,与 A 的位置和形状无关.

称具有以上两个特点的随机试验为**几何概型**.

不妨也用 A 表示"掷点落在区域 A 内"的事件,那么事件 A 的概率可用下列公式计算:

$$P(A)=\frac{m(A)}{m(\Omega)}.$$

例 1 在区间 $(0,1)$ 内任取两个数,求这两个数的乘积小于 $\frac{1}{4}$ 的概率.

解 设在 $(0,1)$ 内任取的两个数为 x, y,则

$$0<x<1,\quad 0<y<1,$$

即样本空间 Ω 是由点 (x,y) 构成的边长为 1 的正方形,其面积为 1.

令 A 表示"两个数的乘积小于 $\frac{1}{4}$",则

$$A=\left\{(x,y)\,\middle|\,0<xy<\frac{1}{4},0<x<1,0<y<1\right\}.$$

事件 A 所围成的区域如图 1-7 所示,则所求概率为

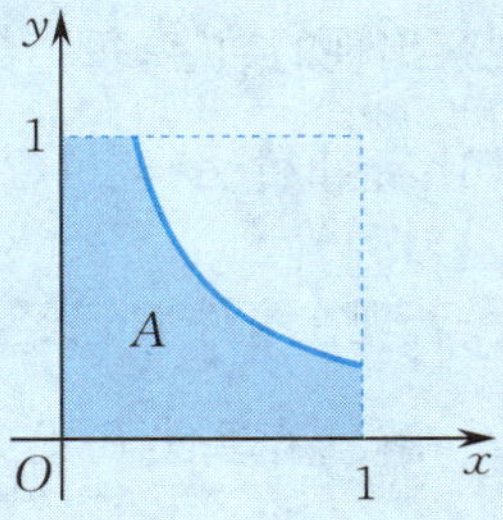

图 1-7

$$P(A)=\frac{1-\int_{\frac{1}{4}}^{1}\mathrm{d}x\int_{\frac{1}{4x}}^{1}\mathrm{d}y}{1}=\frac{1-\int_{\frac{1}{4}}^{1}\left(1-\frac{1}{4x}\right)\mathrm{d}x}{1}$$

$$=1-\frac{3}{4}+\int_{\frac{1}{4}}^{1}\frac{1}{4x}\mathrm{d}x=\frac{1}{4}+\frac{1}{2}\ln 2.$$

例 2 两人相约在某天下午 2:00—3:00 在预定地点见面,先到者要等候 20 min,过时则离去. 如果每人在这指定的 1 h 内任一时刻到达是等可能的,求相约的两人能会到面的概率.

解 不妨设 2:00 为 0 时,记 x, y 为两人到达预定地点的时刻(单位:min),那么两人到达时间的一切可能结果落在边长为 60 的正方形内,这个正方形就是样本空间 Ω,而两人能会到面的充要条件是 $|x-y|\leqslant 20$,即

$$x-y\leqslant 20 \quad 且 \quad y-x\leqslant 20.$$

令事件 A 表示"两人能会到面",该区域即图 1-8 中的 A,则

$$P(A)=\frac{m(A)}{m(\Omega)}=\frac{60^2-40^2}{60^2}=\frac{5}{9}.$$

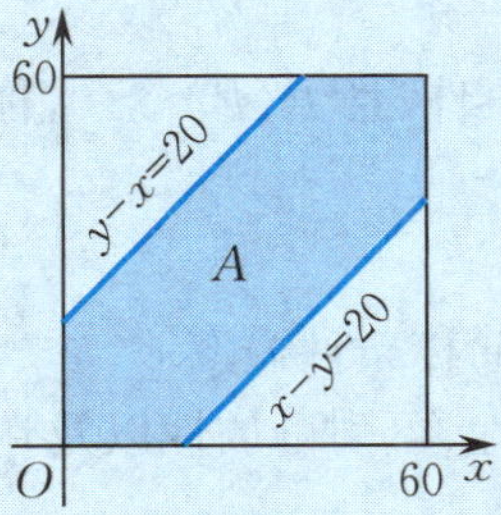

图 1-8

§1.6 条件概率

微课视频

一、条件概率的定义

在前面的概率计算中，有一个重要前提，即样本总量是不变的，但是如果在计算某个随机试验中随机事件的概率时，又得到了关于这个随机试验的新信息，那么样本空间就有可能发生改变，进而同一随机事件的概率也会发生改变．例如，在 §1.4 例 4 的情况(2) 中，如果第 96 位顾客知道前 95 位顾客都没有抽中红球，那么他抽中红球的概率就变为 1，而不是$\frac{1}{20}$. 这就是本节所要介绍的一个十分重要而且实用的概念 —— 条件概率.

例 1 在一个不透明的盒子里装有 6 个分别标有数字 1,2,3,4,5,6 的小球，它们的形状、大小和质地等均完全相同. 从盒子中任意取出一个小球，观察出现的数字，每个数字出现的可能性是一样的，样本空间为$\Omega=\{1,2,3,4,5,6\}$. 记事件 $A=\{1,2,3,5\}$，事件 $B=\{1,2,3,4\}$，显然 $P(A)=\frac{2}{3}$，$P(B)=\frac{2}{3}$. 若现在事件 B 已经发生，求此时事件 A 发生的概率[记为 $P(A\mid B)$].

解 若事件 B 已经发生，则说明此时的样本空间为 $\Omega_1=\{1,2,3,4\}$，而事件 A 中有 3 个基本事件属于 Ω_1，所以 $P(A\mid B)=\frac{3}{4}$.

事实上，这里的分子就是事件 AB 的样本点个数(基本事件数)，而分母则是事件 B 的样本点个数，所以分子、分母同时除以样本空间 Ω 的样本点个数可得

$$P(A\mid B)=\frac{\frac{3}{6}}{\frac{4}{6}}=\frac{P(AB)}{P(B)}.$$

这个关系是具有一般性的，也就是条件概率的定义.

定义 1.1 设 A,B 是随机试验中的两个随机事件，且 $P(B)>0$，称

$$P(A\mid B)=\frac{P(AB)}{P(B)} \tag{1.2}$$

为**在事件 B 已发生的条件下事件 A 发生的条件概率**，简称**条件概率**.

可以验证，条件概率依然满足概率的非负性、规范性、可列可加性以及在概率的公理化定义下推导出来的所有性质，即

(1) $0\leqslant P(A\mid B)\leqslant 1$，$P(\Omega\mid B)=1$，$P(\varnothing\mid B)=0$.

(2) 若 $A_1,A_2,\cdots,A_n,\cdots$ 两两互不相容,则

$$P\left(\bigcup_{i=1}^{\infty} A_i \middle| B\right)=\sum_{i=1}^{\infty} P(A_i \mid B),\quad P\left(\bigcup_{i=1}^{n} A_i \middle| B\right)=\sum_{i=1}^{n} P(A_i \mid B).$$

(3) $P(\overline{A} \mid B)=1-P(A \mid B)$.

(4) 对于任意两个事件 A_1,A_2,有

$$P(A_1 \cup A_2 \mid B)=P(A_1 \mid B)+P(A_2 \mid B)-P(A_1A_2 \mid B).$$

(5) 若 A_1,A_2 两个事件满足 $A_1 \subset A_2$,则有

$$P(A_2 \mid B) \geqslant P(A_1 \mid B),$$

且

$$P((A_2-A_1) \mid B)=P(A_2 \mid B)-P(A_1 \mid B).$$

例 2 某公司的一个部门共有 10 个人,其中 7 个男生,3 个女生,从中选 2 个人参加公司运动会.若记事件 $A=$“第一次选到的是男生”,$B=$“第二次选到的是男生”,试求条件概率 $P(B \mid A)$.

解 样本空间总量为 $C_{10}^1C_9^1=90$. 事件 A 的样本点个数为 $C_7^1C_9^1=63$,所以 $P(A)=\frac{63}{90}=\frac{7}{10}$;事件 AB 的样本点个数为 $C_7^1C_6^1=42$,所以 $P(AB)=\frac{42}{90}=\frac{7}{15}$. 因此

$$P(B|A)=\frac{P(AB)}{P(A)}=\frac{\frac{7}{15}}{\frac{7}{10}}=\frac{2}{3}.$$

也可以理解为当事件 A 发生时,样本空间总量变为 $C_7^1C_9^1=63$,所以

$$P(B|A)=\frac{42}{63}=\frac{2}{3}.$$

下面给出条件概率特有的三个非常实用的公式:乘法公式、全概率公式及贝叶斯(Bayes)公式,在一些复杂事件的概率计算中,常常用到这些公式.

二、乘法公式

定理 1.1(乘法定理) (1) 若 $P(B)>0$,则

$$P(AB)=P(A \mid B)P(B). \tag{1.3}$$

(2) 若 $P(A_1A_2\cdots A_{n-1})>0,n \geqslant 2$,则

$$P(A_1A_2\cdots A_n)=P(A_1)P(A_2 \mid A_1)P(A_3 \mid A_1A_2)\cdots P(A_n \mid A_1A_2\cdots A_{n-1}). \tag{1.4}$$

微课视频

证明 根据条件概率的定义式(1.2),可直接得到式(1.3). 又因为

$$P(A_1) \geqslant P(A_1A_2) \geqslant \cdots \geqslant P(A_1A_2\cdots A_{n-1})>0,$$

所以按照条件概率的定义有

$$P(A_1A_2\cdots A_n)=P(A_1)\frac{P(A_1A_2)}{P(A_1)}\cdot\frac{P(A_1A_2A_3)}{P(A_1A_2)}\cdot\cdots\cdot\frac{P(A_1A_2\cdots A_n)}{P(A_1A_2\cdots A_{n-1})},$$

从而式(1.4)成立.

例 3 假设羊圈中有 100 只羊,其中有 10 只羊感染了布鲁氏菌病,从中随机一只一只地进行检查,求检查到第 3 只羊时才发现有感染的羊的概率.

解 设事件 A_i =“检查第 i 只羊且为感染的羊”($i=1,2,\cdots,100$),则 $\overline{A_i}$ =“检查第 i 只羊且为未感染的羊”,那么事件“检查到第 3 只羊时才发现有感染的羊”的概率为

$$P(\overline{A_1}\,\overline{A_2}A_3)=P(\overline{A_1})P(\overline{A_2}\mid\overline{A_1})P(A_3\mid\overline{A_1}\,\overline{A_2})=\frac{90}{100}\times\frac{89}{99}\times\frac{10}{98}\approx 0.0826.$$

例 4 设某个不透明的盒子里装有 b 张标有数字 1 的小纸条,r 张标有数字 2 的小纸条,它们的大小、厚度、形状等均完全相同,每次随机抽取一张小纸条观察数字后再放回盒子里,同时再加进 c 张同数字的小纸条,d 张不同数字的小纸条. 若记事件 A_i =“第 i 次取出为标有数字 2 的小纸条”($i=1,2,3,4$),求第一、第二次取到标有数字 2 的小纸条且第三、第四次取到标有数字 1 的小纸条的概率.

解 由乘法定理可知

$$\begin{aligned}P(A_1A_2\overline{A_3}\,\overline{A_4})&=P(A_1)P(A_2\mid A_1)P(\overline{A_3}\mid A_1A_2)P(\overline{A_4}\mid A_1A_2\overline{A_3})\\&=\frac{r}{r+b}\cdot\frac{r+c}{r+b+c+d}\cdot\frac{b+2d}{r+b+2c+2d}\cdot\frac{b+2d+c}{r+b+3c+3d}.\end{aligned}$$

三、全概率公式和贝叶斯公式

定义 1.2 设某个随机试验的样本空间为 Ω,$B_1,B_2,\cdots,B_n$ 为 Ω 中的一组事件. 若这组事件满足:

(1) $B_iB_j=\varnothing(i\neq j;i,j=1,2,\cdots,n)$,

(2) $B_1\cup B_2\cup\cdots\cup B_n=\Omega$,

则称 $B_1,B_2,\cdots,B_n$ 为样本空间 Ω 的一个**划分**.

根据划分的定义,若 $B_1,B_2,\cdots,B_n$ 为某个随机试验的样本空间 Ω 的一个划分,则每次试验时,事件 $B_1,B_2,\cdots,B_n$ 中必有且仅有一个事件发生.

例如,在例 1 中,从盒子中任意取出一个小球,观察出现的数字,样本空间为 $\Omega=\{1,2,3,4,5,6\}$,则 $B_1=\{1,2\}$,$B_2=\{3,4,5\}$,$B_3=\{6\}$ 为样本空间 Ω 的一个划分;$B_1=\{1,2\}$,$B_2=\{3,4,5,6\}$ 也是样本空间 Ω 的一个划分;而 $B_1=\{1,2\}$,$B_2=\{3,4,5\}$,$B_3=\{4,5,6\}$ 就不是样本空间 Ω 的划分.

定理 1.2(全概率公式) **设某个随机试验的样本空间为 Ω,$B_1,B_2,\cdots,B_n$ 为 Ω 的一个划分,且 $P(B_i)>0(i=1,2,\cdots,n)$,则对于 Ω 中的任一事件 A,有**

$$P(A)=\sum_{i=1}^{n}P(B_i)P(A\mid B_i). \tag{1.5}$$

式(1.5)称为**全概率公式**.

微课视频

证明 因为

$$A=A\Omega=A(B_1\cup B_2\cup\cdots\cup B_n)=AB_1\cup AB_2\cup\cdots\cup AB_n,$$

又 $P(B_i)>0(i=1,2,\cdots,n)$,且$(AB_i)(AB_j)=\varnothing(i\neq j;i,j=1,2,\cdots,n)$,所以

$$\begin{aligned}P(A)&=P(AB_1)+P(AB_2)+\cdots+P(AB_n)\\&=P(B_1)P(A\mid B_1)+P(B_2)P(A\mid B_2)+\cdots+P(B_n)P(A\mid B_n).\end{aligned}$$

对于全概率公式,有以下两点说明.

(1) 对于某个随机试验的样本空间Ω,事件B与$\overline{B}$正好构成Ω的一个划分,所以对于此随机试验中的任一事件A,有

$$P(A)=P(B)P(A\mid B)+P(\overline{B})P(A\mid\overline{B}). \tag{1.6}$$

式(1.6)称为**全概率公式最简形式**.

(2) 若$B_1,B_2,\cdots,B_n$为两两互不相容的随机事件,且$A\subset\bigcup\limits_{i=1}^{n}B_i$,$P(B_i)>0$ $(i=1,2,\cdots,n)$,则全概率公式(1.5)仍然成立.

根据条件概率的定义和全概率公式,我们可以得到另外一个重要的公式——贝叶斯公式.

定理 1.3(贝叶斯公式) **设$B_1,B_2,\cdots,B_n$为某个随机事件的样本空间Ω的一个划分,A为Ω中的事件,且$P(A)>0$,$P(B_i)>0(i=1,2,\cdots,n)$,则**

$$P(B_i\mid A)=\frac{P(B_iA)}{P(A)}=\frac{P(B_i)P(A\mid B_i)}{\sum\limits_{j=1}^{n}P(B_j)P(A\mid B_j)}. \tag{1.7}$$

特别地,事件B与$\overline{B}$构成Ω的一个划分,贝叶斯公式(1.7)变为

$$P(B\mid A)=\frac{P(BA)}{P(A)}=\frac{P(B)P(A\mid B)}{P(B)P(A\mid B)+P(\overline{B})P(A\mid\overline{B})}. \tag{1.8}$$

微课视频

式(1.8)称为**贝叶斯公式最简形式**.

例 5 某工厂正在生产一批产品,假设此工厂有三台设备可以生产这种产品,这三台设备分别记为1号、2号、3号,根据以往的记录,有以下数据(见表 1-3).

表 1-3

设备编号	次品率	负责生产的份额
1	0.02	0.15
2	0.01	0.80
3	0.03	0.05

三台设备生产出来的产品混在一起并无区别标志.

(1) 假设随机抽取一个产品,求它是次品的概率;

(2) 假设随机抽取的一个产品是次品,试分别求这个次品出自三台设备的概率.

解 设事件 $A=$"抽取到的是一个次品",$B_i=$"抽取到的次品出自 i 号设备"$(i=1,2,3)$,则 B_1,B_2,B_3 是样本空间的一个划分,且

$$P(B_1)=0.15,\quad P(B_2)=0.80,\quad P(B_3)=0.05,$$
$$P(A\mid B_1)=0.02,\quad P(A\mid B_2)=0.01,\quad P(A\mid B_3)=0.03.$$

(1) 根据全概率公式有

$$\begin{aligned}P(A)&=P(B_1)P(A\mid B_1)+P(B_2)P(A\mid B_2)+P(B_3)P(A\mid B_3)\\&=0.0125.\end{aligned}$$

(2) 根据贝叶斯公式有

$$P(B_1|A)=\frac{P(B_1A)}{P(A)}=\frac{P(B_1)P(A\mid B_1)}{P(A)}=\frac{0.15\times0.02}{0.0125}=0.24,$$
$$P(B_2|A)=\frac{P(B_2A)}{P(A)}=\frac{P(B_2)P(A\mid B_2)}{P(A)}=\frac{0.80\times0.01}{0.0125}=0.64,$$
$$P(B_3|A)=\frac{P(B_3A)}{P(A)}=\frac{P(B_3)P(A\mid B_3)}{P(A)}=\frac{0.05\times0.03}{0.0125}=0.12.$$

例 6 假设你和朋友们参加了一场聚会,聚会中有一个抽奖环节,总共有 n 张抽奖券,其中只有一张是幸运券,求第三个人抽到幸运券的概率.

解 设事件 $A_i=$"第 i 个人抽到幸运券"$(i=1,2,\cdots,n)$,则有

$$P(A_3\mid A_1\cup A_2)=0,\quad P(A_3\mid\overline{A_1\cup A_2})=\frac{1}{n-2}.$$

而 $P(A_1\cup A_2)=\dfrac{2}{n}$,所以 $A_1\cup A_2$ 与 $\overline{A_1\cup A_2}$ 是两个概率大于 0 的事件,根据全概率公式有

$$\begin{aligned}P(A_3)&=P(A_1\cup A_2)P(A_3\mid A_1\cup A_2)+P(\overline{A_1\cup A_2})P(A_3\mid\overline{A_1\cup A_2})\\&=\left(1-\frac{2}{n}\right)\frac{1}{n-2}=\frac{1}{n}.\end{aligned}$$

这个结论其实与 §1.4 中例 4 的结论是一致的,无论是第几个去抽奖,中奖的概率都是一样的.

例 7 色盲是一种视力缺陷,患有色盲症的人难以辨别某些颜色.已知男性的色盲患病率为 7%,女性的色盲患病率为 0.5%.如果随机抽取一人并发现此人患有色盲症,求其为男性的概率(设男性和女性的人数相等).

解 记事件 $A=$"抽取到的人是男性",$B=$"抽取到的人是女性",$C=$"抽取到的人患有色盲症",则 $P(A)=P(B)=0.5$,$P(C\mid A)=0.07$,$P(C\mid B)=0.005$.根据贝叶斯公式有

$$P(A \mid C)=\frac{P(A)P(C \mid A)}{P(A)P(C \mid A)+P(B)P(C \mid B)}$$
$$=\frac{0.5\times 0.07}{0.5\times 0.07+0.5\times 0.005}\approx 0.93.$$

例 8 某工厂生产手机的次品率为 4.5%，为了提高出厂手机的质量，工厂引进一种仪器来检测手机的质量. 假设一部次品手机经该仪器检测为次品的概率为 98%，而一部正品手机被检测为次品的概率为 0.2%，试求一部手机经检测为次品而确实为次品的概率.

解 设事件 $A=$"手机被检测为次品"，$B=$"手机确实为次品"，则 $P(B|A)$ 表示手机经检测为次品而确实为次品的概率. 根据贝叶斯公式有

$$P(B \mid A)=\frac{P(B)P(A \mid B)}{P(B)P(A \mid B)+P(\overline{B})P(A \mid \overline{B})}$$
$$=\frac{0.045\times 0.98}{0.045\times 0.98+(1-0.045)\times 0.002}\approx 0.96.$$

这里需要指出的是，$P(B|A)\approx 0.96$，表示手机检测为次品且确实为次品的概率，而 $P(A|B)=0.98$，表示次品手机经仪器检测为次品的概率. 这两个概率不要混淆.

最后，我们用贝叶斯公式来分析一个有意思的故事.

例 9 《伊索寓言》中讲了这么一个故事：一个小孩每天上山放羊，有一天他心血来潮，突然大喊："狼来了！狼来了！" 山下的村民闻声，赶快冲上山来打狼，可是到了山上，并没有看见狼. 这个小孩觉得很好玩，第二天放羊时，他又一次大喊："狼来了！狼来了！" 仍然有一些村民上了他的当. 第三天放羊时，狼真的来了，他赶快大喊："狼来了！狼来了！" 可是无论他怎么喊都没有人来帮他了. 村民之所以不来了，是因为这个孩子的可信度降低了，下面我们就来看看这个可信度的数量变化.

解 记事件 $A=$"小孩说谎"，$B=$"小孩可信". 假设根据村民的平时印象有 $P(B)=0.9$，可信的小孩说谎话的可能性 $P(A \mid B)=0.1$，不可信的小孩说谎话的可能性 $P(A \mid \overline{B})=0.5$.

那么，根据贝叶斯公式，当小孩说了一次谎话后的可信度 $P(B|A)$ 满足

$$P(B|A)=\frac{P(B)P(A \mid B)}{P(B)P(A \mid B)+P(\overline{B})P(A \mid \overline{B})}$$
$$=\frac{0.9\times 0.1}{0.9\times 0.1+0.1\times 0.5}\approx 0.64.$$

上面的结果说明，小孩第一次说谎话之后，他的可信度 $P(B)$ 就从 0.9 降到了 0.64，即在第二次说谎话前，$P(B)=0.64$. 继续用贝叶斯公式，那么第二次说谎话后小孩的可信度 $P(B|A)$ 就变为

$$P(B|A)=\frac{P(B)P(A\mid B)}{P(B)P(A\mid B)+P(\overline{B})P(A\mid \overline{B})}$$

$$=\frac{0.64\times 0.1}{0.64\times 0.1+0.36\times 0.5}\approx 0.26.$$

可见，两次说谎话后村民对小孩的信任度就从 0.9 降到了 0.26，所以狼真的来了，也没人帮他了. 对每个人来说，诚信都是非常重要的，如果你的信用卡逾期三次未还款，几年后你贷款买房时就会发现，银行已经不信任你了.

§1.7 独 立 性

微课视频

独立性也是概率论中的一个重要概念，可以适当地简化概率运算. 独立性既可以存在于两个事件之间，也可以存在于多个事件或试验之间.

一、两个事件的独立性

对于某个随机试验的两个事件 A,B，若 $P(A)>0,P(B)>0$，在事件 B 的发生对事件 A 的发生有影响的情况下，由条件概率知道 $P(A\mid B)\neq P(A)$. 但是，如果事件 B 的发生对事件 A 的发生没有影响，那么 $P(A\mid B)=P(A)$. 又因为

$$P(B\mid A)=\frac{P(AB)}{P(A)}=\frac{P(A\mid B)P(B)}{P(A)},$$

根据 $P(A|B)=P(A)$，所以 $P(B|A)=P(B)$. 这说明，如果事件 B 的发生不影响事件 A 发生的概率，那么事件 A 的发生也不会影响事件 B 发生的概率，这样的两个事件就为相互独立的事件，并且根据乘法定理有

$$P(AB)=P(A\mid B)P(B)=P(A)P(B).$$

定义 1.3 设某个随机试验的两个事件 A,B 满足

$$P(AB)=P(A)P(B),$$

则称事件 A 与 B **相互独立**，简称 A 与 B **独立**.

例 1 某篮球运动员进行两次投篮，记录投篮命中与否的情况，则样本空间为

$$\Omega=\{(命中,命中),(命中,未命中),(未命中,命中),(未命中,未命中)\}.$$

设事件 $A=$“第一次命中”，$B=$“第二次命中”，则 $P(A)=\frac{1}{2}$，$P(B)=\frac{1}{2}$. 而

$P(AB)=\frac{1}{4}=P(A)P(B)$，则事件 A 与 B 相互独立.

例 2 在一个书架上有 52 本书，其中 26 本是小说，26 本是非小说. 如果我们从中随机选择一本书，记事件 $A=$“选到一本小说”，$B=$“选到一本指定的书”，则 $P(A)=\frac{26}{52}=\frac{1}{2}$，$P(B)=\frac{1}{52}$. 事件 A 与 B 相互独立，于是选到一本小说且是指定的书的概率为

$$P(AB)=P(A)P(B)=\frac{1}{104}.$$

根据定义，独立性具有以下性质.

(1) 若 $P(A)>0$，$P(B)>0$，则 A 与 B 相互独立和 A 与 B 互不相容不能同时成立.

(2) 若两事件 A 与 B 相互独立，且 $P(A)>0$，$P(B)>0$，则

$$P(A\mid B)=P(A),\quad P(B\mid A)=P(B).$$

(3) 若两事件 A 与 B 相互独立，则 A 与 $\overline{B}$，$\overline{A}$ 与 B，$\overline{A}$ 与 $\overline{B}$ 也相互独立.

事实上，因为 $A=A(B\cup\overline{B})=AB\cup A\overline{B}$，且 $(AB)(A\overline{B})=\varnothing$，所以

$$P(A)=P(AB)+P(A\overline{B})=P(A)P(B)+P(A\overline{B}),$$

于是

$$P(A\overline{B})=P(A)[1-P(B)]=P(A)P(\overline{B}),$$

即 A 与 $\overline{B}$ 相互独立. 同理可说明 $\overline{A}$ 与 $\overline{B}$ 相互独立，而 $\overline{\overline{B}}=B$，所以 $\overline{A}$ 与 B 相互独立.

二、多个事件的独立性

独立性的概念可以推广到 $n(n\geqslant 2)$ 个事件中去. 设 $A_1,A_2,\cdots,A_n$ 是 $n(n\geqslant 2)$ 个事件，如果其中任意 $i(i=2,3,\cdots,n)$ 个事件的积事件的概率都等于各事件概率之积，则称事件 $A_1,A_2,\cdots,A_n$ **相互独立**.

特别地，若 $n=3$，则事件 A_1,A_2,A_3 相互独立当且仅当下列等式成立：

$$\begin{cases}P(A_1A_2)=P(A_1)P(A_2),\\P(A_1A_3)=P(A_1)P(A_3),\\P(A_2A_3)=P(A_2)P(A_3),\\P(A_1A_2A_3)=P(A_1)P(A_2)P(A_3).\end{cases}$$

类似于两个独立事件的性质，在多个相互独立的事件中，将其中任意多个事件换为其对立事件，所得的诸事件也相互独立.

例 3 假设 A,B,C 这三个事件相互独立，证明：$A\cup B$ 与 C 相互独立.

证明 根据独立性的定义可得

$$P((A\cup B)C)=P(AC\cup BC)=P(AC)+P(BC)-P(ABC)$$
$$=P(A)P(C)+P(B)P(C)-P(A)P(B)P(C)$$
$$=[P(A)+P(B)-P(A)P(B)]P(C)$$
$$=P(A\cup B)P(C),$$

所以 $A\cup B$ 与 C 相互独立.

两个事件相互独立,意味着任一个事件的发生都不会影响另一个事件发生的概率.但是在实际中,要判断两个事件之间是否相互独立,就要根据事件的实际意义去判断了.例如,事件 A,B 分别表示甲、乙两个人去同一个地方旅行,如果两人并不认识,旅行前也没有互通有无,那么就可以认为事件 A 与 B 相互独立;但是如果两人是好朋友,也讨论过旅行计划,那么就不可以认为事件 A 与 B 相互独立.

例 4 2016年10月9日,顶级医学杂志《柳叶刀》公布了一项针对晚期肺癌患者的重要研究数据:在一组没有化疗过的晚期非鳞非小细胞肺癌患者参与的临床试验中,PD-1 抗体 Keytruda 联合化疗的有效率达到了 55%.假设现有三位没有化疗过的晚期非鳞非小细胞肺癌患者采用该疗法,试求至少有一位有效的概率.假设各个患者的治疗效果相互独立.

解 假设事件 A,B,C 分别表示第一位、第二位、第三位患者治疗有效,那么至少有一位患者的治疗有效的概率为 $P(A\cup B\cup C)$,且有

$$P(A\cup B\cup C)=P(A)+P(B)+P(C)-P(AB)$$
$$-P(AC)-P(BC)+P(ABC).$$

因为 A,B,C 相互独立,所以有

$$P(AB)=P(AC)=P(BC)=0.55\times 0.55=0.3025,$$
$$P(ABC)=0.55\times 0.55\times 0.55\approx 0.1664,$$

于是

$$P(A\cup B\cup C)=3\times 0.55-3\times 0.3025+0.1664=0.9089.$$

事实上,至少有一位患者的治疗有效的对立事件的概率可以表示为 $P(\overline{A}\,\overline{B}\,\overline{C})$,那么计算就更为简单,即

$$P(\overline{A}\,\overline{B}\,\overline{C})=P(\overline{A})P(\overline{B})P(\overline{C})=(1-0.55)^3\approx 0.0911,$$

所以至少有一位患者的治疗有效的概率为 $1-0.0911=0.9089$.

例 5 设有甲、乙、丙三人参加某场考试,甲、乙、丙的考试及格率分别为 0.8,0.7,0.6.假设三人之间考试及格与否相互独立,求恰有一人考试及格的概率.

解 设事件 A,B,C 分别表示甲、乙、丙考试及格,则

$$P(A)=0.8,\quad P(B)=0.7,\quad P(C)=0.6.$$

于是恰有一人考试及格的概率为

$$P(A\overline{B}\,\overline{C}\cup\overline{A}B\overline{C}\cup\overline{A}\,\overline{B}C)=P(A\overline{B}\,\overline{C})+P(\overline{A}B\overline{C})+P(\overline{A}\,\overline{B}C).$$

注意到 A,B,C 相互独立,那么 $A,\overline{B},\overline{C}$ 相互独立. 同理,$B,\overline{A},\overline{C}$ 之间,$C,\overline{A},\overline{B}$ 之间都相互独立,所以

$$P(A\overline{B}\,\overline{C})=P(A)P(\overline{B})P(\overline{C})=0.8\times0.3\times0.4=0.096,$$

$$P(\overline{A}B\overline{C})=P(\overline{A})P(B)P(\overline{C})=0.2\times0.7\times0.4=0.056,$$

$$P(\overline{A}\,\overline{B}C)=P(\overline{A})P(\overline{B})P(C)=0.2\times0.3\times0.6=0.036,$$

从而

$$P(A\overline{B}\,\overline{C}\cup\overline{A}B\overline{C}\cup\overline{A}\,\overline{B}C)=0.096+0.056+0.036=0.188.$$

三、随机试验的独立性

定义 1.4 设 Ω_1 和 Ω_2 分别为两个随机试验的样本空间. 若 Ω_1 中的任意事件与 Ω_2 中的任意事件之间都相互独立,则称这两个**随机试验相互独立**.

两个相互独立的随机试验也很常见,例如,掷两次骰子;掷一颗骰子和抛一枚硬币;在两个没有关联的彩票箱中各抽一次奖;等等.

如果同一个试验独立进行 n 次,则称为 **n 重独立重复试验**. 如果 n 重独立重复试验的结果只有两个:A 和 $\overline{A}$,则称这种试验为 **n 重伯努利试验**.

n 重伯努利试验的例子也有很多,例如,抛 n 次硬币,结果只有“正面”和“反面”两种;对一批产品做 n 次放回抽检,每次抽检都是相互独立的试验,抽检的结果为“合格”或“不合格”;等等.

例 6 假设在某个 n 重伯努利试验中,事件 A 在每次试验中发生的概率 $P(A)=p\,(0<p<1)$,求在 n 次独立试验中,事件 A 恰好发生 k $(0\leqslant k\leqslant n)$ 次的概率.

解 由于 n 次试验是独立的,因此事件 A 发生也是独立的,那么事件 A 发生 k 次的同时,$\overline{A}$ 发生的次数为 $n-k$. 用 A_i 表示第 i 次试验中事件 A 发生,$\overline{A}_j$ 表示第 j 次试验中事件 $\overline{A}$ 发生,这里 $i,j=1,2,\cdots,n$,那么

$$A_1A_2\cdots A_k\overline{A}_{k+1}\overline{A}_{k+2}\cdots\overline{A}_n$$

就是事件 A 恰好发生 k 次的一种情形,而它们相互之间都是独立的,所以一种情形下事件 A 发生 k 次的概率为

$$P(A_1A_2\cdots A_k\overline{A}_{k+1}\overline{A}_{k+2}\cdots\overline{A}_n)=p^k(1-p)^{n-k}.$$

注意到事件 A 恰好发生 k 次的情形有 C_n^k 种,所以所求概率为

$$P_n(k)=C_n^kp^k(1-p)^{n-k}. \tag{1.9}$$

式(1.9)称为 n 重伯努利试验的**二项概率公式**,它是 n 重伯努利试验的一个重要结论,计算中经常使用.

例 7 某款手机应用程序每天都会向用户推送一个广告，而用户每天点击广告的概率是 0.001. 已知小明每天都会收到这个广告，试求他在一年内的 250 天中从未点击该广告的概率.

解 设事件 A_i =“第 i 天收到广告但未点击”($i=1,2,\cdots,250$). 由于每次推送广告都可以看作一次独立的试验，因此 $A_1,A_2,\cdots,A_{250}$ 之间相互独立. 因为用户每天点击广告的概率为 0.001，所以

$$P(A_1A_2\cdots A_{250})=P(A_1)P(A_2)\cdots P(A_{250})=(1-0.001)^{250}\approx 0.7787.$$

可见，一年内的 250 天中从未点击该广告的概率约为 78%.

例 7 还可以看成 250 重伯努利试验中求事件 B =“点击该广告”发生 0 次的概率，直接使用式(1.9) 可得

$$P(B)=\mathrm{C}_{250}^{0}\times 0.001^{0}\times(1-0.001)^{250}\approx 0.7787.$$

知识拓展　　测试试题

习题一

1. 写出下列试验的样本空间与事件 A：
   (1) 掷一颗骰子，观察向上一面的点数，A 表示“出现偶数点”；
   (2) 把单位长度的一根细棒折成三段，观察各段的长度，A 表示“三段可构成一个直角三角形”；
   (3) 抛一枚硬币抛两次，观察向上一面的情况，A 表示“两次都为正面”.
2. 设 A,B,C 是同一试验中的三个事件，化简下列各式：
   (1) $(A\cup B)\cup(A\cup\overline{B})$；　　(2) $(\overline{A\cup B})\cap(A-\overline{B})$.
3. 设 A,B,C 为三个事件，试将下列事件用 A,B,C 的运算关系式表示出来：
   (1) A 与 B 发生，C 不发生；
   (2) A,B,C 都发生；
   (3) A,B,C 恰好有一个发生；
   (4) A,B,C 至多有一个发生.
4. 设 A,B,C 三个事件发生的概率都为 $\frac{1}{4}$，$P(AB)=P(BC)=0$，$P(AC)=\frac{1}{8}$，求：
   (1) A,B,C 至少有一个发生的概率；
   (2) A,B,C 都不发生的概率.
5. 设三个事件 A,B,C 两两相互独立，$ABC=\varnothing$，$P(A)=P(B)=P(C)<\frac{1}{2}$，$P(A\cup B\cup C)=\frac{9}{16}$，求 $P(A)$.
6. 从 $0,1,2,\cdots,9$ 这 10 个数字中任取 3 个不同的数字，试求下列事件的概率：

(1) A_1="3个数字中不含有3和6";

(2) A_2="3个数字中含有3和6".

7. 10名学生坐成一排,求其中指定的3名学生坐在一起的概率.

8. 设一批产品中一、二、三等品各占60%,30%,10%,从中任取一件,已知取到的不是三等品,求取到的是一等品的概率.

9. 已知参加比赛的10名运动员分别佩戴1到10号的号码牌,从中任选3人记录号码牌的号码.求:

(1) 最小号码为5的概率;

(2) 最大号码为5的概率.

10. 从5双不同的鞋子中任取4只,求这4只鞋子中恰好有2只配成一双的概率.

11. 一盒晶体管中有8只合格品,2只不合格品,从中不放回地一只一只取出,试求第二次取出的是合格品的概率.

12. 已知在10只晶体管中有2只次品,在其中取两次,每次随机地取一只,做不放回抽样,求下列事件的概率:

(1) 两只都是正品;

(2) 一只正品,一只次品;

(3) 两只都是次品;

(4) 第二次取出的是次品.

13. 某人忘记了电话号码的最后一个数字,因此他随意地拨号,求他拨号不超过3次就接通所需电话的概率.若已知最后一个数字是奇数,求此概率.

14. 某学生的钥匙掉了,已知掉在宿舍、教室和路上的概率分别是0.5,0.3和0.2,而掉在上述三处地方被找到的概率分别是0.8,0.3和0.1,试求该学生找到钥匙的概率.

15. 设$P(A)=0.7$,$P(\overline{B})=0.6$,$P(A\overline{B})=0.5$,求$P(A\mid B)$,$P(B\mid A)$,$P(B\mid A\cup\overline{B})$.

16. 设甲口袋中有a个白球、b个黑球,乙口袋中有n个白球、m个黑球.从甲口袋中任取一个球放入乙口袋中,再从乙口袋中任取一个球,试求最后从乙口袋中取出的是白球的概率.

17. 一名学生接连参加同一课程的考试两次.第一次及格的概率为p,第一次及格第二次及格的概率也为p,第一次不及格而第二次及格的概率为$\frac{p}{2}$.

(1) 求两次考试中至少有一次及格的概率;

(2) 若已知他第二次已经及格,求他第一次及格的概率.

18. 有三个电池生产车间A,B,C同时生产普通电池和高性能电池,一小时总产量为600节,各个车间的产量(单位:节)如表1-4所示.

表1-4

车间	普通电池产量	高性能电池产量	共计产量
A	200	100	300
B	50	150	200
C	50	50	100

某一小时,由于员工失误,没有在电池上加上车间的标签就放入了仓库.

(1) 在仓库里随机地抽取一节电池,求它是高性能电池的概率;

(2) 若随机地抽取一节电池,已知这是一节高性能电池,试分析哪个车间生产此电池的可能性最大.

19. 设猎人在距离猎物 100 m 处对猎物打第一枪,命中猎物的概率为 0.5. 若第一枪未命中,则猎人继续打第二枪,此时猎物与猎人已相距 150 m. 若第二枪仍未命中,则猎人继续打第三枪,此时猎物与猎人已相距 200 m. 若第三枪还未命中,则猎物逃脱. 假如该猎人命中猎物的概率与距离成反比,试求该猎物被击中的概率.

20. 一般考试中单选题有四个选项,某学生不知道答案时,他就随机猜测,已知某道题该学生答对了,试在以下情况下求该学生确实知道正确答案的概率:

(1) 该学生知道正确答案的概率为 0.5;

(2) 该学生知道正确答案的概率为 0.2.

21. 在通信网络中装有密码钥匙,设全部收到的信息中有 92% 是可信的,又设全部不可信的信息中只有 1% 是使用密码钥匙传送的,而全部可信信息是使用密码钥匙传送的. 求由密码钥匙传送的一条信息是可信信息的概率.

22. 设 $P(A)=a, P(B)=b$(a, b 均大于 0),证明:

$$\frac{a}{b} \geqslant P(A \mid B) \geqslant \frac{a+b-1}{b}.$$

23. 证明:如果事件 A 与 B 相互独立,那么 $\overline{A}$ 与 B 也相互独立.

24. 证明:若事件 A 与 B 互不相容,且 $P(A)P(B) \neq 0$,则 A 与 B 一定不独立.

25. 抛一枚硬币两次,记事件 A 为"第一次为正面",B 为"第二次为正面",C 为"两次得同一面",证明:

(1) A, B, C 这三个事件两两之间相互独立;

(2) A, B, C 这三个事件并不相互独立.

26. 某工厂有甲、乙、丙三台机床进行生产,假设在一周内甲、乙、丙三台机床需要维修的概率分别为 0.9,0.8,0.85,求一周内没有一台机床需要维修的概率及至多只有一台机床需要维修的概率.

27. 据统计,陕西省的血型分布近似为:A 型血 28.21%,B 型血 29.04%,O 型血 34.11%,AB 型血 8.64%. 已知夫妻拥有的血型是相互独立的.

(1) 如果妻子为 B 型血,求丈夫是妻子安全输血者(B 型血、O 型血为安全输血者) 的概率;

(2) 随机一对夫妻,求其中一人为 A 型血,另一人为 B 型血的概率;

(3) 随机一对夫妻,求妻子为 A 型血,丈夫为 B 型血的概率;

(4) 随机一对夫妻,求其中至少有一人是 O 型血的概率.

28. 6 个相同的元件先两两串联成 3 组,再把这 3 组并联成一个系统,如图 1-9 所示. 设每个元件损坏的概率为 p,又各个元件损坏与否相互独立,求这个系统出故障的概率.

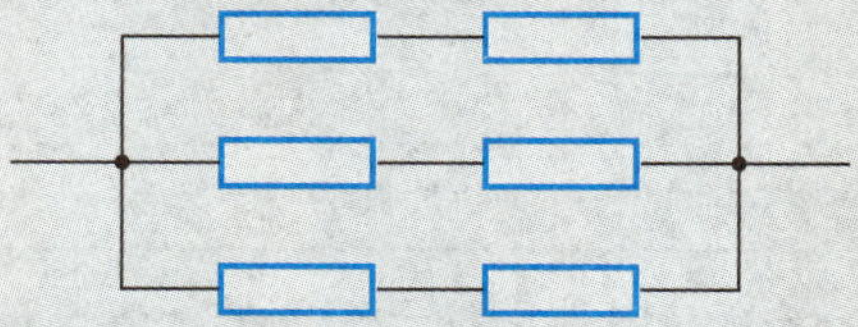

图 1-9

29. 设某电路由甲、乙、丙三个元件组成，这三个元件发生故障的概率分别是 0.3，0.2，0.2，且各元件工作相互独立. 若甲、乙、丙三个元件串联，求该电路发生故障的概率.

30. 两台车床加工同样的零件，已知第一台车床出现不合格品的概率为 0.03，第二台车床出现不合格品的概率为 0.06. 现将加工出来的零件放在一起，并且已知第一台车床加工的零件比第二台车床加工的零件多一倍.

(1) 求任取一个零件是合格品的概率；

(2) 如果取出的零件是不合格品，求它是由第二台车床加工的概率.

第二章 随机变量及其分布

在研究随机试验时，人们除了对特定事件发生的概率感兴趣外，还关心某些与随机试验结果有关系的变量. 由于该变量的取值依赖于随机试验的结果，因此称为随机变量. 对一个随机变量的统计规律性的完整描述，称为随机变量的分布.

本章将介绍离散型随机变量和连续型随机变量及其分布.

导学

§2.1 随机变量

微课视频

一、随机变量概念的引入

为了深入研究随机现象并揭示其统计规律性，需要将随机试验的结果数量化，即把样本空间中的样本点与实数对应起来.

有些随机试验的结果本身就用数值来描述. 例如，观察某电话交换台在一段时间内接到的呼唤次数的试验，试验结果用 $0,1,2,\cdots$ 来表示；测试灯泡寿命的试验，试验结果可用 $[0,+\infty)$ 中的数来描述. 而有些随机试验的结果不是数，这会影响人们对样本空间的描述和研究. 此时可引入一个法则，使随机试验的每一个结果与实数相对应. 例如，在抛一枚均匀硬币，观察其出现正、反面的随机试验中，当出现正面时用“1”表示，而出现反面时用“0”表示；在伯努利试验中，当事件 A 发生时用“1”表示，事件 $\overline{A}$ 发生时用“0”表示，从而对于随机试验结果并非数值的情形，均有唯一确定的实数与之对应.

上述例子表明，无论怎样的随机试验，其结果均可用一个随着试验结果的不同而变化的实数即函数来描述，该函数就是要引入的随机变量.

二、随机变量的定义

定义 2.1 设随机试验的样本空间是 Ω. 若对于 Ω 中的每一个样本点 ω，都有唯一确定的实数 $X(\omega)$ 与之对应，则称 $X(\omega)$ 为**随机变量**，简记为 X.

随机变量通常用大写英文字母 X,Y,Z 等表示，也可以用小写希腊字母 ξ，η，ζ 等表示，而随机变量的取值一般用小写英文字母 x,y,z 等表示，如 $X=x$，$Y=y$.

由定义知道，随机变量是一个定义在样本空间 Ω 上的单值实值函数. 由于随机变量的取值随着试验结果而变化，而随机试验的结果的出现有一定的概率，因此随机变量取每个值或每个确定范围内的值也有一定的概率.

例 1 将一枚均匀硬币连抛 3 次，观察其正面 H、反面 T 出现的情况. 若要表示 3 次抛硬币中出现正面 H 的总数，可引入随机变量

$$X=X(\omega)=\begin{cases}3, & \omega=\mathrm{HHH},\\ 2, & \omega=\mathrm{HHT},\mathrm{HTH},\mathrm{THH},\\ 1, & \omega=\mathrm{HTT},\mathrm{THT},\mathrm{TTH},\\ 0, & \omega=\mathrm{TTT},\end{cases}$$

则 $\{X=2\}$ 对应事件 $A=\{\mathrm{HHT},\mathrm{HTH},\mathrm{THH}\}$，从而 $P\{X=2\}=P(A)=\frac{3}{8}$.

类似地，有 $P\{X\leqslant 1\}=P\{\mathrm{HTT},\mathrm{THT},\mathrm{TTH},\mathrm{TTT}\}=\frac{1}{2}$.

例 2 公共汽车站每隔 5 min 有一辆汽车通过，在考察乘客候车时间（单位：min）的试验中，每一位乘客的候车时间可能是 $[0,5)$ 中的任何一个数. 若用 X 表示候车时间，则可引入一个随机变量 $X=X(t)=t,t\in[0,5)$.

三、引入随机变量的意义

引入随机变量后，各种随机事件就可以通过随机变量的关系式来描述. 例如，射击时第一次击中目标需要的射击次数 X 是一个随机变量，事件{射击次数不多于 10 次}可以用 $\{X\leqslant 10\}$ 来表示；事件{射击次数恰好为 5 次}可以用 $\{X=5\}$ 来表示.

随机变量是概率论中最基本的概念之一，它的产生是概率论发展史上的重大事件. 引入随机变量后，人们对随机现象统计规律性的研究就由对事件及其概率的研究转化为对随机变量及其取值规律的研究，这样就能更加方便地使用微积分等近代数学工具对随机现象进行广泛深入的研究，使概率论成为一门真正的数学学科.

四、随机变量的分类

人们根据随机变量取值方式的不同对其进行分类. 一类是其可能取值为有限个或无限可列个的**离散型随机变量**；另一类是**非离散型随机变量**，它又分为**连续型随机变量**和既非离散又非连续的**混合型随机变量**. 非离散型随机变量的范围很广，情况复杂，其中最重要且在实际中最常用的是连续型随机变量. 本书只讨论离散型随机变量和连续型随机变量.

§2.2 离散型随机变量及其分布

一、概率分布

设离散型随机变量 X 的所有可能取值为 $x_1,x_2,\cdots$. 为了描述随机变量 X，只知道它的可能取值是远远不够的，更重要地，还要知道它取各个可能值的概率是多少.

定义 2.2 设离散型随机变量 X 的所有可能取值为 $x_k(k=1,2,\cdots)$，X 取各个可能值的概率为

$$P\{X=x_k\}=p_k \quad (k=1,2,\cdots). \tag{2.1}$$

称式(2.1)为**离散型随机变量 X 的概率分布**或**分布律**.

离散型随机变量的概率分布也常用表格的形式给出，如表 2-1 所示.

表 2-1

X	x_1	x_2	$\cdots$	x_k	$\cdots$
P	p_1	p_2	$\cdots$	p_k	$\cdots$

表 2-1 中 x_k 的排列次序是任意的，为了以后讨论方便起见，常按 $x_1<x_2<\cdots$ 排列，而 $p_k=P\{X=x_k\}$.

由概率的定义，离散型随机变量的分布律显然满足如下两个性质：

(1) $p_k\geqslant 0(k=1,2,\cdots)$；

(2) $\sum\limits_{k=1}^{\infty}p_k=1$.

反之，满足上述两个性质的数列 $\{p_k\}$ 也可作为某个离散型随机变量的分布律.

例 1 盒中有 10 个乒乓球，其中 7 个白球，3 个黄球. 现从中任取 3 个球，设 X 表示取到黄球的个数，求：

(1) X 的分布律；

(2) $P\{X<2\}$.

解 (1) 依题意，显然 X 的所有可能取值为 0,1,2,3，且

$$P\{X=0\}=\frac{C_7^3}{C_{10}^3}=\frac{7}{24},\quad P\{X=1\}=\frac{C_3^1C_7^2}{C_{10}^3}=\frac{21}{40},$$

$$P\{X=2\}=\frac{C_3^2C_7^1}{C_{10}^3}=\frac{7}{40},\quad P\{X=3\}=\frac{C_3^3}{C_{10}^3}=\frac{1}{120},$$

则 X 的分布律为

$$P\{X=k\}=\frac{C_3^kC_7^{3-k}}{C_{10}^3}\quad (k=0,1,2,3).$$

X 的分布律也可用表格的形式给出，如表 2-2 所示.

表 2-2

X	0	1	2	3
P	$\frac{7}{24}$	$\frac{21}{40}$	$\frac{7}{40}$	$\frac{1}{120}$

(2) $P\{X<2\}=P\{X=0\}+P\{X=1\}=\dfrac{49}{60}$.

二、常用的离散型分布

1. 两点分布

微课视频

若随机变量 X 只有两个可能的取值 x_1,x_2，且其分布律为

$$P\{X=x_1\}=p,\quad P\{X=x_2\}=1-p\quad(0<p<1),$$

则称 X 服从**两点分布**.

特别地，如果 X 只取 0,1 两个值，其分布律为

$$P\{X=k\}=p^k(1-p)^{1-k}\quad(k=0,1;0<p<1),$$

写成表格的形式如表 2-3 所示，则称 X 服从参数为 p 的**(0-1) 分布**.

表 2-3

X	0	1
P	$1-p$	p

对于只有两种可能结果的随机试验，均可用两点分布来描述. 例如，检查产品的质量是否合格；对新生婴儿性别进行登记；彩票中奖与否；抛硬币观察正、反面情况；等等. 若以 X 表示抛一次硬币中出现正面朝上的次数，则 X 服从 (0-1) 分布，分布律如表 2-4 所示.

表 2-4

X	0	1
P	$\frac{1}{2}$	$\frac{1}{2}$

2. 二项分布

在 n 重伯努利试验中，每次试验中事件 A 发生的概率为 $p(0<p<1)$. 若以随机变量 X 表示 n 次独立重复试验中事件 A 发生的次数，则 X 的可能取值为 $0,1,2,\cdots,n$，且对每一个可能取值 $k(0\leqslant k\leqslant n)$，根据伯努利概型，有

$$P\{X=k\}=C_n^kp^k(1-p)^{n-k}\quad(k=0,1,2,\cdots,n).\tag{2.2}$$

这时，称随机变量 X 服从参数为 n,p 的**二项分布**，记为 $X\sim B(n,p)$.

显然，式(2.2) 满足分布律的两个基本性质：

(1) $P\{X=k\}\geqslant 0(k=0,1,2,\cdots,n)$；

(2) 由二项展开式知

$$\sum_{k=0}^{n}C_n^kp^k(1-p)^{n-k}=[p+(1-p)]^n=1.$$

这也正是称此分布为二项分布的原因.

当 $n=1$ 时，式(2.2) 变为

$$P\{X=k\}=p^k(1-p)^{1-k}\quad(k=0,1),$$

这就是(0-1) 分布. 故(0-1) 分布是二项分布当 $n=1$ 时的特例.

下面对某些 n 和 p 的取值，由式(2.2) 计算出概率，给出二项分布的图形

(见图 2-1).

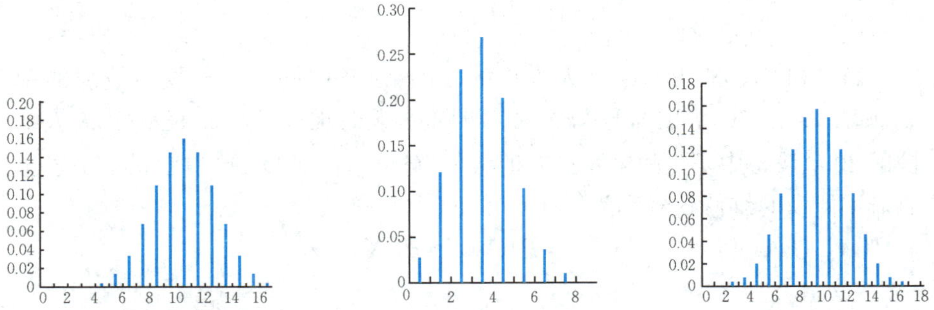

(a) n=20, p=0.5　　(b) n=10, p=0.3　　(c) n=30, p=0.3

图 2-1

从图 2-1 中可以看出，对于固定的 n,p，概率 $P\{X=k\}$ 先是随着 k 的增加而增加，直到达到一个最大值，然后随着 k 的增加而减小. 可以证明，一般的二项分布都具有这一性质，且二项分布的概率 $P\{X=k\}$ 当 $k=k_0$ 时达到最大值，其中

$$k_0=\begin{cases}(n+1)p \text{ 或 } (n+1)p-1, & (n+1)p \text{ 是整数}, \\ [(n+1)p], & (n+1)p \text{ 不是整数},\end{cases}$$

这里 $[(n+1)p]$ 表示不超过 $(n+1)p$ 的最大整数.

例 2　设每天每辆出租车出现故障的概率为 0.02，某出租车公司共有 400 辆出租车，求一天内至少有 2 辆出租车出现故障的概率.

解　将观察一辆出租车一天内是否出现故障看作一次试验，于是观察 400 辆出租车一天内是否出现故障就是做 400 重伯努利试验. 设一天内出现故障的出租车的数量为 X，则 $X\sim B(400,0.02)$，X 的分布律为

$$P\{X=k\}=\mathrm{C}_{400}^{k}\times 0.02^{k}\times 0.98^{400-k}\quad (k=0,1,2,\cdots,400).$$

故所求概率为

$$\begin{aligned}P\{X\geqslant 2\}&=1-P\{X=0\}-P\{X=1\}\\&=1-0.98^{400}-400\times 0.02\times 0.98^{399}\approx 0.9972.\end{aligned}$$

这个结果的实际意义是：虽然每天每辆出租车出现故障的概率很小(只有 0.02)，但如果有 400 辆出租车运行，则一天内至少有 2 辆出租车出现故障是几乎可以肯定的. 这一事实表明，一个事件尽管在一次试验中发生的概率很小，但只要试验次数足够大，而且试验是独立进行的，那么这一事件发生几乎是肯定的. 这也告诉人们绝不能轻视小概率事件.

例 3　为了保障设备正常工作，需要配备适当的维修工，但配备多了就会造成浪费，配备少了又影响生产. 设某工厂现有 80 台同类型设备，每台工作相互独立，发生故障的概率为 0.01，且一台设备的故障，可由一个人来排除. 试比较以下两种配备维修工人的方案，在设备发生故障时不能及时维修的概率的大小：

(1) 4 人维护,每人负责 20 台;

(2) 3 人共同维护 80 台.

解 (1) 设 X 表示第一人维护的 20 台设备中同一时刻发生故障的台数,则 $X \sim B(20, 0.01)$,且当 $X \geqslant 2$ 时不能及时维修. 以 A_i 表示"第 i 人维护的 20 台设备中发生故障不能及时维修"$(i=1,2,3,4)$,则 80 台设备中发生故障不能及时维修的概率为

$$P(A_1 \cup A_2 \cup A_3 \cup A_4) \geqslant P(A_1) = P\{X \geqslant 2\}$$

$$= 1 - \sum_{k=0}^{1} C_{20}^{k} \times 0.01^k \times 0.99^{20-k} \approx 0.0169.$$

(2) 设 X 表示 80 台设备同一时刻发生故障的台数,则当 $X \geqslant 4$ 时不能及时维修. 又 $X \sim B(80, 0.01)$,故 80 台设备中发生故障不能及时维修的概率为

$$P\{X \geqslant 4\} = 1 - \sum_{k=0}^{3} C_{80}^{k} \times 0.01^k \times 0.99^{80-k} \approx 0.0087.$$

人们发现,3 人共同维护 80 台(平均每人约维护 27 台),其任务比一人维护 20 台重了,但工作效率不仅没降低,反而提高了. 例 3 表明,在国民经济生活中,若能合理地应用概率方法,将能更有效地使用人力、物力等资源来提高管理水平.

3. 泊松分布

若随机变量 X 的分布律为

$$P\{X=k\} = \frac{\lambda^k e^{-\lambda}}{k!} \quad (k=0,1,2,\cdots), \tag{2.3}$$

微课视频

其中 $\lambda > 0$ 是常数,则称 X 服从参数为 λ 的**泊松(Poisson)分布**,记为 $X \sim P(\lambda)$ 或 $X \sim \pi(\lambda)$.

易见,式(2.3)满足分布律的两个基本性质:

(1) $P\{X=k\} \geqslant 0 (k=0,1,2,\cdots)$;

(2) $\sum_{k=0}^{\infty} P\{X=k\} = \sum_{k=0}^{\infty} \frac{\lambda^k e^{-\lambda}}{k!} = e^{-\lambda} \sum_{k=0}^{\infty} \frac{\lambda^k}{k!} = e^{-\lambda} e^{\lambda} = 1.$

对于参数为 n, p 的二项分布 $B(n, p)$,当试验次数 n 很大时,概率的计算相当烦琐,所以寻找某种近似计算方法就很有必要了. 历史上,泊松分布是作为二项分布的近似,于 1837 年由法国数学家泊松引入的. 下面介绍一个用泊松分布来逼近二项分布的定理.

定理 2.1 **设 $\lambda (\lambda > 0)$ 是一个常数,n 是任意正整数. 若 $np_n = \lambda$,则对于任一固定的非负整数 k,有**

$$\lim_{n \to \infty} C_n^k p_n^k (1-p_n)^{n-k} = \frac{\lambda^k e^{-\lambda}}{k!}.$$

证明 因为 $p_n=\frac{\lambda}{n}$，则

$$
\begin{aligned}
&C_n^k p_n^k(1-p_n)^{n-k}\\
&=\frac{n(n-1)\cdots(n-k+1)}{k!}\left(\frac{\lambda}{n}\right)^k\left(1-\frac{\lambda}{n}\right)^{n-k}\\
&=\frac{\lambda^k}{k!}\left[1\cdot\left(1-\frac{1}{n}\right)\left(1-\frac{2}{n}\right)\cdots\left(1-\frac{k-1}{n}\right)\right]\left(1-\frac{\lambda}{n}\right)^n\left(1-\frac{\lambda}{n}\right)^{-k}.
\end{aligned}
$$

对于任意固定的 k，有

$$\lim_{n\to\infty}\left[1\cdot\left(1-\frac{1}{n}\right)\left(1-\frac{2}{n}\right)\cdots\left(1-\frac{k-1}{n}\right)\right]=1,$$

$$\lim_{n\to\infty}\left(1-\frac{\lambda}{n}\right)^n=e^{-\lambda},\quad \lim_{n\to\infty}\left(1-\frac{\lambda}{n}\right)^{-k}=1,$$

所以

$$\lim_{n\to\infty}C_n^k p_n^k(1-p_n)^{n-k}=\frac{\lambda^k e^{-\lambda}}{k!}.$$

定理 2.1 说明，当 n 很大时，因为 $np_n=\lambda$ 为常数，所以 p_n 必定很小. 因此，当 n 很大而 p 很小时，有以下近似公式：

$$C_n^k p^k(1-p)^{n-k}\approx\frac{\lambda^k e^{-\lambda}}{k!}\quad(\lambda=np).\tag{2.4}$$

也就是说，以 n,p 为参数的二项分布的概率可以由参数为 $\lambda=np$ 的泊松分布的概率来近似计算. 一般来说，当 $n\geqslant 20$，$p\leqslant 0.05$ 时，近似效果颇佳，此时我们就可以用上述近似公式. $\frac{\lambda^k e^{-\lambda}}{k!}$ 的值有表可查(见附表 3).

泊松分布的应用很广泛，它可以作为大量稀有事件出现的频率的概率分布的数学模型. 例如，一段时间内某电话交换台收到的呼叫次数，某一地区一个时间段内发生交通事故的次数，纺织机生产布匹的瑕点数，放射性物质在单位时间内放射的粒子数，等等.

例 4 一本 500 页的书共有 500 个印刷错误，每个印刷错误等可能地出现在每一页上(每页的印刷字符超过 500 个)，试求在给定的一页上至少有 3 个印刷错误的概率.

解 考察一个印刷错误是否出现在给定的一页为一次伯努利试验，它有两个结果：出现或不出现，且可以求得该印刷错误出现在给定一页的概率为 $\frac{1}{500}$. 考察 500 个印刷错误是否出现在给定的一页就是做 500 重伯努利试验，设给定的一页上印刷错误个数为 X，则 $X\sim B\left(500,\frac{1}{500}\right)$. 由 $n=500$，$p=\frac{1}{500}$，有 $\lambda=np=1$，于是由式(2.4)可得所求概率为

$$P\{X \geqslant 3\} = \sum_{k=3}^{500} C_{500}^{k} \left(\frac{1}{500}\right)^{k} \left(\frac{499}{500}\right)^{500-k} \approx \sum_{k=3}^{500} \frac{e^{-1}}{k!}.$$

查附表 3 可得

$$P\{X \geqslant 3\} \approx 0.080\,301.$$

例 5 已知某城市每天发生火灾的次数 $X \sim P(0.7)$,求:

(1) 该城市一天内至多发生 1 次火灾的概率;

(2) 该城市一天内至少发生 4 次火灾的概率.

解 由 $X \sim P(0.7)$ 知

$$P\{X = k\} = \frac{0.7^k e^{-0.7}}{k!} \quad (k = 0, 1, 2, \cdots).$$

(1) 该城市一天内至多发生 1 次火灾的概率为

$$P\{X \leqslant 1\} = P\{X = 0\} + P\{X = 1\} = e^{-0.7} + 0.7e^{-0.7} \approx 0.844\,2.$$

(2) 查附表 3 得,该城市一天内至少发生 4 次火灾的概率为

$$P\{X \geqslant 4\} = \sum_{k=4}^{\infty} \frac{0.7^k e^{-0.7}}{k!} \approx 0.005\,753.$$

*4. 超几何分布

若随机变量 X 的分布律为

$$P\{X = k\} = \frac{C_M^k C_{N-M}^{n-k}}{C_N^n} \quad (k = 0, 1, 2, \cdots, n), \tag{2.5}$$

其中 n, M, N 都是正整数,且 $M \leqslant N, n \leqslant N$,则称 X 服从**超几何分布**,记为 $X \sim H(N, M, n)$.

由组合数的性质,易知

$$\sum_{k=0}^{n} P\{X = k\} = \frac{\sum\limits_{k=0}^{n} C_M^k C_{N-M}^{n-k}}{C_N^n} = \frac{C_N^n}{C_N^n} = 1.$$

例如,设一批产品共 N 件,其中有 M 件次品,从这批产品中任取 n 件,则取出的 n 件产品中的次品数 X 服从超几何分布,即 $X \sim H(N, M, n)$.

超几何分布描述的是不放回抽样的试验模型. 当一批产品的总件数 N(其中有 M 件次品)很大,而抽取的样品件数 n 相比 N 较小$\left(一般来说 \frac{n}{N} \leqslant 10\%\right)$时,则不放回抽样与放回抽样几乎没多大区别,所以超几何分布可用二项分布近似.

§ 2.3 随机变量的分布函数

一、分布函数的引入

对于离散型随机变量，可以用分布律来描述它.然而，对于非离散型随机变量，它的可能取值是不可数的，所以用分布律来描述它是不可能的.例如，测量的误差 X、灯泡的寿命 Y 等，我们感兴趣的不是误差 $X=0.02$ mm、寿命 $Y=1\,234.5$ h 的概率，而是误差 X 落在某个区间、寿命 Y 大于某个数的概率.我们常需要考虑概率 $P\{x_1<X\leqslant x_2\}$，又

微课视频

$$P\{x_1<X\leqslant x_2\}=P\{X\leqslant x_2\}-P\{X\leqslant x_1\},$$

由此可见，只要知道 $P\{X\leqslant x_2\}$ 和 $P\{X\leqslant x_1\}$ 就可以了.

为了更方便地研究各类随机变量，下面引入随机变量的分布函数的概念.

二、分布函数的定义

定义 2.3 设 X 是一个随机变量，称函数

$$F(x)=P\{X\leqslant x\} \quad (-\infty<x<+\infty) \tag{2.6}$$

为 X 的**分布函数**，记为 $F(x)$ 或 $F_X(x)$.

分布函数 $F(x)$ 的几何直观解释：若将 X 看成数轴上随机点的坐标，则分布函数 $F(x)$ 在点 x 处的函数值就表示 X 落在区间 $(-\infty,x]$ 内的概率.

由分布函数的定义，对于任意的实数 $x_1,x_2(x_1<x_2)$，随机点落在区间 $(x_1,x_2]$ 内的概率为

$$P\{x_1<X\leqslant x_2\}=P\{X\leqslant x_2\}-P\{X\leqslant x_1\}=F(x_2)-F(x_1).$$

通过分布函数，我们可以知道随机变量 X 落在任一区间内的概率，它完整地描述了 X 的统计规律性.

例 1 设离散型随机变量 X 的分布律如表 2-5 所示，求：

(1) 常数 a 的值；

(2) $P\{0<X\leqslant 3\}$；

(3) X 的分布函数 $F(x)$.

表 2-5

X	0	1	2
P	0.2	a	0.5

解 (1) 由离散型随机变量分布律的性质得 $P\{X=0\}+P\{X=1\}+P\{X=2\}=1$，故 $a=0.3$.

(2) $P\{0<X\leqslant 3\}=P\{X=1\}+P\{X=2\}=0.8$.

(3) 由分布函数的定义 $F(x)=P\{X\leqslant x\}$，有：

当 $x<0$ 时，$F(x)=P\{X\leqslant x\}=P(\varnothing)=0$；

当 $0\leqslant x<1$ 时，$F(x)=P\{X\leqslant x\}=P\{X=0\}=0.2$；

当 $1\leqslant x<2$ 时，$F(x)=P\{X\leqslant x\}=P\{X=0\}+P\{X=1\}=0.5$；

当 $x\geqslant 2$ 时，$F(x)=P\{X\leqslant x\}=P\{X=0\}+P\{X=1\}+P\{X=2\}=1$.

综上所述，X 的分布函数为

$$F(x)=\begin{cases}0, & x<0,\\ 0.2, & 0\leqslant x<1,\\ 0.5, & 1\leqslant x<2,\\ 1, & x\geqslant 2.\end{cases}$$

如图 2-2 所示，分布函数 $F(x)$ 的图形是一条上升的右连续阶梯形曲线，该曲线在点 $x=0,1,2$ 处有跳跃，跳跃度分别为 $P\{X=0\}$，$P\{X=1\}$，$P\{X=2\}$.

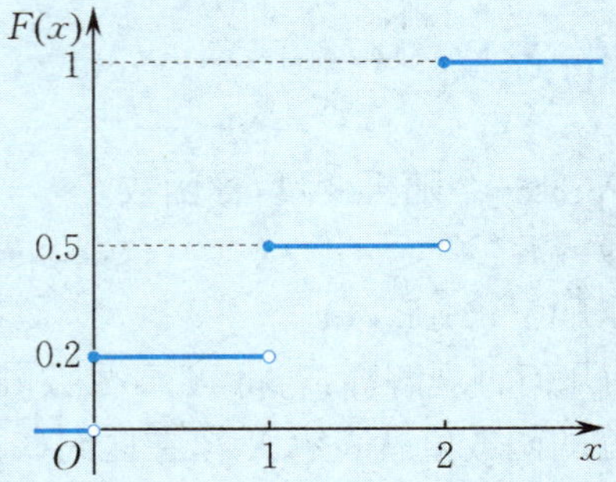

图 2-2

注 当已知分布函数时，概率 $P\{0<X\leqslant 3\}=F(3)-F(0)=0.8$.

三、分布函数的性质

分布函数具有如下性质.

(1) **非负性、规范性**：$0\leqslant F(x)\leqslant 1$，且

$$F(-\infty)=\lim_{x\to-\infty}F(x)=0,\quad F(+\infty)=\lim_{x\to+\infty}F(x)=1.$$

(2) **单调非减性**：对于任意实数 x_1,x_2，若 $x_1<x_2$，则 $F(x_1)\leqslant F(x_2)$.

(3) **右连续性**：$F(x+0)=F(x)$.

证明 (1) 因为 $F(x)=P\{X\leqslant x\}$ 是概率，所以满足概率的非负性，即 $0\leqslant F(x)\leqslant 1$. 由于事件 $\{X\leqslant-\infty\}$ 是不可能事件，因此 $F(-\infty)=0$，而事件 $\{X\leqslant+\infty\}$ 是必然事件，故 $F(+\infty)=1$.

(2) 当 $x_1<x_2$ 时，有

$$F(x_2)-F(x_1)=P\{x_1<X\leqslant x_2\}\geqslant 0,$$

即 $F(x_1) \leqslant F(x_2)$，故分布函数 $F(x)$ 单调非减.

性质(3) 的证明超出本书的要求，证明从略.

反之，凡是满足上述三条性质的一元函数 $F(x)$，必可以作为某个随机变量的分布函数.

例 2 设随机变量 X 的分布函数为

$$F(x)=\begin{cases} a+b\mathrm{e}^{-\frac{x^2}{2}}, & x>0, \\ 0, & x\leqslant 0, \end{cases}$$

求：

(1) 常数 a,b 的值；

(2) $P\{-3<X\leqslant 2\}$.

解 (1) 因为 $F(+\infty)=1$，所以 $\lim\limits_{x\to+\infty}(a+b\mathrm{e}^{-\frac{x^2}{2}})=a=1$. 又分布函数 $F(x)$ 在点 $x=0$ 处右连续，故 $F(0+0)=F(0)=0$，即 $a+b=0$，则 $b=-a=-1$. 所以，X 的分布函数为

$$F(x)=\begin{cases} 1-\mathrm{e}^{-\frac{x^2}{2}}, & x>0, \\ 0, & x\leqslant 0. \end{cases}$$

(2) $P\{-3<X\leqslant 2\}=F(2)-F(-3)=1-\mathrm{e}^{-2}$.

例 3 一名射手向半径为 20 cm 的圆形靶射击，击中靶上以靶心为圆心的任一同心圆的概率与该圆的面积成正比，并且不会发生脱靶的情况. 设 X(单位：cm) 表示弹着点与靶心的距离，求随机变量 X 的分布函数.

解 设随机变量 X 的分布函数为 $F(x)=P\{X\leqslant x\}$，则：

当 $x<0$ 时，$F(x)=P\{X\leqslant x\}=P(\varnothing)=0$；

当 $x\geqslant 20$ 时，$F(x)=P\{X\leqslant x\}=P(\Omega)=1$；

当 $0\leqslant x<20$ 时，$F(x)=P\{X\leqslant x\}=k\pi x^2$，其中 k 为比例系数.

又由于 $0\leqslant X<20$ 是必然事件，因此 $P\{0\leqslant X<20\}=k\pi\cdot 20^2=1$，得 $k=\dfrac{1}{400\pi}$. 故 X 的分布函数为

$$F(x)=\begin{cases} 0, & x<0, \\ \dfrac{x^2}{400}, & 0\leqslant x<20, \\ 1, & x\geqslant 20. \end{cases}$$

引入分布函数后，离散型随机变量与非离散型随机变量的分布就得到了统一完整的描述. 此外，分布函数是一个普通的实值函数，具有良好的分析性质(如有界性、单调非减性、右连续性)，这就为用微积分等数学工具解决概率统计问题奠定了基础. 分布函数作为随机现象和高等数学之间的一座桥梁，真可谓是“一桥飞架南北，天堑变通途”.

§2.4 连续型随机变量及其分布

一、概率密度

微课视频

1. 概率密度的引入

在非离散型随机变量中，最重要的就是连续型随机变量. 由于连续型随机变量的可能取值不能一一列举，因此相对应的概率也不能像离散型随机变量那样用分布律的方式给出. 那么，如何来描述连续型随机变量的概率分布呢？

一个自然的想法是：考虑随机变量 X 落在充分小的区间 $(x, x+\Delta x]$ 内的概率. 若随机变量 X 的分布函数 $F(x)$ 是可导的，则其导数为

$$\begin{aligned} f(x)=F'(x) &= \lim_{\Delta x\to 0^+}\frac{F(x+\Delta x)-F(x)}{\Delta x} \\ &= \lim_{\Delta x\to 0^+}\frac{P\{x<X\leqslant x+\Delta x\}}{\Delta x}\geqslant 0. \end{aligned} \tag{2.7}$$

联想到物理学中关于线密度的定义，我们把概率看作质量，自然地称函数 $f(x)$ 为随机变量 X 的概率密度. 若函数 $f(x)$ 连续，则 $F(x)=\int_{-\infty}^{x} f(t)\mathrm{d}t$.

下面将由此出发，引出概率密度的概念.

2. 概率密度的定义及性质

定义 2.4 设 $F(x)$ 是随机变量 X 的分布函数. 若存在一个非负可积函数 $f(x)$，使得对于任意实数 x，都有

$$F(x)=P\{X\leqslant x\}=\int_{-\infty}^{x} f(t)\mathrm{d}t, \tag{2.8}$$

则称 X 为**连续型随机变量**，其中 $f(x)$ 称为 X 的**概率密度函数**，简称**概率密度**或**密度函数**.

由定义 2.4 及积分学的知识可知，连续型随机变量的分布函数 $F(x)$ 是连续函数. 同时，在 $f(x)$ 的连续点处，有

$$F'(x)=f(x). \tag{2.9}$$

式(2.8)与式(2.9)表示连续型随机变量的分布函数与概率密度可以相互确定. 因此，概率密度与分布函数均能完整地描述连续型随机变量的概率分布.

由式(2.7)可知，当 Δx 很小时，有

$$P\{x<X\leqslant x+\Delta x\}\approx f(x)\Delta x.$$

由此式可以看出，概率密度在点 x 处的函数值 $f(x)$ 越大，随机变量 X 取值落

在点x附近的概率就越大.因此,$f(x)$表示X集中在点x附近的密集程度.这也意味着$f(x)$确实有“密度”的内涵,所以称它为概率密度.

易见,概率密度$f(x)$具有下列性质.

(1) **非负性**:$f(x)\geqslant 0(-\infty<x<+\infty)$.

(2) **规范性**:$\int_{-\infty}^{+\infty}f(x)\mathrm{d}x=F(+\infty)=1$.

反之,若一个函数满足上述两条性质,则该函数一定可以作为某个连续型随机变量的概率密度.

(3) $P\{x_1<X\leqslant x_2\}=F(x_2)-F(x_1)=\int_{x_1}^{x_2}f(t)\mathrm{d}t$.

性质(1)和性质(2)具有明显的几何意义(见图2-3).性质(3)表示随机变量X落在区间$(x_1,x_2]$内的概率等于以区间$(x_1,x_2]$为底、曲线$y=f(x)$为顶的曲边梯形的面积(见图2-4).而X的分布函数的几何意义是由x轴以上、曲线$y=f(x)$以下、从$-\infty$到x处所围成区域的面积(见图2-5).

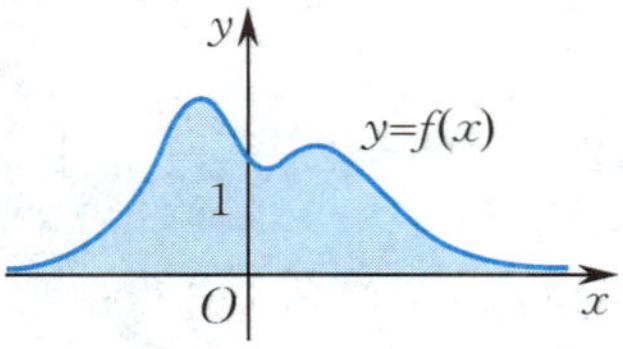

图2-3

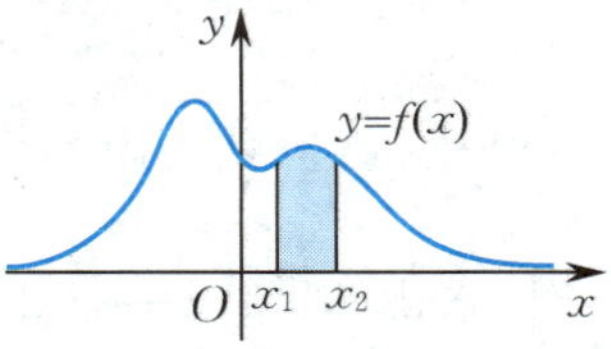

图2-4

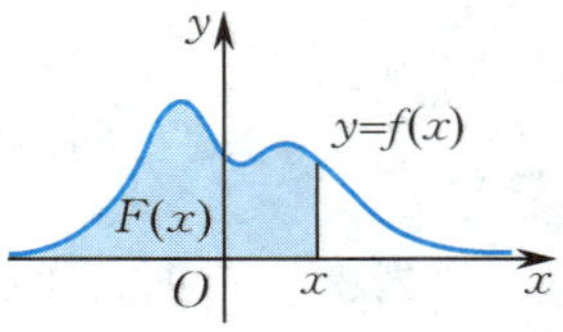

图2-5

连续型随机变量X取任一特定值a的概率都为0,即$P\{X=a\}=0$.

证明 取$\Delta x>0$,则有

$$0\leqslant P\{X=a\}\leqslant P\{a-\Delta x<X\leqslant a\}=F(a)-F(a-\Delta x).$$

由于X的分布函数$F(x)$是连续函数,因此

$$\lim_{\Delta x\to 0^+}[F(a)-F(a-\Delta x)]=0.$$

于是,当$\Delta x\to 0$时,由夹逼定理得

$$P\{X=a\}=0. \tag{2.10}$$

式(2.10)表明,讨论连续型随机变量取某个值的概率是毫无意义的.所以,在计算连续型随机变量落在某个区间内的概率时,可不必区分该区间端点的情况,即

$$\begin{aligned}P\{x_1<X\leqslant x_2\}&=P\{x_1\leqslant X<x_2\}=P\{x_1<X<x_2\}\\&=P\{x_1\leqslant X\leqslant x_2\}.\end{aligned}$$

式(2.10)也表明,概率为0的事件并不一定是不可能事件.同样,概率为1的事件也不一定是必然事件.

例1 设连续型随机变量X的概率密度为

$$f(x)=\begin{cases}Ax, & 0\leqslant x<1,\\ A(2-x), & 1\leqslant x<2,\\ 0, & \text{其他},\end{cases}$$

求：(1) 常数 A 的值；(2) X 的分布函数 $F(x)$；(3) $P\{0.5<X<1.5\}$；(4) 常数 a 的值，使得 $P\{X>a\}=P\{X<a\}$.

解 (1) 由概率密度的性质可知

$$\int_0^1 Ax\,\mathrm{d}x+\int_1^2 A(2-x)\,\mathrm{d}x=\frac{A}{2}+\frac{A}{2}=1,$$

解得 $A=1$. 故

$$f(x)=\begin{cases}x, & 0\leqslant x<1,\\ 2-x, & 1\leqslant x<2,\\ 0, & \text{其他}.\end{cases}$$

(2) 因分布函数 $F(x)=\int_{-\infty}^{x} f(t)\,\mathrm{d}t$，故

当 $x<0$ 时，$F(x)=\int_{-\infty}^{x}0\,\mathrm{d}t=0$；

当 $0\leqslant x<1$ 时，$F(x)=\int_{-\infty}^{0}0\,\mathrm{d}t+\int_0^x t\,\mathrm{d}t=\frac{x^2}{2}$；

当 $1\leqslant x<2$ 时，$F(x)=\int_{-\infty}^{0}0\,\mathrm{d}t+\int_0^1 t\,\mathrm{d}t+\int_1^x(2-t)\,\mathrm{d}t=2x-\frac{x^2}{2}-1$；

当 $x\geqslant 2$ 时，$F(x)=\int_{-\infty}^{0}0\,\mathrm{d}t+\int_0^1 t\,\mathrm{d}t+\int_1^2(2-t)\,\mathrm{d}t+\int_2^x 0\,\mathrm{d}t=1$.

所以，X 的分布函数为

$$F(x)=\begin{cases}0, & x<0,\\ \dfrac{x^2}{2}, & 0\leqslant x<1,\\ 2x-\dfrac{x^2}{2}-1, & 1\leqslant x<2,\\ 1, & x\geqslant 2.\end{cases}$$

(3) $P\{0.5<X<1.5\}=F(1.5)-F(0.5)=\frac{3}{4}$.

(4) 对连续型随机变量 X，$P\{X=a\}=0$，所以由 $P\{X>a\}=P\{X<a\}$ 知 $P\{X\leqslant a\}=\frac{1}{2}$，即

$$F(a)=2a-\frac{a^2}{2}-1=\frac{1}{2},$$

解得 $a=1$ 或 $a=3$(舍去)，故 $a=1$.

例 2 设连续型随机变量 X 的分布函数为

$$F(x)=\begin{cases}0, & x<-a,\\ A+B\arcsin\dfrac{x}{a}, & -a\leqslant x<a,\quad (a>0),\\ 1, & x\geqslant a\end{cases}$$

求：(1) 常数 A,B 的值；(2) X 的概率密度 $f(x)$.

解 (1) 由于连续型随机变量的分布函数是连续函数，因此 $F(x)$ 在点 $x=-a$ 和点 $x=a$ 处连续，即

$$F(-a-0)=F(-a),\quad F(a-0)=F(a),$$

得 $0=A-B\cdot\frac{\pi}{2}$，$A+B\cdot\frac{\pi}{2}=1$，解得 $A=\frac{1}{2}$，$B=\frac{1}{\pi}$.

(2) 由概率密度的定义知

$$f(x)=F'(x)=\begin{cases}\dfrac{1}{\pi\sqrt{a^2-x^2}}, & -a<x<a,\\ 0, & \text{其他}.\end{cases}$$

二、常见的连续型分布

1. 均匀分布

定义 2.5 若连续型随机变量 X 的概率密度为

$$f(x)=\begin{cases}\dfrac{1}{b-a}, & a<x<b,\\ 0, & \text{其他},\end{cases}$$

微课视频

则称 X 在区间 (a,b) 上服从**均匀分布**，记为 $X\sim U(a,b)$.

易知：(1) $f(x)\geqslant 0$；(2) $\int_{-\infty}^{+\infty}f(x)\mathrm{d}x=1$.

根据式(2.8)，易求得 X 的分布函数为

$$F(x)=\begin{cases}0, & x<a,\\ \dfrac{x-a}{b-a}, & a\leqslant x<b,\\ 1, & x\geqslant b.\end{cases}$$

均匀分布的概率密度 $f(x)$ 与分布函数 $F(x)$ 的图形分别如图 2-6 和图 2-7 所示.

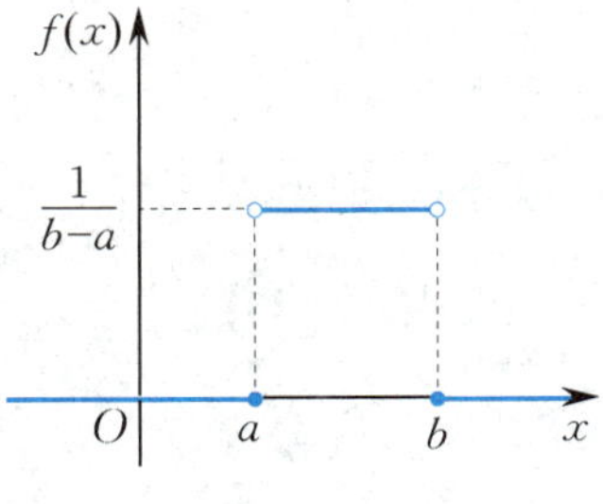

图 2-6

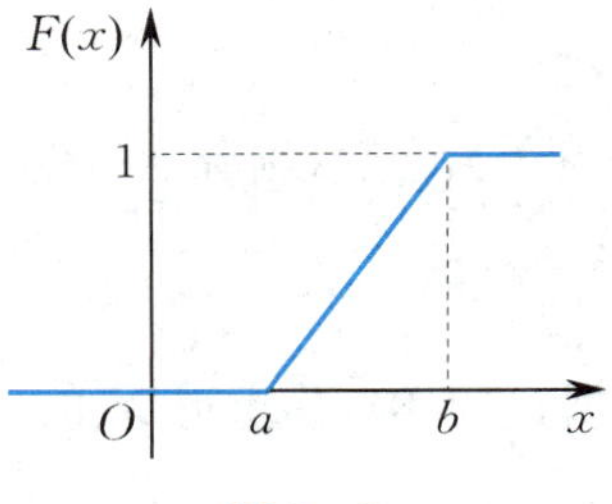

图 2-7

若随机变量 $X\sim U(a,b)$，任取 (a,b) 内长度为 l 的子区间 $(c,c+l)$，则

$$P\{c<X<c+l\}=\int_c^{c+l}\frac{1}{b-a}\mathrm{d}x=\frac{l}{b-a}.$$

这说明,服从均匀分布的随机变量 X 落在区间(a,b)的任一子区间内的概率与子区间的长度成正比,而与子区间的位置无关,属于几何概型. 故 X 落在长度相等的各个子区间内的可能性相同. "均匀分布"中的"均匀"的含义就是"等可能"的意思.

均匀分布在概率论的早期发展中起到了重要的作用. 现在,在利用计算机进行数值计算时,假定只保留到小数点后 1 位,以后的数字按四舍五入处理,则小数点后第一位小数所引起的误差 X 可看作在区间$(-0.5,0.5)$上服从均匀分布的随机变量. 通过某站台的公共汽车间隔时间相等,则乘客候车时间 X 可看作服从均匀分布的随机变量.

例 3 某公共汽车站从上午 7:00 起,每隔 15 min 发一趟车,即 7:00,7:15,7:30,7:45 等时刻有汽车从此站发车. 若一位乘客到达此站的时间 X 是 7:00 到 7:30 之间服从均匀分布的随机变量,试求:(1) X 的概率密度;(2) 乘客候车时间少于 5 min 的概率.

解 (1) 以 7:00 为起点 0,以 min 为单位,依题意知 $X\sim U[0,30]$,则 X 的概率密度为

$$f(x)=\begin{cases}\dfrac{1}{30}, & 0\leqslant x\leqslant 30,\\ 0, & \text{其他}.\end{cases}$$

(2) 为使候车时间少于 5 min,乘客必须在 7:10 — 7:15 之间,或者在 7:25 — 7:30 之间到达此站,故所求概率为

$$P\{10<X\leqslant 15\}+P\{25<X\leqslant 30\}=\int_{10}^{15}\frac{1}{30}\mathrm{d}x+\int_{25}^{30}\frac{1}{30}\mathrm{d}x=\frac{1}{3}.$$

微课视频

2. 指数分布

若连续型随机变量 X 的概率密度为

$$f(x)=\begin{cases}\lambda\mathrm{e}^{-\lambda x}, & x>0,\\ 0, & x\leqslant 0,\end{cases}$$

其中 $\lambda>0$ 为常数,则称 X 服从参数为 λ 的**指数分布**,记为 $X\sim E(\lambda)$.

易知:(1) $f(x)\geqslant 0$;(2) $\int_{-\infty}^{+\infty}f(x)\mathrm{d}x=\int_{0}^{+\infty}\lambda\mathrm{e}^{-\lambda x}\mathrm{d}x=1$.

根据式(2.8),易求得 X 的分布函数为

$$F(x)=\begin{cases}1-\mathrm{e}^{-\lambda x}, & x>0,\\ 0, & x\leqslant 0.\end{cases}$$

指数分布的概率密度 $f(x)$ 与分布函数 $F(x)$ 的图形分别如图 2-8 和图 2-9 所示.

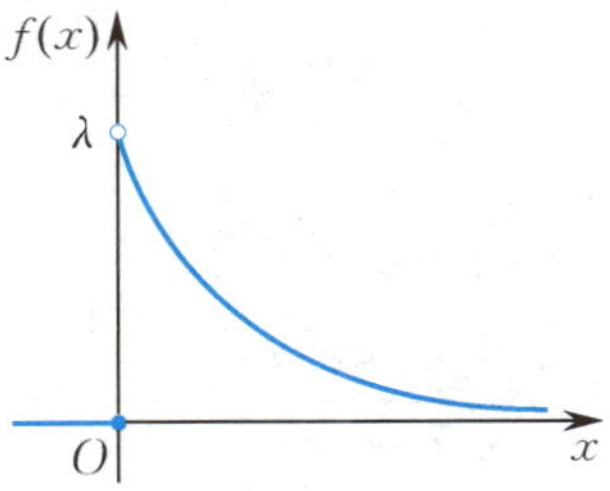

图 2-8

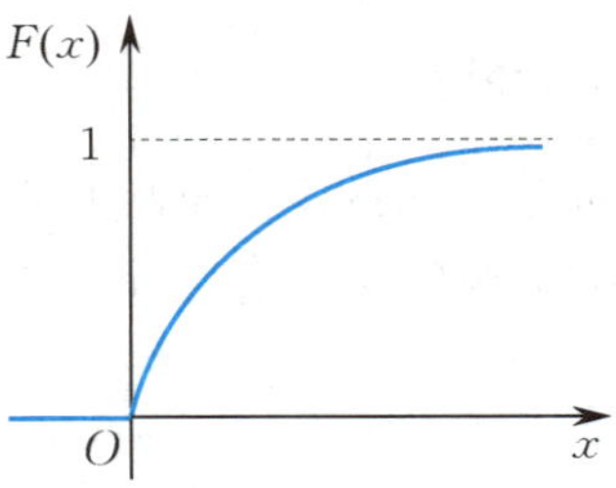

图 2-9

指数分布通常用来近似表示各种"寿命"的分布. 例如,电子元件的寿命、动物的寿命等,电话的通话时间,各种随机服务系统的服务时间等都可以认为服从指数分布.

指数分布还具有"无记忆性":若 $X\sim E(\lambda)$,则对于任意 $s,t>0$,有

$$P\{X>s+t\mid X>s\}=P\{X>t\}. \tag{2.11}$$

事实上,根据条件概率的定义,有

$$\begin{aligned}P\{X>s+t\mid X>s\}&=\frac{P\{X>s+t,X>s\}}{P\{X>s\}}=\frac{P\{X>s+t\}}{P\{X>s\}}\\&=\frac{1-F(s+t)}{1-F(s)}=\frac{\mathrm{e}^{-\lambda(s+t)}}{\mathrm{e}^{-\lambda s}}=\mathrm{e}^{-\lambda t}=P\{X>t\}.\end{aligned}$$

假设 X 为某动物的寿命,则式(2.11)意味着,如果该动物的年龄为 s 年,则它再活 t 年的概率与年龄 s 无关,即对于过去的时间 s 没有记忆. 所以,人们常风趣地称指数分布是"永远年轻的".

例 4 某计算机显示器的使用寿命(单位:千小时)X 服从参数为 $\frac{1}{60}$ 的指数分布,生产厂家承诺:购买者使用该显示器一年内损坏将免费予以更换.

(1) 假设用户一般每年使用 2 400 h,求厂家免费为其更换显示器的概率;

(2) 求显示器至少可以使用 12 000 h 的概率;

(3) 已知某台显示器已经使用了 12 000 h,求其至少还能再用 12 000 h 的概率.

解 该计算机显示器的使用寿命 X 的概率密度为

$$f(x)=\begin{cases}\frac{1}{60}\mathrm{e}^{-\frac{x}{60}}, & x>0,\\ 0, & x\leqslant 0.\end{cases}$$

(1) $P\{X\leqslant 2.4\}=\int_0^{2.4}\frac{1}{60}\mathrm{e}^{-\frac{x}{60}}\mathrm{d}x=1-\mathrm{e}^{-0.04}\approx 0.039\,2.$

(2) $P\{X\geqslant 12\}=\int_{12}^{+\infty}\frac{1}{60}\mathrm{e}^{-\frac{x}{60}}\mathrm{d}x=\mathrm{e}^{-0.2}\approx 0.818\,7.$

(3) 由指数分布的无记忆性,得

$$P\{X\geqslant 24\mid X\geqslant 12\}=P\{X\geqslant 12\}\approx 0.818\,7.$$

3. 正态分布

微课视频

1）正态分布的定义及图形特征

若随机变量 X 的概率密度为

$$f(x)=\frac{1}{\sqrt{2\pi}\sigma}\mathrm{e}^{-\frac{(x-\mu)^2}{2\sigma^2}}\quad(-\infty<x<+\infty),\tag{2.12}$$

其中$\mu,\sigma(\sigma>0)$都是常数，则称X服从参数为μ,σ的**正态分布**或**高斯**(Gauss)**分布**，记为 $X\sim N(\mu,\sigma^2)$.

易知：(1) $f(x)\geqslant 0$；(2) $\int_{-\infty}^{+\infty}f(x)\mathrm{d}x=1$.

此处只证明(2). 根据式(2.12)，有

$$\int_{-\infty}^{+\infty}f(x)\mathrm{d}x=\frac{1}{\sqrt{2\pi}\sigma}\int_{-\infty}^{+\infty}\mathrm{e}^{-\frac{(x-\mu)^2}{2\sigma^2}}\mathrm{d}x\xlongequal{\frac{x-\mu}{\sigma}=t}\frac{1}{\sqrt{2\pi}}\int_{-\infty}^{+\infty}\mathrm{e}^{-\frac{t^2}{2}}\mathrm{d}t.\tag{2.13}$$

又

$$\left(\int_{-\infty}^{+\infty}\mathrm{e}^{-\frac{t^2}{2}}\mathrm{d}t\right)^2=\int_{-\infty}^{+\infty}\int_{-\infty}^{+\infty}\mathrm{e}^{-\frac{t^2+u^2}{2}}\mathrm{d}t\,\mathrm{d}u\xlongequal{t=r\cos\theta,u=r\sin\theta}\int_0^{2\pi}\int_0^{+\infty}\mathrm{e}^{-\frac{r^2}{2}}r\,\mathrm{d}r\,\mathrm{d}\theta=2\pi,$$

而$\int_{-\infty}^{+\infty}\mathrm{e}^{-\frac{t^2}{2}}\mathrm{d}t>0$，故有$\int_{-\infty}^{+\infty}\mathrm{e}^{-\frac{t^2}{2}}\mathrm{d}t=\sqrt{2\pi}$. 代入式(2.13)，得

$$\int_{-\infty}^{+\infty}f(x)\mathrm{d}x=\frac{1}{\sqrt{2\pi}}\cdot\sqrt{2\pi}=1.$$

利用微积分的知识，可以画出正态分布的概率密度 $f(x)$ 的图形，它是一条钟形曲线，如图 2-10 所示. 该图形具有如下性质.

(1) 曲线关于直线 $x=\mu$ 对称.

(2) 当 $x=\mu$ 时，$f(x)$ 取得最大值.

(3) 曲线在点 $x=\mu\pm\sigma$ 处有拐点且以 x 轴为水平渐近线.

(4) 若固定σ值而改变μ值，则曲线的形状不变，但曲线将随着μ值的增大而沿x轴向右平移；若固定μ值而改变σ值，则曲线将随着σ值的减小而越变越陡峭，如图 2-11 所示.

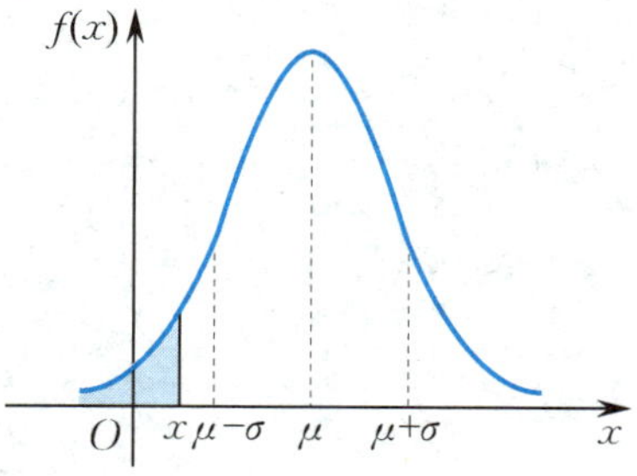

图 2-10

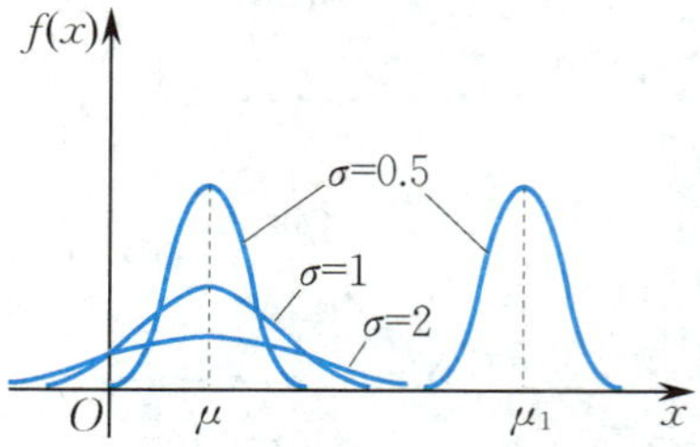

图 2-11

若随机变量 $X\sim N(\mu,\sigma^2)$，则 X 的分布函数为

$$F(x)=\frac{1}{\sqrt{2\pi}\sigma}\int_{-\infty}^{x}e^{-\frac{(t-\mu)^2}{2\sigma^2}}dt \quad (-\infty<x<+\infty).$$

它的图形如图 2-12 所示，在图 2-10 中，$F(x)$ 表示阴影部分的面积.

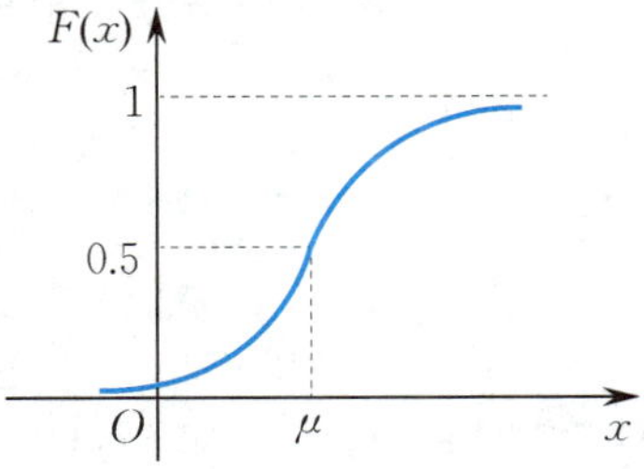

图 2-12

正态分布是概率论与数理统计中最重要、最常用的分布之一. 在实际中，大量的随机变量都服从或近似服从正态分布. 例如，某班学生的考试成绩，某地区成年男子的身高或体重，产品的质量指标、测量误差，射击时弹着点对目标的横向偏差或纵向偏差，农作物的产量，等等. 研究表明，当一个变量受到许多随机因素的影响，而每个随机因素所起的作用又很微小时，这样的变量一般都服从正态分布. 正态分布在实际应用和理论研究中都占有十分重要的地位.

2) 标准正态分布

在正态分布中，当 $\mu=0,\sigma=1$ 时，称随机变量 X 服从**标准正态分布**，记为 $X\sim N(0,1)$.

习惯上，标准正态分布的概率密度和分布函数分别记为 $\varphi(x)$ 和 $\Phi(x)$，即

$$\varphi(x)=\frac{1}{\sqrt{2\pi}}e^{-\frac{x^2}{2}} \quad (-\infty<x<+\infty),$$

$$\Phi(x)=\frac{1}{\sqrt{2\pi}}\int_{-\infty}^{x}e^{-\frac{t^2}{2}}dt \quad (-\infty<x<+\infty).$$

易知，$\Phi(0)=0.5$，$\Phi(-x)=1-\Phi(x)$(见图 2-13).

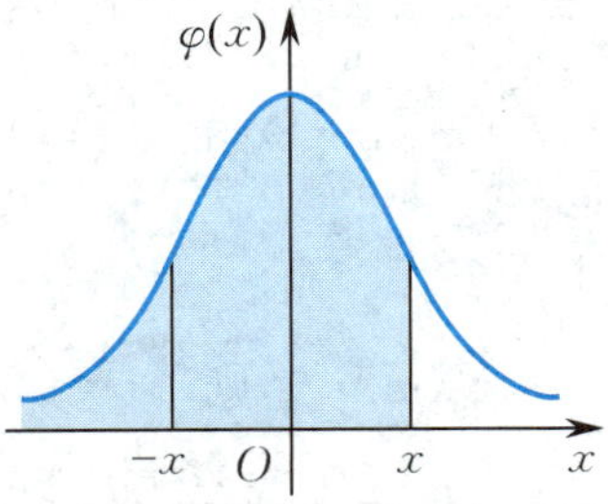

图 2-13

为了使用方便，人们编制了分布函数 $\Phi(x)$ 的函数值表，称为标准正态分布表(见附表 2). 标准正态分布表中只给出了 $x\geqslant 0$ 时 $\Phi(x)$ 的函数值，对于 $x<0$ 的情况，可借助公式 $\Phi(x)=1-\Phi(-x)$ 求出.

若随机变量 $X\sim N(0,1)$，则

(1) $P\{a<X\leqslant b\}=P\{a\leqslant X<b\}=P\{a<X<b\}$
$=P\{a\leqslant X\leqslant b\}=\Phi(b)-\Phi(a)$；

(2) $P\{|X|<a\}=P\{-a<X<a\}=\Phi(a)-\Phi(-a)=2\Phi(a)-1$;

(3) $P\{|X|\geqslant a\}=1-P\{|X|<a\}=2[1-\Phi(a)]$.

3) 一般正态分布的标准化

标准正态分布的重要性在于，一般的正态分布都可以通过线性变换转换为标准正态分布.

定理 2.2 若随机变量 $X\sim N(\mu,\sigma^2)$，则 $Y=\dfrac{X-\mu}{\sigma}\sim N(0,1)$.

证明 由于

$$P\{Y\leqslant x\}=P\left\{\frac{X-\mu}{\sigma}\leqslant x\right\}=P\{X\leqslant \mu+\sigma x\}=\int_{-\infty}^{\mu+\sigma x}\frac{1}{\sqrt{2\pi}\sigma}e^{-\frac{(t-\mu)^2}{2\sigma^2}}dt$$

$$\xlongequal{\frac{t-\mu}{\sigma}=u}\frac{1}{\sqrt{2\pi}}\int_{-\infty}^{x}e^{-\frac{u^2}{2}}du=\Phi(x),$$

因此

$$Y=\frac{X-\mu}{\sigma}\sim N(0,1).$$

由此可得，若随机变量 $X\sim N(\mu,\sigma^2)$，则

(1) $P\{X\leqslant x\}=P\left\{\dfrac{X-\mu}{\sigma}\leqslant\dfrac{x-\mu}{\sigma}\right\}=\Phi\left(\dfrac{x-\mu}{\sigma}\right)$;

(2) $P\{a<X\leqslant b\}=P\left\{\dfrac{a-\mu}{\sigma}<\dfrac{X-\mu}{\sigma}\leqslant\dfrac{b-\mu}{\sigma}\right\}$

$$=\Phi\left(\frac{b-\mu}{\sigma}\right)-\Phi\left(\frac{a-\mu}{\sigma}\right).$$

例 5 设随机变量 $X\sim N(1,4)$，求 $P\{0<X<1.6\}$.

解 由于 $\mu=1,\sigma=2$，因此

$$\begin{aligned}P\{0<X<1.6\}&=\Phi\left(\frac{1.6-1}{2}\right)-\Phi\left(\frac{0-1}{2}\right)=\Phi(0.3)-\Phi(-0.5)\\&=0.6179-[1-\Phi(0.5)]=0.6179-(1-0.6915)\\&=0.3094.\end{aligned}$$

类似地，若随机变量 $X\sim N(\mu,\sigma^2)$，则

$$\begin{aligned}P\{\mu-\sigma<X<\mu+\sigma\}&=P\left\{-1<\frac{X-\mu}{\sigma}<1\right\}=\Phi(1)-\Phi(-1)\\&=2\Phi(1)-1=0.6826,\end{aligned}$$

$P\{\mu-2\sigma<X<\mu+2\sigma\}=\Phi(2)-\Phi(-2)=0.9544$,

$P\{\mu-3\sigma<X<\mu+3\sigma\}=\Phi(3)-\Phi(-3)=0.9973$.

如图 2-14 所示，虽然正态随机变量的取值范围是$(-\infty,+\infty)$，但它的取值落在$(\mu-3\sigma,\mu+3\sigma)$内几乎是肯定的. 这在统计学上称为“$3\sigma$ 原则”，它在工业生产中常用来作为质量控制的依据.

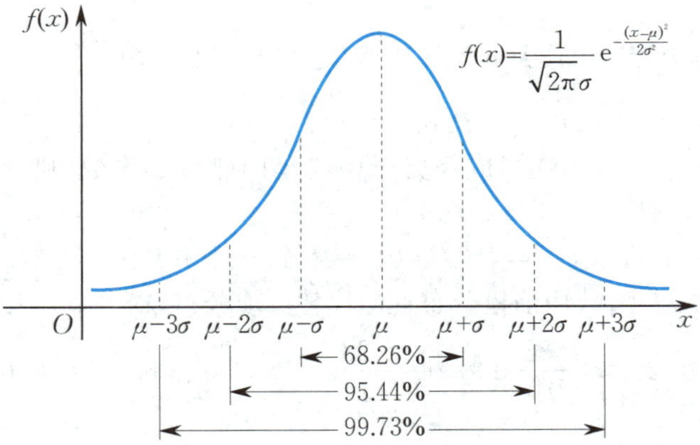

图 2-14

例 6 从某地到火车站，可以乘公共汽车，也可以乘地铁. 如果乘公共汽车所需时间(单位：min) $X_1 \sim N(50, 10^2)$，乘地铁所需时间(单位：min) $X_2 \sim N(60, 4^2)$，问：要在 70 min 内赶到火车站，哪种交通方式保险？要在 65 min 内赶到火车站，结果又如何？

解 显然，哪种交通方式在允许的时间内赶到火车站的概率越大，哪种方式就越保险. 因为

$$P\{X_1 \leqslant 70\} = \Phi\left(\frac{70-50}{10}\right) = \Phi(2) = 0.977\,2,$$

$$P\{X_2 \leqslant 70\} = \Phi\left(\frac{70-60}{4}\right) = \Phi(2.5) = 0.993\,8,$$

$$P\{X_1 \leqslant 70\} < P\{X_2 \leqslant 70\},$$

所以要想在 70 min 内赶到火车站，乘地铁更保险.

同理，计算并比较可得 $P\{X_1 \leqslant 65\} > P\{X_2 \leqslant 65\}$，所以要想在 65 min 内赶到火车站，乘公共汽车更保险.

例 7 设某城市成年男子身高(单位：cm) $X \sim N(170, 6^2)$.

(1) 问：应如何设计公共汽车的车门高度(单位：cm) h，使得该城市成年男子与车门碰头的概率小于 0.01?

(2) 若车门高度为 182 cm，求该城市 100 名成年男子中与车门碰头的人数不多于 2 名的概率.

解 (1) 依题意，有 $P\{X > h\} < 0.01$，而

$$P\{X > h\} = 1 - P\{X \leqslant h\} = 1 - \Phi\left(\frac{h-170}{6}\right) < 0.01,$$

即 $\Phi\left(\frac{h-170}{6}\right) > 0.99$. 查附表 2 可知，$\Phi(2.33) \approx 0.99$，故 $\frac{h-170}{6} > 2.33$，即 $h > 183.98$，则公共汽车的车门高度应为 183.98 cm 以上.

(2) 1 名成年男子与车门碰头的概率为

$$p=P\{X>182\}=1-P\{X\leqslant 182\}=1-\Phi\left(\frac{182-170}{6}\right)$$
$$=1-\Phi(2)=0.0228.$$

用随机变量 Y 表示 100 名成年男子中与车门碰头的人数,则 $Y\sim B(100,0.0228)$,所求概率为

$$P\{Y\leqslant 2\}=P\{Y=0\}+P\{Y=1\}+P\{Y=2\}.$$

因 n 较大,p 较小,故用泊松分布近似代替二项分布,$\lambda=np=2.28$,则

$$P\{Y\leqslant 2\}\approx\frac{2.28^0}{0!}e^{-2.28}+\frac{2.28}{1!}e^{-2.28}+\frac{2.28^2}{2!}e^{-2.28}\approx 0.6013.$$

4) 标准正态分布的上侧 α 分位数

为了便于在数理统计中的应用,对于标准正态随机变量,人们引入了上侧 α 分位数的概念.

设随机变量 $X\sim N(0,1)$,对于给定的 $\alpha(0<\alpha<1)$,若数 u_α 满足

$$P\{X>u_\alpha\}=\alpha,$$

即 $\Phi(u_\alpha)=1-\alpha$,则称数 u_α 为标准正态分布的**上侧 α 分位数**,如图 2-15 所示.

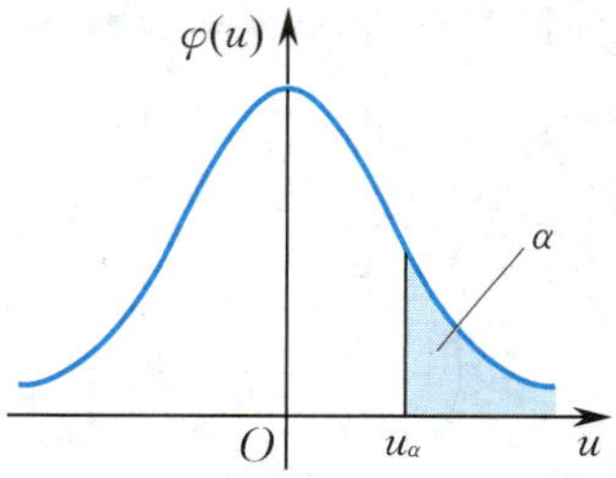

图 2-15

例如,查标准正态分布表 $\Phi(x)$ 可得 $u_{0.05}=1.645$,$u_{0.025}=1.96$,$u_{0.005}=2.575$. 由标准正态分布的概率密度曲线的对称性知 $u_{1-\alpha}=-u_\alpha$.

§2.5 随机变量函数的分布

微课视频

一、随机变量的函数

在很多实际问题中,人们不仅关心随机变量的分布,也对随机变量函数的分布很感兴趣. 例如,某电影院每场售出的门票数 X 是一个随机变量,如果门票只有一个价格,每张 50 元,则该场票房收入(单位:元)$Y=50X$ 就是售出的门票数的函数.

设 $g(x)$ 是定义在随机变量 X 的所有可能取值 x 构成的集合上的函数,当 X 取值为 x 时,Y 的取值为 $g(x)$,则称随机变量 Y 是随机变量 X 的函数,记作

$Y=g(X)$.

对于随机变量 $Y=g(X)$，本节将讨论如何由已知的 X 的分布求得 Y 的分布. 这类问题既普遍又重要，下面分别就离散型随机变量和连续型随机变量两种情况进行讨论.

二、离散型随机变量函数的分布

设 X 是离散型随机变量，其分布律如表 2-6 所示.

表 2-6

X	x_1	x_2	$\cdots$	x_k	$\cdots$
P	p_1	p_2	$\cdots$	p_k	$\cdots$

设 $g(x)$ 为已知函数. 如果 $g(x_k)(k=1,2,\cdots)$ 的值互不相等，则对应的随机变量 $Y=g(X)$ 的分布律如表 2-7 所示. 如果 $g(x_k)(k=1,2,\cdots)$ 中有相等的值，则应把那些相等的值分别合并，同时把对应的概率相加，即可得到随机变量 $Y=g(X)$ 的分布律.

表 2-7

Y	$g(x_1)$	$g(x_2)$	$\cdots$	$g(x_k)$	$\cdots$
P	p_1	p_2	$\cdots$	p_k	$\cdots$

例 1 设随机变量 X 的分布律如表 2-8 所示，求：(1) $Y_1=2X-1$ 的分布律；(2) $Y_2=-3X^2$ 的分布律.

表 2-8

X	-1	0	1	2
P	0.4	0.3	0.2	0.1

解 (1) 当 X 分别取 $-1,0,1,2$ 时，$Y_1=2X-1$ 分别取 $-3,-1,1,3$，其值互不相等，故 $Y_1=2X-1$ 的分布律如表 2-9 所示.

表 2-9

$Y_1=2X-1$	-3	-1	1	3
P	0.4	0.3	0.2	0.1

(2) 当 X 分别取 $-1,0,1,2$ 时，$Y_2=-3X^2$ 分别取 $-3,0,-3,-12$，将相等的值分别合并，并将对应的概率相加，得 $Y_2=-3X^2$ 的分布律如表 2-10 所示.

表 2-10

$Y_2=-3X^2$	-12	-3	0
P	0.1	0.6	0.3

三、连续型随机变量函数的分布

一般地，连续型随机变量的函数不一定是连续型随机变量，在此我们重点讨论连续型随机变量的函数仍是连续型随机变量的情形.

设连续型随机变量 X 的概率密度为 $f_X(x)$,则随机变量 $Y=g(X)$ 的概率密度 $f_Y(y)$ 可按下面的**分布函数法**求得.具体步骤如下.

(1) 根据分布函数的定义求得 Y 的分布函数 $F_Y(y)$:

$$F_Y(y)=P\{Y\leqslant y\}=P\{g(X)\leqslant y\}=\int_{\{x|g(x)\leqslant y\}} f_X(x)\mathrm{d}x. \quad (2.14)$$

(2) 对分布函数求导,可得概率密度,即 $f_Y(y)=F'_Y(y)$.

例 2 设随机变量 $X\sim U(0,1)$,求 $Y=X^2$ 的概率密度 $f_Y(y)$.

解 由 $X\sim U(0,1)$ 知,X 的概率密度为

$$f_X(x)=\begin{cases}1, & 0<x<1,\\ 0, & \text{其他}.\end{cases}$$

当 $y<0$ 时,$F_Y(y)=P\{Y\leqslant y\}=P\{X^2\leqslant y\}=0$;

当 $0\leqslant y<1$ 时,$F_Y(y)=P\{-\sqrt{y}\leqslant X\leqslant\sqrt{y}\}=\int_0^{\sqrt{y}}1\mathrm{d}y=\sqrt{y}$;

当 $y\geqslant 1$ 时,$F_Y(y)=1$.

综上所述,$Y=X^2$ 的分布函数为

$$F_Y(y)=\begin{cases}0, & y<0,\\ \sqrt{y}, & 0\leqslant y<1,\\ 1, & y\geqslant 1.\end{cases}$$

所以,Y 的概率密度为

$$f_Y(y)=F'_Y(y)=\begin{cases}\dfrac{1}{2\sqrt{y}}, & 0<y<1,\\ 0, & \text{其他}.\end{cases}$$

例 3 设球的半径 X 的概率密度为

$$f_X(x)=\begin{cases}6x(1-x), & 0<x<1,\\ 0, & \text{其他},\end{cases}$$

求球的体积 Y 的概率密度 $f_Y(y)$.

解 球的体积 $Y=\dfrac{4}{3}\pi X^3$.设 Y 的分布函数为 $F_Y(y)$,由题意知,

当 $y\leqslant 0$ 时,$F_Y(y)=0$;

当 $y\geqslant\dfrac{4}{3}\pi$ 时,$F_Y(y)=1$;

当 $0<y<\dfrac{4}{3}\pi$ 时,

$$F_Y(y)=P\{Y\leqslant y\}=P\left\{\frac{4}{3}\pi X^3\leqslant y\right\}=P\left\{X\leqslant\sqrt[3]{\frac{3y}{4\pi}}\right\}=F_X\left(\sqrt[3]{\frac{3y}{4\pi}}\right).$$

于是,Y 的概率密度为

$$f_Y(y)=F'_Y(y)=\begin{cases} f_X\left(\sqrt[3]{\dfrac{3y}{4\pi}}\right)\left(\sqrt[3]{\dfrac{3y}{4\pi}}\right)', & 0<\sqrt[3]{\dfrac{3y}{4\pi}}<1, \\ 0, & \text{其他} \end{cases}$$

$$=\begin{cases} 6\sqrt[3]{\dfrac{3y}{4\pi}}\left(1-\sqrt[3]{\dfrac{3y}{4\pi}}\right)\cdot\left(\sqrt[3]{\dfrac{3y}{4\pi}}\right)', & 0<y<\dfrac{4\pi}{3}, \\ 0, & \text{其他}, \end{cases}$$

整理得

$$f_Y(y)=\begin{cases} \dfrac{3}{2\pi}\left[\left(\dfrac{3y}{4\pi}\right)^{-\frac{1}{3}}-1\right], & 0<y<\dfrac{4\pi}{3}, \\ 0, & \text{其他}. \end{cases}$$

若函数 $y=g(x)$ 单调可导，下面的定理提供了计算 $Y=g(X)$ 的概率密度的简便公式(这种方法称为**公式法**).

定理 2.3 **设连续型随机变量 X 的概率密度为 $f_X(x)(-\infty<x<+\infty)$，又函数 $y=g(x)$ 处处可导且恒有 $g'(x)>0$[或恒有 $g'(x)<0$]，则 $Y=g(X)$ 是连续型随机变量，其概率密度为**

$$f_Y(y)=\begin{cases} f_X[h(y)]|h'(y)|, & \alpha<y<\beta, \\ 0, & \text{其他}, \end{cases} \tag{2.15}$$

其中 $x=h(y)$ 是 $y=g(x)$ 的反函数，且

$$\alpha=\min\{g(-\infty),g(+\infty)\},\quad \beta=\max\{g(-\infty),g(+\infty)\}.$$

证明 若 $g'(x)>0$，则 $g(x)$ 在 $(-\infty,+\infty)$ 上严格单调增加，且它的反函数 $x=h(y)$ 存在并在 (α,β) 内严格单调增加、可导. 记 X,Y 的分布函数分别为 $F_X(x),F_Y(y)$，我们先求 Y 的分布函数 $F_Y(y)$，再通过求导得出 Y 的概率密度 $f_Y(y)$.

因为 $Y=g(X)$ 只在 (α,β) 内取值，故

当 $y\leqslant\alpha$ 时，有 $F_Y(y)=P\{Y\leqslant y\}=0$；

当 $y\geqslant\beta$ 时，有 $F_Y(y)=P\{Y\leqslant y\}=1$；

当 $\alpha<y<\beta$ 时，有 $F_Y(y)=P\{Y\leqslant y\}=P\{g(X)\leqslant y\}$

$$=P\{X\leqslant h(y)\}=F_X[h(y)].$$

于是，Y 的概率密度为

$$f_Y(y)=F'_Y(y)=\begin{cases} f_X[h(y)]h'(y), & \alpha<y<\beta, \\ 0, & \text{其他}. \end{cases}$$

当 $g'(x)<0$ 时，类似地可求得

$$f_Y(y)=F'_Y(y)=\begin{cases} f_X[h(y)][-h'(y)], & \alpha<y<\beta, \\ 0, & \text{其他}. \end{cases}$$

综上所述，Y 的概率密度为

$$f_Y(y)=F'_Y(y)=\begin{cases} f_X[h(y)]|h'(y)|, & \alpha<y<\beta, \\ 0, & \text{其他}. \end{cases}$$

注意,若随机变量 X 的概率密度 $f_X(x)$ 在有限区间$[a,b]$以外等于 0,则只要在区间$[a,b]$上 $g'(x)>0$[或 $g'(x)<0$]恒成立,定理 2.3 就仍成立,此时 $\alpha=\min\{g(a),g(b)\}$,$\beta=\max\{g(a),g(b)\}$.

利用公式(2.15)求 $Y=g(X)$ 的概率密度时,需要注意 $y=g(x)$ 要严格单调且 $h'(y)$ 是要取绝对值的.

思考 试由公式(2.15)求解例 3.

例 4 设随机变量 $X\sim N(\mu,\sigma^2)$,证明:X 的线性函数 $Y=aX+b$(a,b 为常数,$a\neq 0$)也服从正态分布.

证明 由 $X\sim N(\mu,\sigma^2)$ 知,X 的概率密度为

$$f_X(x)=\frac{1}{\sqrt{2\pi}\sigma}\mathrm{e}^{-\frac{(x-\mu)^2}{2\sigma^2}} \quad (-\infty<x<+\infty).$$

由于 $y=ax+b$ 的反函数为 $x=h(y)=\dfrac{y-b}{a}$,且 $h'(y)=\dfrac{1}{a}$,由定理 2.3 得 $Y=aX+b$ 的概率密度为

$$f_Y(y)=\frac{1}{|a|}f_X\left(\frac{y-b}{a}\right) \quad (-\infty<y<+\infty),$$

即

$$f_Y(y)=\frac{1}{|a|}\cdot\frac{1}{\sqrt{2\pi}\sigma}\mathrm{e}^{-\frac{\left(\frac{y-b}{a}-\mu\right)^2}{2\sigma^2}}=\frac{1}{|a|\sigma\sqrt{2\pi}}\mathrm{e}^{-\frac{[y-(a\mu+b)]^2}{2(a\sigma)^2}} \quad (-\infty<y<+\infty),$$

因此有 $Y\sim N(a\mu+b,(a\sigma)^2)$.

特别地,若在例 4 中取 $a=\dfrac{1}{\sigma}$,$b=-\dfrac{\mu}{\sigma}$,则当 $X\sim N(\mu,\sigma^2)$ 时,有

$$Y=\frac{X-\mu}{\sigma}\sim N(0,1).$$

这也是定理 2.2 的结果.

例 5 设随机变量 X 表示某银行一位顾客等待服务的时间(单位:min),且 $X\sim E\left(\dfrac{1}{5}\right)$,求 $Y=\mathrm{e}^X$ 的概率密度 $f_Y(y)$.

解 由 $X\sim E\left(\dfrac{1}{5}\right)$ 知,X 的概率密度为

$$f_X(x)=\begin{cases}\dfrac{1}{5}\mathrm{e}^{-\frac{x}{5}}, & x>0,\\ 0, & x\leqslant 0.\end{cases}$$

函数 $y=g(x)=\mathrm{e}^x$ 在 $(0,+\infty)$ 上单调增加,其反函数为 $x=\ln y$,且 $(\ln y)'=\dfrac{1}{y}$,故由定理 2.3 可得 $Y=\mathrm{e}^X$ 的概率密度为

$$f_Y(y)=\begin{cases} f_X(\ln y)\cdot\left|\dfrac{1}{y}\right|, & \ln y>0, \\ 0, & \ln y\leqslant 0 \end{cases}=\begin{cases} \dfrac{1}{5y\sqrt[5]{y}}, & y>1, \\ 0, & y\leqslant 1. \end{cases}$$

知识拓展　测试试题

习题二

1. (1) 袋中有 5 个球，分别编号为 1，2，3，4，5，从袋中不放回地取出 3 个球，以 X 表示取出的 3 个球中的最大号码，求 X 的分布律；
(2) 将一颗骰子连续掷 2 次，以 X 表示 2 次中比较小的点数，求 X 的分布律.
2. 某产品有 15 件，其中有 2 件次品，从中任意取出 3 件，求次品数 X 的分布律.
3. 进行独立重复试验，设每次成功的概率为 $p(0<p<1)$，失败的概率为 $1-p$.
(1) 将试验进行到成功 1 次为止，以 X 表示所需的试验次数，求 X 的分布律；
(2) 将试验进行到成功 r 次为止，以 Y 表示所需的试验次数，求 Y 的分布律.
4. 已知随机变量 X 只能取 $-1,0,1,2$ 这 4 个值，相应的概率依次为 $\dfrac{1}{2c},\dfrac{3}{4c},\dfrac{5}{8c},\dfrac{7}{16c}$，试确定常数 c 的值，并计算 $P\{X<1\}$.
5. 甲、乙两人投篮投中的概率分别为 0.6，0.7. 现甲、乙各投 3 次，求：
(1) 两人投中次数相等的概率；
(2) 甲比乙投中次数多的概率.
6. 一栋大楼有 5 个供水设备，调查表明在任意时刻每个设备被使用的概率是 0.1，求在同一时刻，
(1) 恰有 2 个设备被使用的概率；
(2) 至少有 3 个设备被使用的概率；
(3) 至多有 3 个设备被使用的概率；
(4) 至少有 1 个设备被使用的概率.
7. 有甲、乙两种味道和颜色都极为相似的名酒各 4 杯，如果从中挑出 4 杯，能将甲酒全部挑出来，算是试验成功一次.
(1) 某人随机去猜，求他成功一次的概率；
(2) 某人声称他通过品尝可以区分两种酒，他连续试验了 10 次，成功 3 次，试判断他是猜的还是确有区分能力（设各试验是相互独立的）.
8. 一电话总机每分钟收到呼唤的次数服从参数为 4 的泊松分布，求：
(1) 某一分钟恰有 8 次呼唤的概率；
(2) 某一分钟的呼唤次数大于 3 的概率.

9. 以 X 表示某商店从早晨开始营业到第一位顾客到达的等待时间(单位:min),已知 X 的分布函数为

$$F_X(x)=\begin{cases}1-e^{-0.4x}, & x\geqslant 0,\\ 0, & x<0,\end{cases}$$

求:

(1) $P\{$至多 3 min$\}$;

(2) $P\{$至少 4 min$\}$;

(3) $P\{$3 min 至 4 min 之间$\}$;

(4) $P\{$至多 3 min 或至少 4 min$\}$;

(5) $P\{$恰好 2.5 min$\}$.

10. 设随机变量 X 的分布函数为

$$F_X(x)=\begin{cases}0, & x<1,\\ \ln x, & 1\leqslant x<e,\\ 1, & x\geqslant e,\end{cases}$$

求:

(1) $P\{X<2\}$,$P\{0<X\leqslant 3\}$,$P\left\{2<X<\frac{5}{2}\right\}$;

(2) 概率密度 $f_X(x)$.

11. 设随机变量 X 的概率密度为

(1) $f(x)=\begin{cases}2\left(1-\frac{1}{x^2}\right), & 1\leqslant x\leqslant 2,\\ 0, & 其他;\end{cases}$

(2) $f(x)=\begin{cases}x, & 0\leqslant x<1,\\ 2-x, & 1\leqslant x\leqslant 2,\\ 0, & 其他.\end{cases}$

在上述两种情况下求出 X 的分布函数 $F(x)$,并作出(2)中概率密度 $f(x)$ 与分布函数 $F(x)$ 的图形.

12. 设顾客在某银行的窗口等待服务的时间(单位:min)X 服从指数分布,其概率密度为

$$f(x)=\begin{cases}\frac{1}{5}e^{-\frac{x}{5}}, & x>0,\\ 0, & 其他.\end{cases}$$

已知某顾客在窗口等待服务,若等待时间超过 10 min 他就离开.若该顾客一个月要到银行 5 次,以 Y 表示一个月内他未等到服务而离开窗口的次数,写出 Y 的分布律,并求 $P\{Y\geqslant 1\}$.

13. 设随机变量 X 的概率密度为

$$f(x)=\begin{cases}x, & 0\leqslant x<1,\\ ax+b, & 1\leqslant x\leqslant 2,\\ 0, & 其他,\end{cases}$$

且 $P\left\{0<X\leqslant\frac{3}{2}\right\}=\frac{7}{8}$,求:

(1) 常数 a,b 的值;

(2) $P\left\{\frac{1}{2}<X<\frac{3}{2}\right\}$;

(3) X 的分布函数.

14. 设某电子元件的使用寿命(单位:h)X 服从参数为 $\lambda=\frac{1}{600}$ 的指数分布. 现有某个仪器使用 3 个该电子元件,且它们工作相互独立,求:

(1) 1 个电子元件使用寿命在 200 h 以上的概率;

(2) 3 个电子元件中至少有 2 个使用寿命在 200 h 以上的概率.

15. 设随机变量 X 在区间(0,1)上服从均匀分布,求:

(1) $Y=e^X$ 的概率密度;

(2) $Y=-2\ln X$ 的概率密度.

16. 设随机变量 $X\sim N(0,1)$,求:

(1) $Y=2X^2+1$ 的概率密度;

(2) $Y=|X|$ 的概率密度.

17. 设随机变量 X 的概率密度为

$$f(x)=\begin{cases}\frac{2x}{\pi^2}, & 0<x<\pi,\\ 0, & \text{其他},\end{cases}$$

求 $Y=\sin X$ 的概率密度.

18. 设随机变量 K 在区间(0,5)上服从均匀分布,求方程 $4x^2+4Kx+K+2=0$ 有实根的概率.

19. 设随机变量 $X\sim N(3,2^2)$.

(1) 求 $P\{2<X\leqslant 5\}$ 和 $P\{|X|>2\}$;

(2) 若常数 c 满足 $P\{X>c\}=P\{X\leqslant c\}$,求 c 的值.

20. 某地区 18 岁女青年的血压(收缩压,单位:mmHg)X 服从正态分布 $N(110,12^2)$,在该地区任选一名 18 岁女青年,测量她的血压 X.

(1) 求 $P\{X\leqslant 105\}$ 和 $P\{100<X\leqslant 120\}$;

(2) 确定最小的 x,使得 $P\{X>x\}\leqslant 0.05$.

21. 某机器生产的螺栓长度(单位:cm)服从参数为 $\mu=10.05$,$\sigma=0.06$ 的正态分布,规定长度范围在 10.05 cm ± 0.12 cm 内为合格品,求一螺栓为不合格品的概率.

22. 一工厂生产的电子管的寿命(单位:h)X 服从参数为 $\mu=160$,σ(未知)的正态分布,若要求 $P\{120<X\leqslant 200\}\geqslant 0.80$,问:允许 σ 最大为多少?

23. 设随机变量 X 的分布律如表 2-11 所示,试求 $Y=X^2$ 的分布律.

表 2-11

X	-2	-1	0	1	2
P	$\frac{1}{5}$	$\frac{1}{6}$	$\frac{1}{5}$	$\frac{1}{15}$	$\frac{11}{30}$

24. 设随机变量 X 的概率密度为 $f(x)$,求 $Y=X^3$ 的概率密度.

25. 设随机变量 X 服从参数为 1 的指数分布,求 $Y=X^2$ 的概率密度.

26. 某物体的华氏温度(单位:°F)T 是一个随机变量,且有 $T\sim N(98.6,2)$,已知该物体的摄氏温度(单位:℃)$\theta=\frac{5}{9}(T-32)$,试求 θ 的概率密度.

第三章 多维随机变量及其分布

在第二章中，所讨论的随机现象只涉及一个随机变量，但在实际问题中，某些随机现象需要同时用两个或两个以上的随机变量来描述. 例如，考察某运动员向平面靶射击时，弹着点的确切位置就需要用两个随机变量 X,Y 来描述，它们分别表示弹着点的横坐标与纵坐标. 为了研究某中学七年级学生的语、数、英三门学科的成绩是否均衡，需要引入 X,Y,Z 三个随机变量. 若要研究天气变化情况，也需要分析多个随机变量. 一般来说，这些随机变量之间是有关联的，因此需要把它们作为一个整体来研究. 为此，我们引入二维及二维以上的随机变量. 由于从二维推广到 $n(n>2)$ 维并没有实质性的困难，因此本章重点讨论二维随机变量及其分布.

导学

§3.1 二维随机变量及其联合分布

微课视频

一、二维随机变量

定义 3.1 设随机试验 E 的样本空间为 $\Omega=\{e\}$，$X=X(e)$ 和 $Y=Y(e)$ 是定义在样本空间 Ω 上的两个随机变量，则称向量 (X,Y) 为 Ω 上的**二维随机变量**或**二维随机向量**.

一般地，称定义在同一样本空间上的 n 个随机变量的整体 $(X_1,X_2,\cdots,X_n)$ 为 **n 维随机变量**或 **n 维随机向量**.

类似于一维随机变量，这里也引入分布函数来描述二维随机变量的概率分布.

二、联合分布函数

定义 3.2 设 (X,Y) 为二维随机变量，对于任意的实数 x,y，称二元函数

$$F(x,y)=P\{X\leqslant x,Y\leqslant y\} \tag{3.1}$$

为二维随机变量 (X,Y) 的**联合分布函数**，简称**分布函数**.

二维随机变量 (X,Y) 的联合分布函数的概率意义：对于任意的实数 x,y，$F(x,y)$ 表示两事件 $\{X\leqslant x\}$ 与 $\{Y\leqslant y\}$ 同时发生的概率. 若将 (X,Y) 看作平面上随机点的坐标，则 $F(x,y)$ 的几何意义就是随机点 (X,Y) 落在以 (x,y) 为顶点的左下方无穷矩形(见图 3-1)内的概率.

依照上述解释，借助图 3-2，不难推得随机点 (X,Y) 落在矩形区域 $\{(X,Y)\mid x_1<X\leqslant x_2,y_1<Y\leqslant y_2\}$ 内的概率为

$$P\{x_1<X\leqslant x_2,y_1<Y\leqslant y_2\}=F(x_2,y_2)-F(x_2,y_1)-F(x_1,y_2)+F(x_1,y_1). \tag{3.2}$$

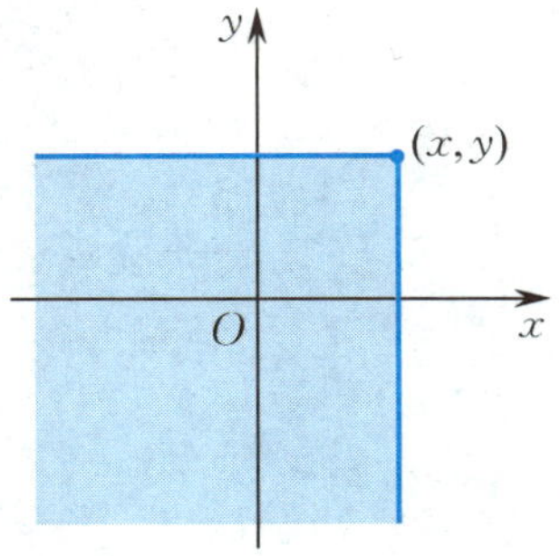

图 3-1

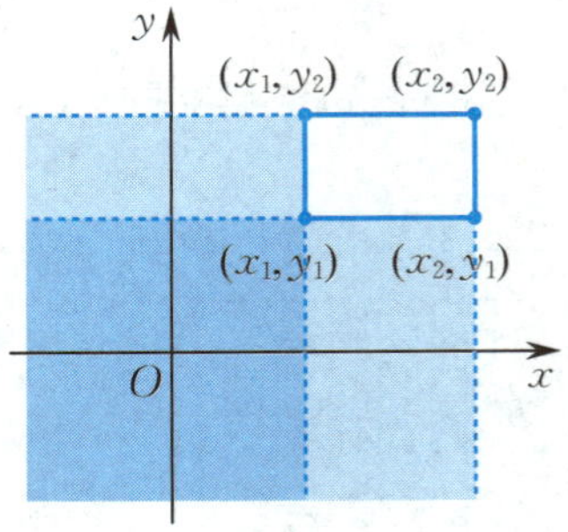

图 3-2

三、联合分布函数的性质

与一维随机变量的分布函数的性质类似，二维随机变量(X,Y)的联合分布函数$F(x,y)$具有如下性质.

(1) $0\leqslant F(x,y)\leqslant 1, F(+\infty,+\infty)=1, F(-\infty,-\infty)=0$，且对于任意固定的$x,y$，有

$$F(x,-\infty)=0,\quad F(-\infty,y)=0. \tag{3.3}$$

(2) $F(x,y)$是分别关于变量x,y的单调非减函数，即

对于任意固定的y，当$x_2>x_1$时，有$F(x_2,y)\geqslant F(x_1,y)$；

对于任意固定的x，当$y_2>y_1$时，有$F(x,y_2)\geqslant F(x,y_1)$.

(3) $F(x,y)$分别关于x,y是右连续的，即

$$F(x,y)=F(x+0,y),\quad F(x,y)=F(x,y+0).$$

(4) 对于任意的点$(x_1,y_1),(x_2,y_2)$，其中$x_1\leqslant x_2, y_1\leqslant y_2$，有

$$F(x_2,y_2)-F(x_2,y_1)-F(x_1,y_2)+F(x_1,y_1)\geqslant 0.$$

可以证明，具有上述四条性质的二元函数$F(x,y)$必可以作为某个二维随机变量的联合分布函数.

若已知二维随机变量(X,Y)的联合分布函数为$F(x,y)$，则随机变量X和Y各自的分布函数$F_X(x)$和$F_Y(y)$可由$F(x,y)$求得，即

$$F_X(x)=P\{X\leqslant x\}=P\{X\leqslant x,Y\leqslant +\infty\}=F(x,+\infty), \tag{3.4}$$

$$F_Y(y)=P\{Y\leqslant y\}=P\{X\leqslant +\infty,Y\leqslant y\}=F(+\infty,y). \tag{3.5}$$

分别称$F_X(x)$和$F_Y(y)$为二维随机变量(X,Y)关于X和关于Y的**边缘分布函数**.

例1 设二维随机变量(X,Y)的联合分布函数为

$$F(x,y)=A\left(B+\arctan\frac{x}{2}\right)\left(C+\arctan\frac{y}{2}\right),$$

其中$-\infty<x<+\infty, -\infty<y<+\infty$，求：

(1) 常数A,B,C的值；

(2) (X,Y)的边缘分布函数$F_X(x)$和$F_Y(y)$；

(3) $P\{0<X\leqslant 1,1<Y\leqslant 3\}$.

解 (1) 由联合分布函数的性质得

$$F(+\infty,+\infty)=A\left(B+\frac{\pi}{2}\right)\left(C+\frac{\pi}{2}\right)=1,$$

$$F(x,-\infty)=A\left(B+\arctan\frac{x}{2}\right)\left(C-\frac{\pi}{2}\right)=0,$$

$$F(-\infty,y)=A\left(B-\frac{\pi}{2}\right)\left(C+\arctan\frac{y}{2}\right)=0,$$

解得 $A=\dfrac{1}{\pi^2}, B=\dfrac{\pi}{2}, C=\dfrac{\pi}{2}$. 故

$$F(x,y)=\frac{1}{\pi^2}\left(\frac{\pi}{2}+\arctan\frac{x}{2}\right)\left(\frac{\pi}{2}+\arctan\frac{y}{2}\right).$$

(2) $$F_X(x)=F(x,+\infty)=\frac{1}{\pi^2}\left(\frac{\pi}{2}+\arctan\frac{x}{2}\right)\left(\frac{\pi}{2}+\frac{\pi}{2}\right)$$
$$=\frac{1}{2}+\frac{1}{\pi}\arctan\frac{x}{2}\quad(-\infty<x<+\infty),$$

同理可得

$$F_Y(y)=\frac{1}{2}+\frac{1}{\pi}\arctan\frac{y}{2}\quad(-\infty<y<+\infty).$$

(3) 由联合分布函数的性质得

$$P\{0<X\leqslant 1,1<Y\leqslant\sqrt{3}\}=F(1,\sqrt{3})-F(1,1)-F(0,\sqrt{3})+F(0,1)$$
$$\approx 0.0117.$$

§3.2 二维离散型随机变量

一、联合分布律

微课视频

定义 3.3 若二维随机变量 (X,Y) 的所有可能取值是有限对或无限可列对,则称 (X,Y) 为**二维离散型随机变量**.

定义 3.4 若二维离散型随机变量 (X,Y) 的所有可能取值为 (x_i,y_j) $(i,j=1,2,\cdots)$,则称

$$P\{X=x_i,Y=y_j\}=p_{ij}\quad(i,j=1,2,\cdots)$$

为二维离散型随机变量 (X,Y) 的**联合分布律**,简称**分布律**.

与一维离散型随机变量类似,二维离散型随机变量 (X,Y) 的联合分布律也可用表格的形式给出,如表 3-1 所示.

表 3-1

X	Y				
	y_1	y_2	$\cdots$	y_j	$\cdots$
x_1	p_{11}	p_{12}	$\cdots$	p_{1j}	$\cdots$
x_2	p_{21}	p_{22}	$\cdots$	p_{2j}	$\cdots$
$\vdots$	$\vdots$	$\vdots$		$\vdots$	
x_i	p_{i1}	p_{i2}	$\cdots$	p_{ij}	$\cdots$
$\vdots$	$\vdots$	$\vdots$		$\vdots$	

由概率的定义可知，p_{ij} 满足下列性质.

(1) **非负性**：$p_{ij} \geqslant 0(i,j=1,2,\cdots)$；

(2) **规范性**：$\sum_i \sum_j p_{ij}=1$.

由二维离散型随机变量的联合分布律可以确定联合分布函数为

$$F(x,y)=P\{X\leqslant x,Y\leqslant y\}=\sum_{x_i\leqslant x}\sum_{y_j\leqslant y}P\{X=x_i,Y=y_j\}=\sum_{x_i\leqslant x}\sum_{y_j\leqslant y}p_{ij}. \tag{3.6}$$

二、边缘分布律

若已知二维离散型随机变量(X,Y)的联合分布律，就可以知道 X 和 Y 各自的分布律：

X 的分布律为

$$P\{X=x_i\}=\sum_j p_{ij} \triangleq p_{i\cdot} \quad (i=1,2,\cdots);$$

Y 的分布律为

$$P\{Y=y_j\}=\sum_i p_{ij} \triangleq p_{\cdot j} \quad (j=1,2,\cdots).$$

分别称 $p_{i\cdot}(i=1,2,\cdots)$ 和 $p_{\cdot j}(j=1,2,\cdots)$ 为(X,Y)关于 X 和关于 Y 的**边缘分布律**. 边缘分布律也常用如下的表格(见表 3-2)形式给出.

表 3-2

X	Y					$P\{X=x_i\}$
	y_1	y_2	$\cdots$	y_j	$\cdots$	
x_1	p_{11}	p_{12}	$\cdots$	p_{1j}	$\cdots$	$p_{1\cdot}$
x_2	p_{21}	p_{22}	$\cdots$	p_{2j}	$\cdots$	$p_{2\cdot}$
$\vdots$	$\vdots$	$\vdots$		$\vdots$		$\vdots$
x_i	p_{i1}	p_{i2}	$\cdots$	p_{ij}	$\cdots$	$p_{i\cdot}$
$\vdots$	$\vdots$	$\vdots$		$\vdots$		$\vdots$
$P\{Y=y_j\}$	$p_{\cdot 1}$	$p_{\cdot 2}$	$\cdots$	$p_{\cdot j}$	$\cdots$	1

例 1 文具袋中有 4 支黑笔、3 支蓝笔和 2 支红笔，现从中任取 2 支，设随机变量 X 和 Y 分别表示取到的黑笔和红笔的数量，求：(1) 二维随机变量(X,Y)的联合分布律；(2) $P\{X<2,Y\leqslant 1\}$.

解 (1) 由题意知，随机变量 X 和 Y 的可能取值为 0,1,2,且

$$P\{X=0,Y=0\}=\frac{C_4^0C_3^2C_2^0}{C_9^2}=\frac{1}{12}, \quad P\{X=0,Y=1\}=\frac{C_4^0C_3^1C_2^1}{C_9^2}=\frac{1}{6},$$

$$P\{X=0,Y=2\}=\frac{C_4^0C_3^0C_2^2}{C_9^2}=\frac{1}{36}, \quad P\{X=1,Y=0\}=\frac{C_4^1C_3^1C_2^0}{C_9^2}=\frac{1}{3},$$

$$P\{X=1,Y=1\}=\frac{C_4^1C_3^0C_2^1}{C_9^2}=\frac{2}{9}, \quad P\{X=1,Y=2\}=0,$$

$$P\{X=2,Y=0\}=\frac{C_4^2C_3^0C_2^0}{C_9^2}=\frac{1}{6},\quad P\{X=2,Y=1\}=0,$$

$$P\{X=2,Y=2\}=0,$$

所以(X,Y)的联合分布律如表3-3所示.

表3-3

X	Y		
	0	1	2
0	$\frac{1}{12}$	$\frac{1}{6}$	$\frac{1}{36}$
1	$\frac{1}{3}$	$\frac{2}{9}$	0
2	$\frac{1}{6}$	0	0

(2) $$\begin{aligned}P\{X<2,Y\leqslant 1\}&=P\{X=0,Y=0\}+P\{X=0,Y=1\}\\&\quad+P\{X=1,Y=0\}+P\{X=1,Y=1\}\\&=\frac{1}{12}+\frac{1}{6}+\frac{1}{3}+\frac{2}{9}=\frac{29}{36}.\end{aligned}$$

例2 设袋中有5个乒乓球，其中有3个黄球，2个白球. 现从中随机地抽取两次，每次从袋中任意抽取1个. 记X表示第一次取得的黄球的个数，Y表示第二次取得的黄球的个数，分别就(1)有放回抽取，(2)无放回抽取，这两种情形求二维随机变量(X,Y)的联合分布律及(X,Y)关于X和关于Y的边缘分布律.

解 (X,Y)的所有可能取值为$(0,0),(0,1),(1,0),(1,1)$.

(1) 有放回抽取时，事件$\{X=i\}$与$\{Y=j\}$相互独立，则

$$P\{X=i,Y=j\}=P\{X=i\}P\{Y=j\}\quad(i,j=0,1),$$

因此

$$P\{X=0,Y=0\}=\frac{2}{5}\times\frac{2}{5}=\frac{4}{25},\quad P\{X=0,Y=1\}=\frac{2}{5}\times\frac{3}{5}=\frac{6}{25},$$

$$P\{X=1,Y=0\}=\frac{3}{5}\times\frac{2}{5}=\frac{6}{25},\quad P\{X=1,Y=1\}=\frac{3}{5}\times\frac{3}{5}=\frac{9}{25}.$$

结合边缘分布律的定义，(X,Y)的联合分布律及关于X和关于Y的边缘分布律如表3-4所示.

表3-4

X	Y		$p_{i\cdot}$
	0	1	
0	$\frac{4}{25}$	$\frac{6}{25}$	$\frac{2}{5}$
1	$\frac{6}{25}$	$\frac{9}{25}$	$\frac{3}{5}$
$p_{\cdot j}$	$\frac{2}{5}$	$\frac{3}{5}$	1

(2) 无放回抽取时，事件$\{X=i\}$与$\{Y=j\}$不相互独立，则

$$P\{X=i,Y=j\}=P\{X=i\}P\{Y=j\mid X=i\}\quad(i,j=0,1),$$

因此

$$P\{X=0,Y=0\}=\frac{2}{5}\times\frac{1}{4}=\frac{1}{10},\quad P\{X=0,Y=1\}=\frac{2}{5}\times\frac{3}{4}=\frac{3}{10},$$

$$P\{X=1,Y=0\}=\frac{3}{5}\times\frac{2}{4}=\frac{3}{10},\quad P\{X=1,Y=1\}=\frac{3}{5}\times\frac{2}{4}=\frac{3}{10}.$$

类似地，(X,Y)的联合分布律及关于X和关于Y的边缘分布律如表 3-5 所示.

表 3-5

X	Y		$p_{i\cdot}$
	0	1	
0	$\frac{1}{10}$	$\frac{3}{10}$	$\frac{2}{5}$
1	$\frac{3}{10}$	$\frac{3}{10}$	$\frac{3}{5}$
$p_{\cdot j}$	$\frac{2}{5}$	$\frac{3}{5}$	1

从例 2 可以看出，两种抽取方式下，(X,Y)的边缘分布律完全相同，但(X,Y)的联合分布律却不同. 由此可见，在一般情况下，由X,Y的边缘分布律不能确定(X,Y)的联合分布律.

§ 3.3 二维连续型随机变量

一、二维连续型随机变量的概率密度

微课视频

与一维连续型随机变量类似，引入联合概率密度来描述二维连续型随机变量的概率分布.

定义 3.5 设二维随机变量(X,Y)的联合分布函数为$F(x,y)$. 若存在非负可积函数$f(x,y)$，使得对于任意实数x,y，有

$$F(x,y)=P\{X\leqslant x,Y\leqslant y\}=\int_{-\infty}^{x}\int_{-\infty}^{y}f(u,v)\,\mathrm{d}u\,\mathrm{d}v,\qquad(3.7)$$

则称(X,Y)为**二维连续型随机变量**，并称$f(x,y)$为(X,Y)的**概率密度**（或**密度函数**），或称为随机变量X,Y的**联合概率密度**（或**联合密度函数**）.

由式(3.7)可以证明，若概率密度$f(x,y)$在点(x,y)处连续，则

$$\frac{\partial^2 F(x,y)}{\partial x \partial y}=f(x,y). \tag{3.8}$$

式(3.7)和式(3.8)揭示了二维连续型随机变量的联合分布函数和概率密度与一维类似,在一定意义下可相互确定.

由概率的定义知,概率密度 $f(x,y)$ 具有如下性质:

(1) $f(x,y)\geqslant 0(-\infty<x<+\infty,-\infty<y<+\infty)$.

(2) $\int_{-\infty}^{+\infty}\int_{-\infty}^{+\infty}f(x,y)\mathrm{d}x\,\mathrm{d}y=F(+\infty,+\infty)=1$.

反之,若函数 $f(x,y)$ 满足上述两条性质,则该函数可作为某个二维连续型随机变量的概率密度.

(3) 设 G 为 xOy 平面上某一区域,则

$$P\{(X,Y)\in G\}=\iint\limits_G f(x,y)\mathrm{d}x\,\mathrm{d}y. \tag{3.9}$$

令 $z=f(x,y)$,从几何上看,性质(1)表示概率密度的图形总位于 xOy 平面的上方;性质(2)表示曲面 $z=f(x,y)$ 与 xOy 平面之间的空间区域的立体体积为1;性质(3)表示随机点 (X,Y) 落入平面区域 G 内的概率等于以区域 G 为底、曲面 $z=f(x,y)$ 为顶的曲顶柱体的体积.

二、边缘概率密度

与二维离散型随机变量类似,我们可同样定义二维连续型随机变量 (X,Y) 的边缘概率密度.

设 (X,Y) 是二维连续型随机变量,由边缘分布函数的定义及式(3.7),有

$$F_X(x)=F(x,+\infty)=\int_{-\infty}^{x}\int_{-\infty}^{+\infty}f(u,v)\mathrm{d}u\,\mathrm{d}v=\int_{-\infty}^{x}\left[\int_{-\infty}^{+\infty}f(u,v)\mathrm{d}v\right]\mathrm{d}u.$$

上式表明,X 是一个连续型随机变量,且其概率密度为

$$f_X(x)=\int_{-\infty}^{+\infty}f(x,y)\mathrm{d}y. \tag{3.10}$$

同理,Y 也是一个连续型随机变量,且其概率密度为

$$f_Y(y)=\int_{-\infty}^{+\infty}f(x,y)\mathrm{d}x. \tag{3.11}$$

分别称 $f_X(x)$ 和 $f_Y(y)$ 为二维连续型随机变量 (X,Y) 关于 X 和关于 Y 的**边缘概率密度**.

例1 设二维随机变量 (X,Y) 的概率密度为

$$f(x,y)=\begin{cases}C\mathrm{e}^{-(x+y)}, & 0<x<1,y>0,\\ 0, & \text{其他},\end{cases}$$

求:(1) 常数 C 的值;(2) 联合分布函数 $F(x,y)$;(3) $P\{Y\leqslant X\}$;(4) 边缘概率密度 $f_X(x),f_Y(y)$.

解 (1) 由于 $\int_{-\infty}^{+\infty}\int_{-\infty}^{+\infty}f(x,y)\mathrm{d}x\,\mathrm{d}y=1$,则

$$\int_0^1\int_0^{+\infty} C\mathrm{e}^{-(x+y)}\,\mathrm{d}x\,\mathrm{d}y = C\int_0^1 \mathrm{e}^{-x}\,\mathrm{d}x\int_0^{+\infty}\mathrm{e}^{-y}\,\mathrm{d}y = C(1-\mathrm{e}^{-1}) = 1,$$

因此 $C=\dfrac{1}{1-\mathrm{e}^{-1}}$.

(2) $F(x,y)=\int_{-\infty}^{x}\int_{-\infty}^{y} f(u,v)\,\mathrm{d}u\,\mathrm{d}v$

$$=\begin{cases}\int_0^x\int_0^y \dfrac{1}{1-\mathrm{e}^{-1}}\mathrm{e}^{-(u+v)}\,\mathrm{d}u\,\mathrm{d}v, & 0<x<1, y>0,\\ \int_0^1\int_0^y \dfrac{1}{1-\mathrm{e}^{-1}}\mathrm{e}^{-(u+v)}\,\mathrm{d}u\,\mathrm{d}v, & x\geqslant 1, y>0,\\ 0, & \text{其他}\end{cases}$$

$$=\begin{cases}\dfrac{1}{1-\mathrm{e}^{-1}}(1-\mathrm{e}^{-x})(1-\mathrm{e}^{-y}), & 0<x<1, y>0,\\ 1-\mathrm{e}^{-y}, & x\geqslant 1, y>0,\\ 0, & \text{其他}.\end{cases}$$

(3) 记 $G=\{(x,y)\mid y\leqslant x\}$, $D=\{(x,y)\mid 0<x<1, y>0\}$, 则 $G\cap D$ 所表示的区域如图 3-3 阴影部分所示, 于是

$$P\{Y\leqslant X\}=P\{(X,Y)\in G\cap D\}=\iint\limits_{G\cap D} f(x,y)\,\mathrm{d}x\,\mathrm{d}y$$

$$=\frac{1}{1-\mathrm{e}^{-1}}\int_0^1 \mathrm{e}^{-x}\left(\int_0^x \mathrm{e}^{-y}\,\mathrm{d}y\right)\mathrm{d}x=\frac{1}{1-\mathrm{e}^{-1}}\int_0^1(\mathrm{e}^{-x}-\mathrm{e}^{-2x})\,\mathrm{d}x$$

$$=\frac{1}{1-\mathrm{e}^{-1}}\left(\frac{1}{2}-\mathrm{e}^{-1}+\frac{1}{2}\mathrm{e}^{-2}\right)\approx 0.3161.$$

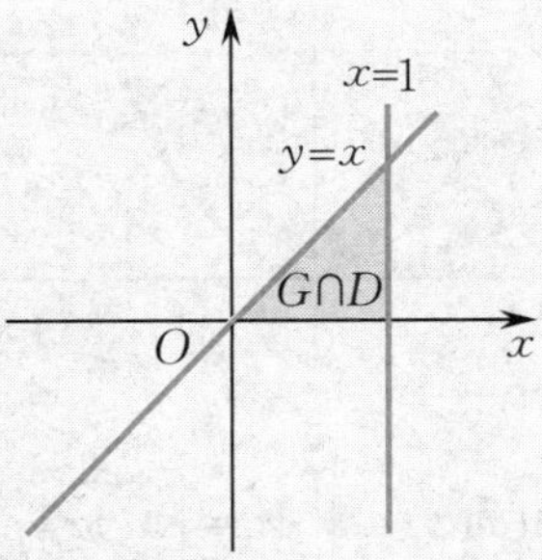

图 3-3

(4) X 的边缘概率密度为

$$f_X(x)=\int_{-\infty}^{+\infty} f(x,y)\,\mathrm{d}y=\begin{cases}\int_0^{+\infty}\dfrac{1}{1-\mathrm{e}^{-1}}\mathrm{e}^{-(x+y)}\,\mathrm{d}y=\dfrac{\mathrm{e}^{-x}}{1-\mathrm{e}^{-1}}, & 0<x<1,\\ 0, & \text{其他}.\end{cases}$$

Y 的边缘概率密度为

$$f_Y(y)=\int_{-\infty}^{+\infty} f(x,y)\,\mathrm{d}x=\begin{cases}\int_0^1\dfrac{1}{1-\mathrm{e}^{-1}}\mathrm{e}^{-(x+y)}\,\mathrm{d}x=\mathrm{e}^{-y}, & y>0,\\ 0, & \text{其他}.\end{cases}$$

三、两种重要的二维连续型分布

1. 二维均匀分布

设G是平面上的有界区域,其面积为S_G.若二维随机变量(X,Y)的概率密度为

$$f(x,y)=\begin{cases}\dfrac{1}{S_G}, & (x,y)\in G,\\ 0, & \text{其他},\end{cases}$$

则称(X,Y)在G上服从**均匀分布**.

若二维随机变量(X,Y)在G上服从均匀分布,则对于G内任一子区域D,有

$$P\{(X,Y)\in D\}=\iint_D f(x,y)\mathrm{d}x\mathrm{d}y=\iint_D \frac{1}{S_G}\mathrm{d}x\mathrm{d}y=\frac{S_D}{S_G},$$

其中S_D表示区域D的面积.此式表明,(X,Y)落在子区域D内的概率与子区域D的面积成正比,而与D在G内的位置和形状无关.

例2 设G为由曲线$y=x^2$与直线$y=1$所围成的平面区域(见图3-4),二维随机变量(X,Y)在G上服从均匀分布,求:(1)(X,Y)的概率密度;(2)边缘概率密度$f_X(x)$,$f_Y(y)$.

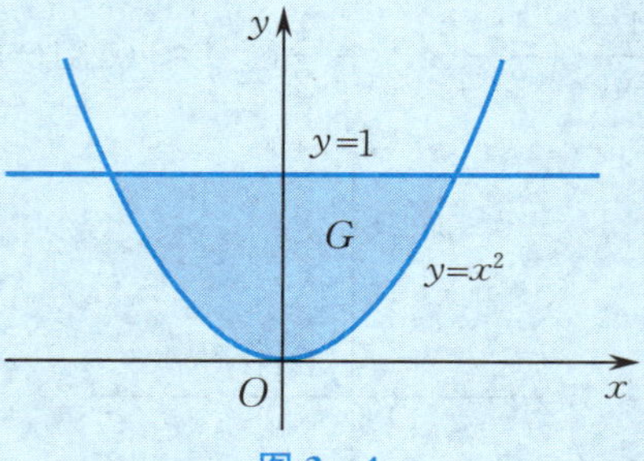

图3-4

解 (1)区域G的面积为$S_G=\iint_G \mathrm{d}\sigma=\int_{-1}^{1}\mathrm{d}x\int_{x^2}^{1}\mathrm{d}y=\int_{-1}^{1}(1-x^2)\mathrm{d}x=\frac{4}{3}$,

则(X,Y)的概率密度为

$$f(x,y)=\begin{cases}\dfrac{3}{4}, & x^2<y<1,\\ 0, & \text{其他}.\end{cases}$$

(2)X的边缘概率密度为

$$f_X(x)=\int_{-\infty}^{+\infty}f(x,y)\mathrm{d}y=\begin{cases}\displaystyle\int_{x^2}^{1}\frac{3}{4}\mathrm{d}y=\frac{3}{4}(1-x^2), & -1<x<1,\\ 0, & \text{其他}.\end{cases}$$

Y的边缘概率密度为

$$f_Y(y)=\int_{-\infty}^{+\infty}f(x,y)\,\mathrm{d}x=\begin{cases}\int_{-\sqrt{y}}^{\sqrt{y}}\frac{3}{4}\mathrm{d}x=\frac{3}{2}\sqrt{y}, & 0<y<1,\\ 0, & \text{其他}.\end{cases}$$

2. 二维正态分布

若二维随机变量(X,Y)的概率密度为

$$f(x,y)=\frac{1}{2\pi\sigma_1\sigma_2\sqrt{1-\rho^2}}\mathrm{e}^{-\frac{1}{2(1-\rho^2)}\left[\left(\frac{x-\mu_1}{\sigma_1}\right)^2-2\rho\left(\frac{x-\mu_1}{\sigma_1}\right)\left(\frac{y-\mu_2}{\sigma_2}\right)+\left(\frac{y-\mu_2}{\sigma_2}\right)^2\right]}$$

$$(-\infty<x<+\infty,-\infty<y<+\infty),$$

其中$\mu_1,\mu_2,\sigma_1,\sigma_2,\rho$均为常数，且$\sigma_1>0,\sigma_2>0,|\rho|<1$，则称$(X,Y)$服从参数为$\mu_1,\mu_2,\sigma_1,\sigma_2,\rho$的**二维正态分布**，记为

$$(X,Y)\sim N(\mu_1,\mu_2,\sigma_1^2,\sigma_2^2,\rho).$$

二维正态分布的概率密度$z=f(x,y)$的图形是一张以(μ_1,μ_2)为极大值点的单峰钟形曲面(见图3-5).

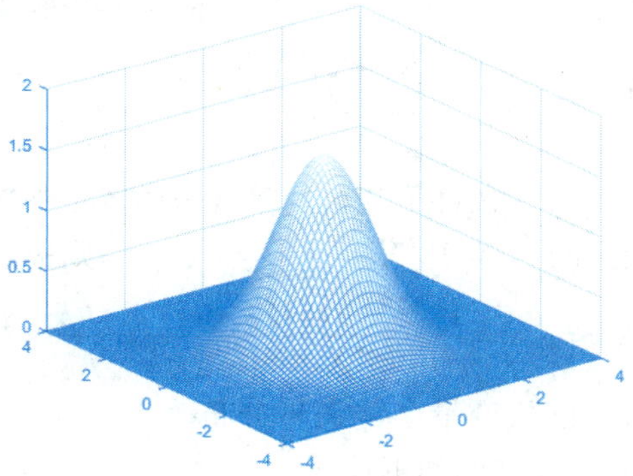

图3-5

那么，二维正态分布的边缘分布也是正态分布吗？为此，求解两个边缘概率密度.

令$\frac{x-\mu_1}{\sigma_1}=u,\frac{y-\mu_2}{\sigma_2}=v$，则

$$\begin{aligned}f_X(x)&=\int_{-\infty}^{+\infty}f(x,y)\mathrm{d}y=\int_{-\infty}^{+\infty}\frac{1}{2\pi\sigma_1\sqrt{1-\rho^2}}\mathrm{e}^{-\frac{1}{2(1-\rho^2)}(u^2-2\rho uv+v^2)}\mathrm{d}v\\&=\frac{1}{\sqrt{2\pi}\sigma_1}\int_{-\infty}^{+\infty}\frac{1}{\sqrt{2\pi(1-\rho^2)}}\mathrm{e}^{-\frac{1}{2(1-\rho^2)}[(v-\rho u)^2+(1-\rho^2)u^2]}\mathrm{d}v\\&=\frac{1}{\sqrt{2\pi}\sigma_1}\mathrm{e}^{-\frac{u^2}{2}}=\frac{1}{\sqrt{2\pi}\sigma_1}\mathrm{e}^{-\frac{(x-\mu_1)^2}{2\sigma_1^2}}\quad(-\infty<x<+\infty).\end{aligned}$$

同理可得

$$f_Y(y)=\frac{1}{\sqrt{2\pi}\sigma_2}\mathrm{e}^{-\frac{(y-\mu_2)^2}{2\sigma_2^2}}\quad(-\infty<y<+\infty).$$

由以上结果可知,二维正态分布的两个边缘分布都是一维正态分布,且都不依赖于参数 ρ,即 $X \sim N(\mu_1, \sigma_1^2)$,$Y \sim N(\mu_2, \sigma_2^2)$. 同时也表明了仅由关于 X 和关于 Y 的边缘分布,一般情况下是不能确定二维随机变量 (X,Y) 的联合分布的.

§3.4 条件分布

本节通过随机事件的条件概率,引出随机变量的条件分布这一概念.

一、二维离散型随机变量的条件分布

定义 3.6 设 (X,Y) 是二维离散型随机变量,其联合分布律为

$$P\{X=x_i, Y=y_j\}=p_{ij} \quad (i,j=1,2,\cdots).$$

对于固定的 j,若 $P\{Y=y_j\}=p_{\cdot j}>0$,则由条件概率公式有

微课视频

$$P\{X=x_i \mid Y=y_j\}=\frac{P\{X=x_i, Y=y_j\}}{P\{Y=y_j\}}=\frac{p_{ij}}{p_{\cdot j}} \quad (i=1,2,\cdots). \tag{3.12}$$

称式(3.12)为在 $Y=y_j$ 的条件下随机变量 X 的**条件分布律**.

类似地,对于固定的 i,若 $P\{X=x_i\}=p_{i\cdot}>0$,则称

$$P\{Y=y_j \mid X=x_i\}=\frac{P\{X=x_i, Y=y_j\}}{P\{X=x_i\}}=\frac{p_{ij}}{p_{i\cdot}} \quad (j=1,2,\cdots)$$

为在 $X=x_i$ 的条件下随机变量 Y 的条件分布律.

条件分布律具有分布律的如下性质:

(1) $P\{X=x_i \mid Y=y_j\} \geqslant 0$;

(2) $$\sum_{i=1}^{\infty} P\{X=x_i \mid Y=y_j\}=\sum_{i=1}^{\infty} \frac{p_{ij}}{p_{\cdot j}}=\frac{\sum_{i=1}^{\infty} p_{ij}}{p_{\cdot j}}=\frac{p_{\cdot j}}{p_{\cdot j}}=1. \tag{3.13}$$

例 1 设二维随机变量 (X,Y) 的联合分布律如表 3-6 所示,求:(1) 当 $X=0$ 时,Y 的条件分布律;(2) 当 $Y=-1$ 时,X 的条件分布律.

表 3-6

X	Y		
	-1	0	2
0	$\frac{1}{12}$	$\frac{1}{6}$	$\frac{1}{4}$
1	$\frac{5}{12}$	$\frac{1}{12}$	0

解 (1) $P\{X=0\}=\frac{1}{12}+\frac{1}{6}+\frac{1}{4}=\frac{1}{2}$. 当 $X=0$ 时,Y 的条件分布律为

$$P\{Y=-1|X=0\}=\frac{P\{X=0,Y=-1\}}{P\{X=0\}}=\frac{\frac{1}{12}}{\frac{1}{2}}=\frac{1}{6},$$

$$P\{Y=0|X=0\}=\frac{P\{X=0,Y=0\}}{P\{X=0\}}=\frac{\frac{1}{6}}{\frac{1}{2}}=\frac{1}{3},$$

$$P\{Y=2|X=0\}=\frac{P\{X=0,Y=2\}}{P\{X=0\}}=\frac{\frac{1}{4}}{\frac{1}{2}}=\frac{1}{2},$$

即在 $X=0$ 的条件下,Y 的条件分布律如表 3-7 所示.

表 3-7

Y	-1	0	2
$P\{Y=y_j \mid X=0\}$	$\frac{1}{6}$	$\frac{1}{3}$	$\frac{1}{2}$

(2) 类似地,用同样的方法可得,当 $Y=-1$ 时,X 的条件分布律如表 3-8 所示.

表 3-8

X	0	1
$P\{X=x_i \mid Y=-1\}$	$\frac{1}{6}$	$\frac{5}{6}$

二、二维连续型随机变量的条件分布

设 (X,Y) 是二维连续型随机变量. 由于对于任意实数 x,y,均有 $P\{X=x\}=0,P\{Y=y\}=0$,因此不能像二维离散型随机变量那样借助条件概率来引出二维连续型随机变量的条件分布.

微课视频

设二维连续型随机变量 (X,Y) 的概率密度为 $f(x,y)$,关于 Y 的边缘概率密度为 $f_Y(y)$. 对于给定的 y 及任意固定的正数 ε,设 $P\{y<Y\leqslant y+\varepsilon\}>0$,则对于任意的 x,有

$$\begin{aligned}P\{X\leqslant x|y<Y\leqslant y+\varepsilon\}&=\frac{P\{X\leqslant x,y<Y\leqslant y+\varepsilon\}}{P\{y<Y\leqslant y+\varepsilon\}}\\&=\frac{\int_{-\infty}^{x}\left[\int_{y}^{y+\varepsilon}f(x,y)\mathrm{d}y\right]\mathrm{d}x}{\int_{y}^{y+\varepsilon}f_Y(y)\mathrm{d}y}\\&\approx\frac{\int_{-\infty}^{x}\varepsilon f(x,y)\mathrm{d}x}{\varepsilon f_Y(y)}\\&=\int_{-\infty}^{x}\frac{f(x,y)}{f_Y(y)}\mathrm{d}x\quad(\text{当 }\varepsilon\text{ 很小时},\approx\text{成立}).\end{aligned}$$

与一维连续型随机变量的概率密度定义式对比,可引出如下定义.

定义 3.7 设二维连续型随机变量(X,Y)的概率密度为$f(x,y)$.若对于任意固定的y,(X,Y)关于Y的边缘概率密度$f_Y(y)>0$,则称$\dfrac{f(x,y)}{f_Y(y)}$为在$Y=y$的条件下X的**条件概率密度**,记为$f_{X|Y}(x|y)$,即

$$f_{X|Y}(x|y)=\frac{f(x,y)}{f_Y(y)}. \tag{3.14}$$

类似地,当$f_X(x)>0$时,定义在$X=x$的条件下Y的条件概率密度为

$$f_{Y|X}(y|x)=\frac{f(x,y)}{f_X(x)}. \tag{3.15}$$

由分布函数与概率密度的关系,可定义在$Y=y$的条件下X的**条件分布函数**为

$$F_{X|Y}(x|y)=P\{X\leqslant x|Y=y\}=\int_{-\infty}^{x}f_{X|Y}(u|y)\,\mathrm{d}u.$$

在$X=x$的条件下Y的条件分布函数为

$$F_{Y|X}(y|x)=P\{Y\leqslant y|X=x\}=\int_{-\infty}^{y}f_{Y|X}(v|x)\,\mathrm{d}v.$$

例 2 有一项工程需要甲、乙两人先后接力完成,完成时间要求不能超过 60 min. 已知甲先工作,再由乙接着甲后面继续工作. 设甲工作了X min,甲、乙两人共工作了Y min,又设X服从区间$(0,60)$内的均匀分布,且$X=x$时,Y服从区间$(x,60)$内的均匀分布.

(1) 求(X,Y)的概率密度;

(2) 求条件概率密度$f_{X|Y}(x|y)$;

(3) 若已知花了 45 min 完成此项工程,求甲工作的时间不超过 20 min 的概率.

解 (1) 由题意知,随机变量$X\sim U(0,60)$,则X的概率密度为

$$f_X(x)=\begin{cases}\dfrac{1}{60}, & 0<x<60,\\ 0, & \text{其他}.\end{cases}$$

当甲工作了x min 时,随机变量Y服从区间$(x,60)$内的均匀分布,故当$0<x<60$时,

$$f_{Y|X}(y|x)=\begin{cases}\dfrac{1}{60-x}, & x<y<60,\\ 0, & \text{其他},\end{cases}$$

则由式(3.15)得(X,Y)的概率密度为

$$f(x,y)=f_X(x)f_{Y|X}(y|x)=\begin{cases}\dfrac{1}{60(60-x)}, & 0<x<60,x<y<60,\\ 0, & \text{其他}.\end{cases}$$

(2) Y 的边缘概率密度为

$$f_Y(y)=\int_{-\infty}^{+\infty} f(x,y)\mathrm{d}x=\begin{cases}\displaystyle\int_0^y \frac{1}{60(60-x)}\mathrm{d}x=\frac{1}{60}\ln\frac{60}{60-y}, & 0<y<60,\\ 0, & \text{其他}.\end{cases}$$

因此,当 $0<y<60$ 时,$f_Y(y)>0$,则条件概率密度

$$f_{X|Y}(x\mid y)=\frac{f(x,y)}{f_Y(y)}=\begin{cases}\dfrac{1}{(60-x)\ln\dfrac{60}{60-y}}, & 0<x<y,\\ 0, & \text{其他}.\end{cases}$$

(3) 本题为求 $P\{X\leqslant 20\mid Y=45\}$,则

$$P\{X\leqslant 20\mid Y=45\}=\int_{-\infty}^{20} f_{X|Y}(u\mid 45)\mathrm{d}u=\int_0^{20}\frac{1}{(60-u)\ln\dfrac{60}{60-45}}\mathrm{d}u$$

$$=\frac{\ln 60-\ln 40}{\ln 4}\approx 0.292\,5.$$

§ 3.5 随机变量的独立性

人们在描述随机现象时,常会遇到某个随机变量的取值对其余随机变量的取值没有影响的情形. 为了研究这种情况,下面借助随机事件的独立性,引出随机变量的独立性.

微课视频

一、两个随机变量相互独立的定义

定义 3.8 设 $F(x,y)$ 及 $F_X(x)$,$F_Y(y)$ 分别是二维随机变量 (X,Y) 的联合分布函数及边缘分布函数. 若对于任意的实数 x,y,有

$$P\{X\leqslant x,Y\leqslant y\}=P\{X\leqslant x\}P\{Y\leqslant y\},$$

即

$$F(x,y)=F_X(x)F_Y(y), \tag{3.16}$$

则称随机变量 X 与 Y **相互独立**.

例如,在 §3.1 例 1 中,求出的两个边缘分布函数分别为

$$F_X(x)=\frac{1}{2}+\frac{1}{\pi}\arctan\frac{x}{2}\quad(-\infty<x<+\infty)$$

和

$$F_Y(y)=\frac{1}{2}+\frac{1}{\pi}\arctan\frac{y}{2}\quad(-\infty<y<+\infty).$$

显然,对于任意的实数 x,y,有 $F(x,y)=F_X(x)F_Y(y)$,故 X 与 Y 相互独立.

二、两个随机变量相互独立的充要条件

为了使用方便,下面分别就二维离散型随机变量和二维连续型随机变量相互独立的充要条件进行讨论.

(1) 当 (X,Y) 为二维离散型随机变量时,X 与 Y 相互独立的充要条件是对于 (X,Y) 的所有可能取值 (x_i,y_j),有

$$P\{X=x_i,Y=y_j\}=P\{X=x_i\}P\{Y=y_j\}, \tag{3.17}$$

即

$$p_{ij}=p_{i\cdot}p_{\cdot j} \quad (i,j=1,2,\cdots).$$

例如,在 §3.2 例 2 中有放回抽取情形下,可以验证对于 (X,Y) 的每对取值 (x_i,y_j),均有联合分布律等于相应边缘分布律的乘积,故 X 与 Y 相互独立;在无放回抽取情形下,有

$$P\{X=0\}=\frac{2}{5},\quad P\{Y=0\}=\frac{2}{5},\quad P\{X=0,Y=0\}=\frac{1}{10},$$

由于

$$P\{X=0,Y=0\}\neq P\{X=0\}P\{Y=0\},$$

因此 X 与 Y 不相互独立.

(2) 当 (X,Y) 为二维连续型随机变量时,若 $f(x,y)$ 及 $f_X(x)$,$f_Y(y)$ 分别是 (X,Y) 的概率密度及边缘概率密度,则 X 与 Y 相互独立的充要条件是

$$f(x,y)=f_X(x)f_Y(y) \tag{3.18}$$

在平面上几乎处处成立.

注意,这里"几乎处处成立"的含义是:在平面上除去"面积"为 0 的集合以外处处成立.

例如,在 §3.3 例 1 中,由于对于一切 x,y,均有 $f(x,y)=f_X(x)f_Y(y)$,因此 X 与 Y 相互独立. 而在 §3.3 例 2 中,由于当 $x^2<y<1$ 时,$f(x,y)\neq f_X(x)f_Y(y)$,因此 X 与 Y 不相互独立.

例 1 设二维随机变量 $(X,Y)\sim N(\mu_1,\mu_2,\sigma_1^2,\sigma_2^2,\rho)$,证明:$X$ 与 Y 相互独立的充要条件是 $\rho=0$.

证明 (X,Y) 的概率密度及边缘概率密度分别为

$$f(x,y)=\frac{1}{2\pi\sigma_1\sigma_2\sqrt{1-\rho^2}}\mathrm{e}^{-\frac{1}{2(1-\rho^2)}\left[\left(\frac{x-\mu_1}{\sigma_1}\right)^2-2\rho\left(\frac{x-\mu_1}{\sigma_1}\right)\left(\frac{y-\mu_2}{\sigma_2}\right)+\left(\frac{y-\mu_2}{\sigma_2}\right)^2\right]}$$

$$(-\infty<x<+\infty,\ -\infty<y<+\infty),$$

$$f_X(x)=\frac{1}{\sqrt{2\pi}\sigma_1}\mathrm{e}^{-\frac{(x-\mu_1)^2}{2\sigma_1^2}}\quad(-\infty<x<+\infty),$$

$$f_Y(y)=\frac{1}{\sqrt{2\pi}\sigma_2}\mathrm{e}^{-\frac{(y-\mu_2)^2}{2\sigma_2^2}}\quad(-\infty<y<+\infty).$$

充分性 若 $\rho=0$，显然对于一切实数 x,y，有 $f(x,y)=f_X(x)f_Y(y)$，故 X 与 Y 相互独立.

必要性 若 X 与 Y 相互独立，则对于任意实数 x,y，有 $f(x,y)=f_X(x)f_Y(y)$ 成立. 令 $x=\mu_1, y=\mu_2$，则有 $f(\mu_1,\mu_2)=f_X(\mu_1)f_Y(\mu_2)$，故

$$\frac{1}{2\pi\sigma_1\sigma_2\sqrt{1-\rho^2}}=\frac{1}{\sqrt{2\pi}\sigma_1}\cdot\frac{1}{\sqrt{2\pi}\sigma_2},$$

从而 $\sqrt{1-\rho^2}=1$，因此 $\rho=0$.

例 2 某人到车站乘车，已知人、车到达车站的时间相互独立，且都服从 8:00—9:00 之间的均匀分布. 设车到车站停留 10 min 后准时离开，求此人能乘上车的概率.

解 设人、车到达车站的时间分别为 8 点过 X 分和 8 点过 Y 分，则当且仅当 $X<Y+10$ 时，此人能乘上车. 由题设知 $X\sim U(0,60)$，$Y\sim U(0,60)$，则

$$f_X(x)=\begin{cases}\frac{1}{60}, & 0<x<60,\\ 0, & \text{其他},\end{cases}\qquad f_Y(y)=\begin{cases}\frac{1}{60}, & 0<y<60,\\ 0, & \text{其他}.\end{cases}$$

因为 X 与 Y 相互独立，所以 (X,Y) 的概率密度为

$$f(x,y)=f_X(x)f_Y(y)=\begin{cases}\frac{1}{3\,600}, & 0<x<60, 0<y<60,\\ 0, & \text{其他}.\end{cases}$$

于是，此人能乘上车的概率为

$$\begin{aligned}P\{X<Y+10\}&=\iint_G f(x,y)\mathrm{d}x\mathrm{d}y=\frac{1}{3\,600}\iint_G \mathrm{d}x\mathrm{d}y\\&=\frac{1}{3\,600}\left(3\,600-\frac{1}{2}\times 50^2\right)=\frac{47}{72}\approx 0.652\,8,\end{aligned}$$

其中 G 为图 3-6 中的阴影部分.

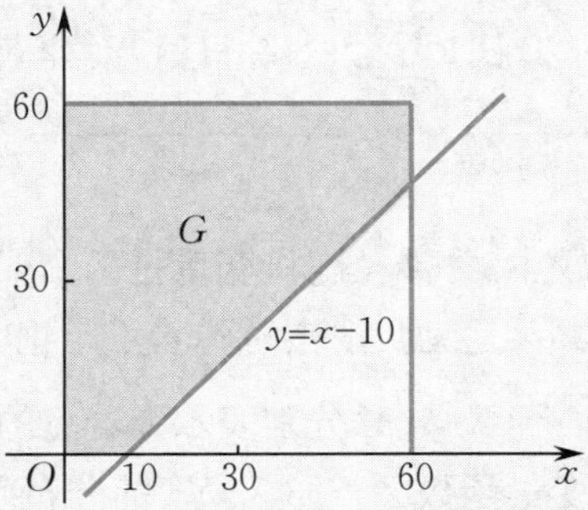

图 3-6

三、多维随机变量的分布

对于二维随机变量的一些概念、结论，不难推广到 n 维随机变量中去.

(1) **n 维随机变量$(X_1,X_2,\cdots,X_n)$的联合分布函数**可定义为

$$F(x_1,x_2,\cdots,x_n)=P\{X_1\leqslant x_1,X_2\leqslant x_2,\cdots,X_n\leqslant x_n\},$$

其中 $x_1,x_2,\cdots,x_n$ 为任意实数.

(2) 若存在非负可积函数 $f(x_1,x_2,\cdots,x_n)$,使得对于任意实数 $x_1,x_2,\cdots,x_n$,有

$$F(x_1,x_2,\cdots,x_n)=\int_{-\infty}^{x_1}\int_{-\infty}^{x_2}\cdots\int_{-\infty}^{x_n}f(x_1,x_2,\cdots,x_n)\mathrm{d}x_1\mathrm{d}x_2\cdots\mathrm{d}x_n,$$

则称 $f(x_1,x_2,\cdots,x_n)$ 是 **n 维随机变量$(X_1,X_2,\cdots,X_n)$的概率密度**.

(3) n 维随机变量$(X_1,X_2,\cdots,X_n)$关于 $X_i(i=1,2,\cdots,n)$ 的边缘分布函数、边缘概率密度分别为

$$F_{X_i}(x_i)=F(+\infty,+\infty,\cdots,+\infty,x_i,+\infty,\cdots,+\infty),$$

$$f_{X_i}(x_i)=\int_{-\infty}^{+\infty}\cdots\int_{-\infty}^{+\infty}f(x_1,x_2,\cdots,x_n)\mathrm{d}x_1\cdots\mathrm{d}x_{i-1}\mathrm{d}x_{i+1}\cdots\mathrm{d}x_n\quad(i=1,2,\cdots,n).$$

(4) 若对于任意实数 $x_1,x_2,\cdots,x_n$,有

$$F(x_1,x_2,\cdots,x_n)=F_{X_1}(x_1)F_{X_2}(x_2)\cdots F_{X_n}(x_n),$$

则称随机变量 $X_1,X_2,\cdots,X_n$ **相互独立**.

当$(X_1,X_2,\cdots,X_n)$为 n 维离散型随机变量时,$X_1,X_2,\cdots,X_n$ 相互独立的充要条件是对于任意一组可能取值 $x_1,x_2,\cdots,x_n$,有

$$P\{X_1=x_1,X_2=x_2,\cdots,X_n=x_n\}=P\{X_1=x_1\}P\{X_2=x_2\}\cdots P\{X_n=x_n\}.$$

当$(X_1,X_2,\cdots,X_n)$为 n 维连续型随机变量时,$X_1,X_2,\cdots,X_n$ 相互独立的充要条件是对于任意一组可能取值 $x_1,x_2,\cdots,x_n$,有

$$f(x_1,x_2,\cdots,x_n)=f_{X_1}(x_1)f_{X_2}(x_2)\cdots f_{X_n}(x_n).$$

§3.6 二维随机变量函数的分布

在概率论的许多问题中,常涉及随机变量是两个或两个以上随机变量的函数的分布.例如,为了考察某运动员射击时弹着点与靶心的距离 Z 的分布,就引入函数关系 $Z=\sqrt{X^2+Y^2}$(X 与 Y 分别表示弹着点的横坐标与纵坐标).

本节讨论二维随机变量函数 $Z=g(X,Y)$ 的分布问题,即通过(X,Y)的联合分布确定 Z 的分布.但具体计算时往往比较复杂,下面仅以和的分布及最值的分布为例进行讨论.

一、$Z=X+Y$ 的分布

下面先举例说明两个离散型随机变量 X 与 Y 之和的分布.

微课视频

例 1 设二维随机变量(X,Y)的联合分布律如表 3-9 所示，求 $Z=X+Y$ 的分布律.

表 3-9

X	Y		
	-1	0	1
0	$\frac{1}{13}$	$\frac{2}{13}$	$\frac{3}{13}$
1	$\frac{4}{13}$	$\frac{1}{13}$	$\frac{2}{13}$

解 由(X,Y)的联合分布律可得如下结果(见表 3-10)：

表 3-10

(X,Y)	$(0,-1)$	$(0,0)$	$(0,1)$	$(1,-1)$	$(1,0)$	$(1,1)$
P	$\frac{1}{13}$	$\frac{2}{13}$	$\frac{3}{13}$	$\frac{4}{13}$	$\frac{1}{13}$	$\frac{2}{13}$
$X+Y$	-1	0	1	0	1	2

因此，$Z=X+Y$ 的分布律如表 3-11 所示.

表 3-11

Z	-1	0	1	2
P	$\frac{1}{13}$	$\frac{6}{13}$	$\frac{4}{13}$	$\frac{2}{13}$

例 2 设随机变量 X 与 Y 相互独立，且 $X\sim P(\lambda_1)$，$Y\sim P(\lambda_2)$，求 $Z=X+Y$ 的分布律.

解 依题意，X,Y 的分布律分别为

$$P\{X=k\}=\frac{\lambda_1^k}{k!}e^{-\lambda_1}\quad(k=0,1,2,\cdots),$$

$$P\{Y=k\}=\frac{\lambda_2^k}{k!}e^{-\lambda_2}\quad(k=0,1,2,\cdots).$$

利用概率的加法公式及 X 与 Y 相互独立可得

$$\begin{aligned}P\{Z=k\}&=P\{X+Y=k\}=\sum_{i=0}^{k}P\{X=i,Y=k-i\}\\&=\sum_{i=0}^{k}P\{X=i\}P\{Y=k-i\}=\sum_{i=0}^{k}\frac{\lambda_1^i}{i!}e^{-\lambda_1}\frac{\lambda_2^{k-i}}{(k-i)!}e^{-\lambda_2}\\&=\frac{e^{-(\lambda_1+\lambda_2)}}{k!}\sum_{i=0}^{k}\frac{k!}{i!(k-i)!}\lambda_1^i\lambda_2^{k-i}=\frac{e^{-(\lambda_1+\lambda_2)}}{k!}\sum_{i=0}^{k}C_k^i\lambda_1^i\lambda_2^{k-i}\\&=\frac{(\lambda_1+\lambda_2)^k}{k!}e^{-(\lambda_1+\lambda_2)}\quad(k=0,1,2,\cdots),\end{aligned}$$

即 $Z=X+Y\sim P(\lambda_1+\lambda_2)$.

例 2 说明，两个相互独立且均服从泊松分布的随机变量之和仍服从泊松分布，且其参数为相应的随机变量分布参数之和.

微课视频

现在考虑两个连续型随机变量 X 与 Y 之和的分布.

设二维连续型随机变量(X,Y)的概率密度为 $f(x,y)$,$Z=X+Y$ 的概率密度 $f_Z(z)$ 的求解思路如下:

(1) 求出 $Z=X+Y$ 的分布函数 $F_Z(z)$;

(2) 借助 $F_Z(z)$ 与 $f_Z(z)$ 的关系,求出 $f_Z(z)$.

注 此方法对一般二维连续型随机变量函数的概率密度的求解具有普遍意义.

首先,设 Z 的分布函数为 $F_Z(z)$,则

$$F_Z(z)=P\{Z\leqslant z\}=P\{X+Y\leqslant z\}=\iint\limits_G f(x,y)\mathrm{d}x\mathrm{d}y,$$

其中 $G=\{(x,y)\mid x+y\leqslant z\}$,表示直线 $x+y=z$ 及其左下方的半平面(见图 3-7).化二重积分为累次积分得

$$F_Z(z)=\int_{-\infty}^{+\infty}\left[\int_{-\infty}^{z-x}f(x,y)\mathrm{d}y\right]\mathrm{d}x.$$

对括号内的积分做变量代换,令 $y=u-x$,得

$$F_Z(z)=\int_{-\infty}^{+\infty}\left[\int_{-\infty}^{z}f(x,u-x)\mathrm{d}u\right]\mathrm{d}x=\int_{-\infty}^{z}\left[\int_{-\infty}^{+\infty}f(x,u-x)\mathrm{d}x\right]\mathrm{d}u.$$

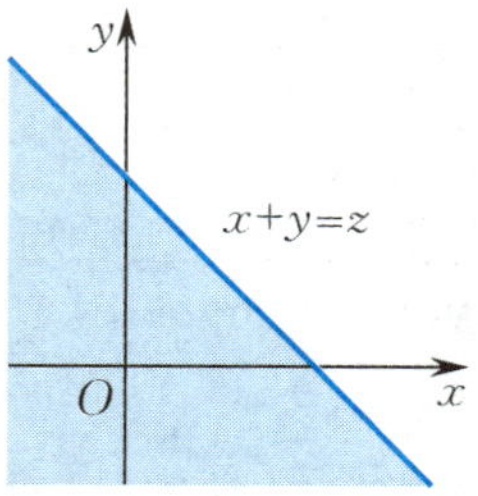

图 3-7

其次,根据概率密度的定义,连续型随机变量 $Z=X+Y$ 的概率密度为

$$f_Z(z)=\int_{-\infty}^{+\infty}f(x,z-x)\mathrm{d}x. \tag{3.19}$$

由 X,Y 的对称性,$f_Z(z)$ 也可写成

$$f_Z(z)=\int_{-\infty}^{+\infty}f(z-y,y)\mathrm{d}y. \tag{3.20}$$

特别地,当 X 与 Y 相互独立时,设(X,Y)关于 X 和关于 Y 的边缘概率密度分别为 $f_X(x)$,$f_Y(y)$,则式(3.19)和式(3.20)可分别写成如下形式:

$$f_Z(z)=\int_{-\infty}^{+\infty}f_X(x)f_Y(z-x)\mathrm{d}x, \tag{3.21}$$

$$f_Z(z)=\int_{-\infty}^{+\infty}f_X(z-y)f_Y(y)\mathrm{d}y. \tag{3.22}$$

称式(3.21)和式(3.22)为**卷积公式**,简记为 $f_Z=f_X*f_Y$.

例 3 设随机变量 X 与 Y 相互独立,且均服从 $N(0,1)$ 分布,求 $Z=X+Y$ 的概率密度.

解 依题意,X 和 Y 的概率密度分别为

$$f_X(x)=\frac{1}{\sqrt{2\pi}}e^{-\frac{x^2}{2}}\quad(-\infty<x<+\infty),$$

$$f_Y(y)=\frac{1}{\sqrt{2\pi}}e^{-\frac{y^2}{2}}\quad(-\infty<y<+\infty).$$

由卷积公式可知，$Z=X+Y$ 的概率密度为

$$f_Z(z)=\int_{-\infty}^{+\infty}f_X(x)f_Y(z-x)\mathrm{d}x=\frac{1}{2\pi}\int_{-\infty}^{+\infty}e^{-\frac{x^2}{2}}e^{-\frac{(z-x)^2}{2}}\mathrm{d}x$$

$$=\frac{1}{2\pi}e^{-\frac{z^2}{4}}\int_{-\infty}^{+\infty}e^{-\left(x-\frac{z}{2}\right)^2}\mathrm{d}x.$$

令 $t=x-\frac{z}{2}$，得

$$f_Z(z)=\frac{1}{2\pi}e^{-\frac{z^2}{4}}\int_{-\infty}^{+\infty}e^{-t^2}\mathrm{d}t=\frac{1}{2\pi}e^{-\frac{z^2}{4}}\sqrt{\pi}=\frac{1}{2\sqrt{\pi}}e^{-\frac{z^2}{4}},$$

即 $Z\sim N(0,2)$.

一般地，根据例 3，可得如下结论：若随机变量 X 与 Y 相互独立，且 $X\sim N(\mu_1,\sigma_1^2)$，$Y\sim N(\mu_2,\sigma_2^2)$，则有

$$X+Y\sim N(\mu_1+\mu_2,\sigma_1^2+\sigma_2^2).$$

更一般地，利用卷积公式可以证明有限个相互独立的正态随机变量的线性组合仍服从正态分布.

例 4 设二维随机变量 (X,Y) 在图 3-8 所示的三角形区域 D 上服从均匀分布，求 $Z=X+Y$ 的概率密度 $f_Z(z)$.

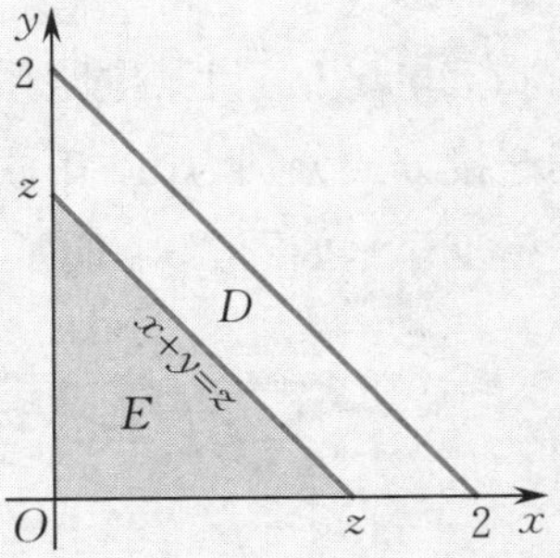

图 3-8

解 这里 X 与 Y 不相互独立，故不能用卷积公式求 $f_Z(z)$. 可以先求出 Z 的分布函数 $F_Z(z)$，再将 $F_Z(z)$ 对 z 求导求出 $f_Z(z)$.

依题意，(X,Y) 的概率密度为

$$f(x,y)=\begin{cases}\frac{1}{2}, & (x,y)\in D,\\ 0, & \text{其他}.\end{cases}$$

当 $(x,y)\in D$ 时，$Z=X+Y\in[0,2]$，故

当 $z\leqslant 0$ 时，$F_Z(z)=P\{X+Y\leqslant z\}=0$；

当 $0<z<2$ 时，$F_Z(z)=P\{X+Y\leqslant z\}=\iint\limits_E\frac{1}{2}\mathrm{d}x\mathrm{d}y=\frac{z^2}{4}$（见图 3-8）；

当 $z\geqslant 2$ 时，$F_Z(z)=1$.

综上所述，Z 的概率密度为

$$f_Z(z)=\begin{cases}\frac{z}{2}, & 0<z<2,\\ 0, & \text{其他}.\end{cases}$$

二、$M=\max\{X,Y\}$ 及 $N=\min\{X,Y\}$ 的分布

微课视频

设随机变量 X 与 Y 相互独立,其分布函数分别为 $F_X(x)$,$F_Y(y)$. 现在求 $M=\max\{X,Y\}$,$N=\min\{X,Y\}$ 的分布函数.

由于“$M=\max\{X,Y\}$ 不大于 z”等价于“X 和 Y 都不大于 z”,因此 M 的分布函数为

$$F_M(z)=P\{M\leqslant z\}=P\{X\leqslant z,Y\leqslant z\}$$
$$=P\{X\leqslant z\}P\{Y\leqslant z\}=F_X(z)F_Y(z). \tag{3.23}$$

类似地,可得 $N=\min\{X,Y\}$ 的分布函数为

$$F_N(z)=P\{N\leqslant z\}=1-P\{N>z\}=1-P\{X>z,Y>z\}$$
$$=1-P\{X>z\}P\{Y>z\}$$
$$=1-[1-F_X(z)][1-F_Y(z)]. \tag{3.24}$$

上述结果容易推广到 n 个随机变量的情形. 设 $X_1,X_2,\cdots,X_n$ 是 n 个相互独立的随机变量,其分布函数分别为 $F_{X_1}(x_1),F_{X_2}(x_2),\cdots,F_{X_n}(x_n)$,则 $M=\max\{X_1,X_2,\cdots,X_n\}$ 的分布函数为

$$F_M(z)=F_{X_1}(z)F_{X_2}(z)\cdots F_{X_n}(z), \tag{3.25}$$

$N=\min\{X_1,X_2,\cdots,X_n\}$ 的分布函数为

$$F_N(z)=1-[1-F_{X_1}(z)][1-F_{X_2}(z)]\cdots[1-F_{X_n}(z)]. \tag{3.26}$$

特别地,当 $X_1,X_2,\cdots,X_n$ 相互独立且有相同的分布函数 $F(x)$ 时,有

$$F_M(z)=[F(z)]^n,\quad F_N(z)=1-[1-F(z)]^n.$$

例 5 设某电路系统 L 由两个相互独立的子系统 L_1,L_2 连接而成,其连接方式分别为(1) 串联,(2) 并联,(3) 备用(当系统 L_1 损坏时,系统 L_2 开始工作),如图 3-9 所示.

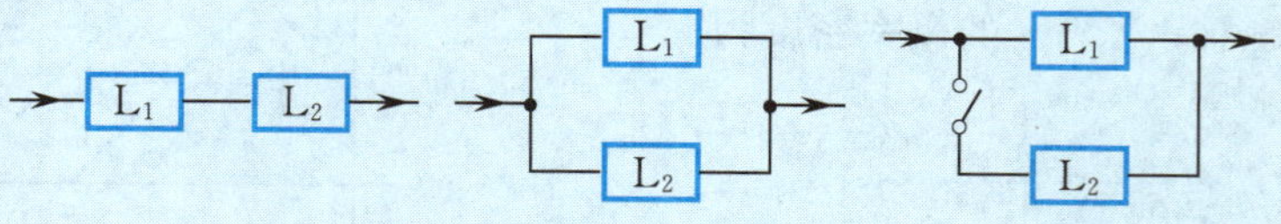

图 3-9

设 L_1,L_2 的寿命分别为 X,Y,其概率密度分别为

$$f_X(x)=\begin{cases}\lambda e^{-\lambda x}, & x>0,\\ 0, & x\leqslant 0,\end{cases}\qquad f_Y(y)=\begin{cases}\mu e^{-\mu y}, & y>0,\\ 0, & y\leqslant 0,\end{cases}$$

其中 $\lambda>0,\mu>0,\lambda\neq\mu$,试就以上三种连接方式求出系统 L 的寿命 Z 的概率密度.

解 (1) 串联的情形. 由于当 L_1,L_2 中有一个损坏时,系统 L 就停止工作,因此 L 的寿命为 $Z=\min\{X,Y\}$.

依题意,X,Y 的分布函数分别为

$$F_X(x)=\begin{cases}1-e^{-\lambda x}, & x>0,\\ 0, & x\leqslant 0,\end{cases}\quad F_Y(y)=\begin{cases}1-e^{-\mu y}, & y>0,\\ 0, & y\leqslant 0.\end{cases}$$

于是,Z 的分布函数为

$$F_{\min}(z)=1-[1-F_X(z)][1-F_Y(z)]=\begin{cases}1-e^{-(\lambda+\mu)z}, & z>0,\\ 0, & z\leqslant 0,\end{cases}$$

其概率密度为

$$f_{\min}(z)=\begin{cases}(\lambda+\mu)e^{-(\lambda+\mu)z}, & z>0,\\ 0, & z\leqslant 0.\end{cases}$$

(2) 并联的情形. 因为当且仅当 L_1,L_2 都损坏时,系统 L 才停止工作,所以 L 的寿命为 $Z=\max\{X,Y\}$. 因此,Z 的分布函数为

$$F_{\max}(z)=F_X(z)F_Y(z)=\begin{cases}(1-e^{-\lambda z})(1-e^{-\mu z}), & z>0,\\ 0, & z\leqslant 0,\end{cases}$$

其概率密度为

$$f_{\max}(z)=\begin{cases}\lambda e^{-\lambda z}+\mu e^{-\mu z}-(\lambda+\mu)e^{-(\lambda+\mu)z}, & z>0,\\ 0, & z\leqslant 0.\end{cases}$$

(3) 备用的情形. 由于当且仅当 L_1 损坏时,L_2 才开始工作,因此整个系统 L 的寿命是 L_1,L_2 两者的寿命之和,即 $Z=X+Y$.

当 $z>0$ 时,$Z=X+Y$ 的概率密度为

$$\begin{aligned}f_Z(z)&=\int_{-\infty}^{+\infty}f_X(x)f_Y(z-x)\mathrm{d}x=\int_0^z\lambda e^{-\lambda x}\mu e^{-\mu(z-x)}\mathrm{d}x\\&=\lambda\mu e^{-\mu z}\int_0^z e^{-(\lambda-\mu)x}\mathrm{d}x=\frac{\lambda\mu}{\mu-\lambda}(e^{-\lambda z}-e^{-\mu z});\end{aligned}$$

当 $z\leqslant 0$ 时,$f_Z(z)=0$. 因此,$Z=X+Y$ 的概率密度为

$$f_Z(z)=\begin{cases}\dfrac{\lambda\mu}{\mu-\lambda}(e^{-\lambda z}-e^{-\mu z}), & z>0,\\ 0, & z\leqslant 0.\end{cases}$$

知识拓展　　测试试题

习题三

1. 一个箱子中装有 12 个开关,其中 2 个是次品,在箱子中取两次,每次任取一个,考虑两种试验:(1) 放回抽样;(2) 不放回抽样. 定义随机变量 X,Y 如下:

$$X=\begin{cases}0, & \text{第一次取出的是正品},\\ 1, & \text{第一次取出的是次品},\end{cases}$$

$$Y=\begin{cases}0, & \text{第二次取出的是正品,}\\1, & \text{第二次取出的是次品.}\end{cases}$$

分别就(1),(2) 两种情形,写出(X,Y) 的联合分布律.

2. 盒子里装有3个黑球、2个红球和2个白球,在其中任取4个球,以X表示取到黑球的个数,以Y表示取到红球的个数,求:

(1) (X,Y) 的联合分布律;

(2) $P\{X>Y\}, P\{Y=2X\}, P\{X+Y=3\}, P\{X+Y<3\}$.

3. 一射手进行射击,击中目标的概率为$p(0<p<1)$,射击到第二次击中目标为止.假定X表示第一次击中目标时进行射击的次数,Y表示总共射击的次数,试求(X,Y) 的联合分布律及条件分布律.

4. 设二维随机变量(X,Y) 的概率密度为

$$f(x,y)=\begin{cases}Ae^{-(2x+y)}, & x>0,y>0,\\0, & \text{其他,}\end{cases}$$

求:

(1) 常数A的值;

(2) $P\{X \mid Y\}, P\{Y \mid X\}$;

(3) $P\{X\leqslant 2 \mid Y\leqslant 1\}$.

5. 设某班车起点站上车人数X服从参数为$\lambda(\lambda>0)$ 的泊松分布,每位乘客在中途下车的概率为$p(0<p<1)$,且中途下车与否相互独立,以Y表示在中途下车的人数,求:

(1) 在发车时有n位乘客的条件下,中途有$m(m<n)$ 位乘客下车的概率;

(2) 二维随机变量(X,Y) 的概率密度.

6. 设二维随机变量(X,Y) 的概率密度为

$$f(x,y)=\begin{cases}k(6-x-y), & 0<x<2,2<y<4,\\0, & \text{其他,}\end{cases}$$

求:

(1) 常数k的值;

(2) $P\{X<1,Y<3\}, P\{X<1.5\}, P\{X+Y\leqslant 4\}$.

7. 设二维随机变量(X,Y) 的概率密度为

$$f(x,y)=\begin{cases}Axy^2, & 0<x<1,0<y<1,\\0, & \text{其他,}\end{cases}$$

求常数A的值.

8. 设二维随机变量(X,Y) 的联合分布函数为

$$F(x,y)=\begin{cases}A\arctan x\arctan y, & x>0,y>0,\\0, & \text{其他,}\end{cases}$$

求常数A的值.

9. 设随机变量X以概率1取值0,而Y是任意的随机变量,证明:X与Y相互独立.

10. 设二维随机变量(X,Y) 的联合分布律如表3-12所示,问:α,β 为何值时,X与Y相互独立?

表 3-12

Y	X		
	1	2	3
1	$\frac{1}{6}$	$\frac{1}{9}$	$\frac{1}{18}$
2	$\frac{1}{3}$	α	β

11. 设二维随机变量(X,Y)的概率密度为

$$f(x,y)=\begin{cases} c\mathrm{e}^{-(3x+4y)}, & x>0,y>0, \\ 0, & \text{其他}, \end{cases}$$

(1) 求常数 c 的值;(2) 求联合分布函数 $F(x,y)$;(3) 讨论 X 与 Y 是否相互独立.

12. 已知二维随机变量(X,Y)的概率密度为

$$f(x,y)=A\mathrm{e}^{-ax^2+bxy-cy^2},$$

问:在什么条件下 X 与 Y 相互独立?

13. 求第 1 题中的二维随机变量(X,Y)的边缘分布律.

14. 设二维随机变量(X,Y)的概率密度为

$$f(x,y)=\begin{cases} 4.8y(2-x), & 0\leqslant y\leqslant x\leqslant 1, \\ 0, & \text{其他}, \end{cases}$$

求边缘概率密度.

15. 设二维随机变量(X,Y)的概率密度为

$$f(x,y)=\begin{cases} \mathrm{e}^{-y}, & 0<x<y, \\ 0, & \text{其他}, \end{cases}$$

求边缘概率密度.

16. 设二维随机变量(X,Y)的概率密度为

$$f(x,y)=\begin{cases} cx^2y, & x^2\leqslant y\leqslant 1, \\ 0, & \text{其他}, \end{cases}$$

求:

(1) 常数 c 的值;

(2) 边缘概率密度.

17. 问:第 1 题中随机变量 X 与 Y 是否相互独立?

18. 设 X,Y 是两个相互独立的随机变量,X 在区间$(0,1)$上服从均匀分布,Y 的概率密度为

$$f_Y(y)=\begin{cases} \dfrac{1}{2}\mathrm{e}^{-\frac{y}{2}}, & y>0, \\ 0, & y\leqslant 0. \end{cases}$$

(1) 求二维随机变量(X,Y)的概率密度;

(2) 设含有 a 的二次方程为 $a^2+2Xa+Y=0$,求该方程有实根的概率.

19. 设二维连续型随机变量(X,Y)在区域 D 上服从均匀分布,其中

$$D=\{(x,y)\mid |x+y|\leqslant 1, |x-y|\leqslant 1\},$$

求 X 的边缘概率密度 $f_X(x)$.

20. 设随机变量 X 与 Y 相互独立,且均在区间[0,1]上服从均匀分布,求 $Z=X+Y$ 的概率密度.

21. 设随机变量 X 与 Y 相互独立,且都服从指数分布,即

$$f_X(x)=\begin{cases}\lambda e^{-\lambda x}, & x\geqslant 0,\\ 0, & x<0,\end{cases}\quad f_Y(y)=\begin{cases}\lambda e^{-\lambda y}, & y\geqslant 0,\\ 0, & y<0,\end{cases}$$

求 $Z=\dfrac{X}{Y}$ 的概率密度.

22. 设随机变量 X 与 Y 相互独立,它们都服从标准正态分布 $N(0,1)$,求 $Z=X^2+Y^2$ 的概率密度.

23. 在区间[0,1]上随机投掷两点,试求这两点间距离的概率密度.

24. 设某种商品一周的需求量是一个随机变量,其概率密度为

$$f(t)=\begin{cases}te^{-t}, & t>0,\\ 0, & t\leqslant 0.\end{cases}$$

若各周的需求量是相互独立的,试求:

(1) 两周的需求量的概率密度;

(2) 三周的需求量的概率密度.

25. 设某种型号的电子管的寿命(单位:h)近似服从 $N(160,20^2)$,随机选取 4 只,求其中没有一只电子管的寿命小于 180 h 的概率.

26. 设二维随机变量 (X,Y) 的联合分布律如表 3-13 所示,求:

(1) $P\{X=2\mid Y=2\}$,$P\{Y=3\mid X=0\}$;

(2) $V=\max\{X,Y\}$ 的分布律;

(3) $U=\min\{X,Y\}$ 的分布律.

表 3-13

Y	X					
	0	1	2	3	4	5
0	0	0.01	0.03	0.05	0.07	0.09
1	0.01	0.02	0.04	0.05	0.06	0.08
2	0.01	0.03	0.05	0.05	0.05	0.06
3	0.01	0.02	0.04	0.06	0.06	0.05

27. 设二维随机变量 (X,Y) 的概率密度为

$$f(x,y)=\begin{cases}be^{-(x+y)}, & 0<x<1,y>0,\\ 0, & \text{其他},\end{cases}$$

求 $U=\max\{X,Y\}$ 的分布函数.

第四章 随机变量的数字特征与极限定理

随机变量的分布函数、分布律、概率密度都是关于随机变量统计规律性的一种完整描述.然而在实际问题中,确定一个随机变量的分布并不是一件容易的事,并且许多问题也不需要知道随机变量的全面情况,只要知道它的某些特征数值.例如,在测量某种零件的长度时,人们关心的往往是这些零件的平均长度及测量结果的精确程度;在检查一批棉花的质量时,人们关心的往往是棉花纤维的平均长度及纤维长度与平均长度的偏离程度,平均长度越大,偏离程度越小,质量就越好.这些与随机变量有关的数值,称为随机变量的**数字特征**,在概率论与数理统计中有着重要的作用.本章主要介绍几个重要的数字特征:数学期望、方差、矩、协方差和相关系数.

在本章的最后,将介绍大数定律和中心极限定理,其中中心极限定理的内容包含极限,故也称它为极限定理.

导学

§4.1 数学期望

微课视频

一、数学期望的概念

在实际问题中，我们常常需要知道某一随机变量的平均值，怎样合理地规定随机变量的平均值呢？先看下面的一个实例.

某车间对工人的生产情况进行考察. 车工小张每天生产的废品数 X 是一个随机变量，如何定义 X 取值的平均值呢？

若统计小张某个 100 天的生产情况，其中 32 天没有出废品，30 天每天出 1 件废品，17 天每天出 2 件废品，21 天每天出 3 件废品，于是得到这 100 天中每天的平均废品数为

$$0\times\frac{32}{100}+1\times\frac{30}{100}+2\times\frac{17}{100}+3\times\frac{21}{100}=1.27.$$

这个数能作为 X 取值的平均值吗？答案是否定的. 实际上，若统计另外 100 天的生产情况，小张不出废品，出 1 件、2 件、3 件废品的天数与前面 100 天的生产情况一般不会完全相同，这另外 100 天每天的平均废品数就不一定是 1.27.

对于一个随机变量 X，若它的所有可能取值是 $x_1,x_2,\cdots$，相应的概率为 $p_1,p_2,\cdots$，则对 X 做一系列观察或试验，所得 X 的试验值的平均值是随机的. 但是，如果试验次数很大，出现 x_k 的频率会接近于 p_k，于是试验值的平均值应接近 $\sum\limits_{k=1}^{\infty}x_kp_k$，由此引出离散型随机变量的数学期望的定义.

1. 离散型随机变量的数学期望

定义 4.1 设 X 为一离散型随机变量，其分布律为 $P\{X=x_k\}=p_k$ $(k=1,2,\cdots)$. 若级数 $\sum\limits_{k=1}^{\infty}x_kp_k$ 绝对收敛，则称此级数的和为随机变量 X 的**数学期望**，简称**期望**或**均值**，记为 $E(X)$，即

$$E(X)=\sum_{k=1}^{\infty}x_kp_k. \tag{4.1}$$

以上定义中，要求级数绝对收敛的目的在于使数学期望唯一. 因为随机变量的取值可正可负，次序可先可后，所以由无穷级数的理论，如果此无穷级数绝对收敛，则可保证其和不受次序变动的影响. 离散型随机变量 X 的数学期望完全由 X 的分布律所确定，式(4.1)既是数学期望的定义式，也是数学期望的计算式.

例 1 设随机变量 $X \sim B(1,p)$，由式(4.1)易知，$E(X)=p$.

例 2 设随机变量 $X \sim P(\lambda)$，求 $E(X)$.

解 因为 $X \sim P(\lambda)$，所以 $P\{X=k\}=\dfrac{\lambda^k}{k!}\mathrm{e}^{-\lambda}\ (k=0,1,2,\cdots)$. 于是，由式(4.1)可知

$$E(X)=\sum_{k=0}^{\infty}k\frac{\lambda^k}{k!}\mathrm{e}^{-\lambda}=\lambda\mathrm{e}^{-\lambda}\sum_{k=1}^{\infty}\frac{\lambda^{k-1}}{(k-1)!}=\lambda\mathrm{e}^{-\lambda}\cdot\mathrm{e}^{\lambda}=\lambda.$$

2. 连续型随机变量的数学期望

类似地，可以给出连续型随机变量的数学期望的定义，只要把分布律中的概率 p_k 改为概率密度 $f(x)$，将求和改为求积分即可. 因此，有下面的定义.

微课视频

定义 4.2 设 X 为一连续型随机变量，其概率密度为 $f(x)$. 若广义积分 $\int_{-\infty}^{+\infty}xf(x)\mathrm{d}x$ 绝对收敛，则称广义积分 $\int_{-\infty}^{+\infty}xf(x)\mathrm{d}x$ 的值为随机变量 X 的**数学期望**，简称**期望**或**均值**，记为 $E(X)$，即

$$E(X)=\int_{-\infty}^{+\infty}xf(x)\mathrm{d}x. \tag{4.2}$$

连续型随机变量 X 的数学期望完全由 X 的概率密度所确定，式(4.2)既是数学期望的定义式，也是数学期望的计算式.

例 3 设随机变量 X 在区间 (a,b) 上服从均匀分布，求 $E(X)$.

解 依题意，X 的概率密度为

$$f(x)=\begin{cases}\dfrac{1}{b-a}, & a<x<b,\\ 0, & \text{其他}.\end{cases}$$

于是，由式(4.2)得

$$E(X)=\int_{-\infty}^{+\infty}xf(x)\mathrm{d}x=\int_a^b\frac{x}{b-a}\mathrm{d}x=\frac{a+b}{2}.$$

例 4 设随机变量 X 服从参数为 λ 的指数分布，求 $E(X)$.

解 依题意，X 的概率密度为

$$f(x)=\begin{cases}\lambda\mathrm{e}^{-\lambda x}, & x>0,\\ 0, & x\leqslant 0.\end{cases}$$

于是，由式(4.2)得

$$E(X)=\int_{-\infty}^{+\infty}xf(x)\mathrm{d}x=\int_0^{+\infty}x\cdot\lambda\mathrm{e}^{-\lambda x}\mathrm{d}x=\frac{1}{\lambda}.$$

例 5 设随机变量 X 服从标准正态分布 $N(0,1)$，求 $E(X)$.

解 依题意，X 的概率密度为

$$f(x)=\frac{1}{\sqrt{2\pi}}e^{-\frac{x^2}{2}}\quad(-\infty<x<+\infty).$$

于是，由式(4.2)得

$$E(X)=\int_{-\infty}^{+\infty}xf(x)\mathrm{d}x=\frac{1}{\sqrt{2\pi}}\int_{-\infty}^{+\infty}x\mathrm{e}^{-\frac{x^2}{2}}\mathrm{d}x=0.$$

例 6 证明：柯西分布 $f(x)=\frac{1}{\pi}\cdot\frac{1}{1+x^2}(-\infty<x<+\infty)$ 的数学期望不存在.

证明 由于

$$\int_{-\infty}^{+\infty}|x|\frac{1}{\pi(1+x^2)}\mathrm{d}x=+\infty,$$

因此 $E(X)$ 不存在.

二、随机变量函数的数学期望

微课视频

定理 4.1 已知随机变量 Y 是随机变量 X 的函数：$Y=g(X)$，其中 g 为一元连续函数.

(1) 设 X 是离散型随机变量，其分布律为 $P\{X=x_k\}=p_k(k=1,2,\cdots)$. 若无穷级数 $\sum_{k=1}^{\infty}g(x_k)p_k$ 绝对收敛，则随机变量 Y 的数学期望为

$$E(Y)=E[g(X)]=\sum_{k=1}^{\infty}g(x_k)p_k. \tag{4.3}$$

(2) 设 X 是连续型随机变量，其概率密度为 $f(x)$. 若广义积分 $\int_{-\infty}^{+\infty}g(x)f(x)\mathrm{d}x$ 绝对收敛，则随机变量 Y 的数学期望为

$$E(Y)=E[g(X)]=\int_{-\infty}^{+\infty}g(x)f(x)\mathrm{d}x. \tag{4.4}$$

证明 仅证明 X 是离散型随机变量的情况. 由已知条件，随机变量 $Y=g(X)$ 的所有可能取值及取得这些值的概率如表 4-1 所示[此表不一定是 $Y=g(X)$ 的分布律].

表 4-1

$Y=g(X)$	$g(x_1)$	$g(x_2)$	$\cdots$	$g(x_k)$	$\cdots$
$P\{Y=g(x_i)\}$	p_1	p_2	$\cdots$	p_k	$\cdots$

为了方便起见，不妨设表 4-1 中仅有 $g(x_1)=g(x_2)$，则上表前两列合并，即为 $Y=g(X)$ 的分布律. 由式(4.1)可得

$$E(Y)=E[g(X)]=g(x_1)(p_1+p_2)+\sum_{k=3}^{\infty}g(x_k)p_k=\sum_{k=1}^{\infty}g(x_k)p_k.$$

定理 4.1 的重要意义在于，当我们求随机变量 $Y=g(X)$ 的数学期望时，只需要知道 X 的分布律或概率密度就可以了，并不需要知道 Y 的分布. 这给我们计算随机变量函数的数学期望提供了极大的方便，因为有时候求 $Y=g(X)$ 的分布并不是一件容易的事情.

例 7 设随机变量 X 的分布律如表 4-2 所示，求 $Y=3X^2-2$ 的数学期望.

表 4-2

X	-1	0	1
P	0.1	0.5	0.4

解 由式(4.3)得

$$E(Y)=[3\times(-1)^2-2]\times 0.1+(3\times 0^2-2)\times 0.5+(3\times 1^2-2)\times 0.4$$
$$=-0.5.$$

例 8 设随机变量 $X\sim N(0,1)$，求 $E(X^2)$.

解 由式(4.4)得

$$E(X^2)=\int_{-\infty}^{+\infty}x^2 f(x)\mathrm{d}x=\int_{-\infty}^{+\infty}x^2\frac{1}{\sqrt{2\pi}}\mathrm{e}^{-\frac{x^2}{2}}\mathrm{d}x$$

$$=-\frac{1}{\sqrt{2\pi}}\int_{-\infty}^{+\infty}x\,\mathrm{d}\left(\mathrm{e}^{-\frac{x^2}{2}}\right)=-\frac{1}{\sqrt{2\pi}}\left(x\mathrm{e}^{-\frac{x^2}{2}}\Big|_{-\infty}^{+\infty}-\int_{-\infty}^{+\infty}\mathrm{e}^{-\frac{x^2}{2}}\mathrm{d}x\right)$$

$$=\frac{1}{\sqrt{2\pi}}\int_{-\infty}^{+\infty}\mathrm{e}^{-\frac{x^2}{2}}\mathrm{d}x=1.$$

定理 4.1 还可以推广到含有两个或两个以上随机变量的函数的情形，于是有如下定理.

定理 4.2 已知随机变量 Z 是随机变量 (X,Y) 的函数：$Z=g(X,Y)$，其中 g 为二元连续函数.

(1) 设 (X,Y) 为二维离散型随机变量，其联合分布律为

$$P\{X=x_i,Y=y_j\}=p_{ij}\quad(i,j=1,2,\cdots).$$

若级数 $\sum\limits_{j=1}^{\infty}\sum\limits_{i=1}^{\infty}g(x_i,y_j)p_{ij}$ 绝对收敛，则随机变量 Z 的数学期望为

$$E(Z)=E[g(X,Y)]=\sum_{j=1}^{\infty}\sum_{i=1}^{\infty}g(x_i,y_j)p_{ij}.\tag{4.5}$$

(2) 设 (X,Y) 为二维连续型随机变量，其概率密度为 $f(x,y)$. 若积分 $\int_{-\infty}^{+\infty}\int_{-\infty}^{+\infty}g(x,y)f(x,y)\mathrm{d}x\mathrm{d}y$ 绝对收敛，则随机变量 Z 的数学期望为

$$E(Z)=E[g(X,Y)]=\int_{-\infty}^{+\infty}\int_{-\infty}^{+\infty}g(x,y)f(x,y)\mathrm{d}x\mathrm{d}y.\tag{4.6}$$

例 9 设二维随机变量(X,Y)的联合分布律如表 4-3 所示，求$E(X^2+Y)$.

表 4-3

X	Y	
	1	2
1	$\frac{1}{8}$	$\frac{1}{4}$
2	$\frac{1}{2}$	$\frac{1}{8}$

解 依题意，有$Z=g(X,Y)=X^2+Y$，故

$$g(1,1)=2,\quad g(1,2)=3,\quad g(2,1)=5,\quad g(2,2)=6.$$

又

$$P\{X=1,Y=1\}=\frac{1}{8},\quad P\{X=1,Y=2\}=\frac{1}{4},$$

$$P\{X=2,Y=1\}=\frac{1}{2},\quad P\{X=2,Y=2\}=\frac{1}{8},$$

于是由式(4.5)得

$$E(X^2+Y)=2\times\frac{1}{8}+3\times\frac{1}{4}+5\times\frac{1}{2}+6\times\frac{1}{8}=\frac{17}{4}.$$

例 10 设二维随机变量(X,Y)的概率密度为

$$f(x,y)=\begin{cases}12y^2, & 0\leqslant y\leqslant x\leqslant 1,\\ 0, & \text{其他},\end{cases}$$

求：(1) $E(XY)$；(2) $E(X^2)$.

解 (1) 由式(4.6)得

$$E(XY)=\int_{-\infty}^{+\infty}\int_{-\infty}^{+\infty}xyf(x,y)\mathrm{d}x\mathrm{d}y=\int_0^1 x\mathrm{d}x\int_0^x y(12y^2)\mathrm{d}y=\frac{1}{2}.$$

(2) 将X^2看成函数$Z=g(X,Y)$的特殊情况，利用式(4.6)进行求解，即

$$E(X^2)=\int_{-\infty}^{+\infty}\int_{-\infty}^{+\infty}x^2f(x,y)\mathrm{d}x\mathrm{d}y=\int_0^1 x^2\mathrm{d}x\int_0^x 12y^2\mathrm{d}y=\frac{2}{3}.$$

需要说明的是，例 10 在求解$E(X^2)$时，也可以先求出(X,Y)关于X的边缘概率密度$f_X(x)$，再利用公式$E(X^2)=\int_{-\infty}^{+\infty}x^2f_X(x)\mathrm{d}x$求解(请读者自行完成，并体会两种计算方法的一致性).

三、数学期望的性质

随机变量的数学期望具有以下几条重要性质(假定出现的随机变量的数学期望都是存在的).

性质 1 设 C 为常数,则 $E(C)=C$. (4.7)

性质 2 设 C 为常数,则 $E(CX)=CE(X)$. (4.8)

性质 3 $E(X+Y)=E(X)+E(Y)$. (4.9)

推论 1 设 $a_1,a_2,\cdots,a_n$ 为常数,则

$$E\left(\sum_{i=1}^{n}a_iX_i\right)=\sum_{i=1}^{n}a_iE(X_i). \tag{4.10}$$

性质 4 设随机变量 X 与 Y 相互独立,则

$$E(XY)=E(X)E(Y). \tag{4.11}$$

推论 2 设随机变量 $X_1,X_2,\cdots,X_n$ 相互独立,则

$$E\left(\prod_{i=1}^{n}X_i\right)=\prod_{i=1}^{n}E(X_i). \tag{4.12}$$

这里只就连续型随机变量的情形对性质 3 和性质 4 给出证明,对于离散型随机变量情形下性质的证明,请读者自行完成.

证明 性质 3:设二维连续型随机变量 (X,Y) 的概率密度为 $f(x,y)$,(X,Y) 关于 X 和关于 Y 的边缘概率密度分别为 $f_X(x)$ 和 $f_Y(y)$,则有

$$\begin{aligned}
E(X+Y)&=\int_{-\infty}^{+\infty}\int_{-\infty}^{+\infty}(x+y)f(x,y)\mathrm{d}x\mathrm{d}y\\
&=\int_{-\infty}^{+\infty}\int_{-\infty}^{+\infty}xf(x,y)\mathrm{d}x\mathrm{d}y+\int_{-\infty}^{+\infty}\int_{-\infty}^{+\infty}yf(x,y)\mathrm{d}x\mathrm{d}y\\
&=\int_{-\infty}^{+\infty}x\left[\int_{-\infty}^{+\infty}f(x,y)\mathrm{d}y\right]\mathrm{d}x+\int_{-\infty}^{+\infty}y\left[\int_{-\infty}^{+\infty}f(x,y)\mathrm{d}x\right]\mathrm{d}y\\
&=\int_{-\infty}^{+\infty}xf_X(x)\mathrm{d}x+\int_{-\infty}^{+\infty}yf_Y(y)\mathrm{d}y\\
&=E(X)+E(Y).
\end{aligned}$$

性质 4:若随机变量 X 与 Y 相互独立,则 $f(x,y)=f_X(x)f_Y(y)$,于是有

$$\begin{aligned}
E(XY)&=\int_{-\infty}^{+\infty}\int_{-\infty}^{+\infty}xyf(x,y)\mathrm{d}x\mathrm{d}y=\int_{-\infty}^{+\infty}\int_{-\infty}^{+\infty}xyf_X(x)f_Y(y)\mathrm{d}x\mathrm{d}y\\
&=\int_{-\infty}^{+\infty}xf_X(x)\mathrm{d}x\int_{-\infty}^{+\infty}yf_Y(y)\mathrm{d}y=E(X)E(Y).
\end{aligned}$$

例 11 将 n 个球放入 M 个盒子中,设每个球落入各个盒子是等可能的,求有球的盒子数 X 的数学期望.

解 引入随机变量

$$X_i=\begin{cases}1, & \text{第 } i \text{ 个盒子中有球}\\ 0, & \text{第 } i \text{ 个盒子中无球}\end{cases}\quad(i=1,2,\cdots,M),$$

则显然有 $X=\sum_{i=1}^{M}X_i$.

由于每个球落入每个盒子是等可能的,均为 $\frac{1}{M}$,则对第 i 个盒子,每个球不落入这个盒子的概率为 $\left(1-\frac{1}{M}\right)$,$n$ 个球不落入这个盒子的概率为 $\left(1-\frac{1}{M}\right)^n$,因此

$$P\{X_i=0\}=\left(1-\frac{1}{M}\right)^n,\quad P\{X_i=1\}=1-\left(1-\frac{1}{M}\right)^n.$$

又由于

$$E(X_i)=1\times P\{X_i=1\}+0\times P\{X_i=0\}=1-\left(1-\frac{1}{M}\right)^n,$$

因此由式(4.10)得

$$E(X)=\sum_{i=1}^{M}E(X_i)=M\left[1-\left(1-\frac{1}{M}\right)^n\right].$$

例11有丰富的实际背景,例如,把 M 个盒子看成 M 个银行自助取款机,n 个球看成 n 个取款人,假定取款人到哪个取款机取款是随机的,那么 $E(X)$ 就是处于服务状态的取款机的平均个数.

例12 设随机变量 X 与 Y 相互独立,且 X 和 Y 的概率密度分别为

$$f_X(x)=\begin{cases}2x, & 0\leqslant x\leqslant 1,\\ 0, & \text{其他},\end{cases}\qquad f_Y(y)=\begin{cases}\dfrac{y^2}{9}, & 0\leqslant y\leqslant 3,\\ 0, & \text{其他},\end{cases}$$

求 $E(XY)$.

解 由式(4.11)得

$$\begin{aligned}E(XY)&=E(X)E(Y)\\&=\int_{-\infty}^{+\infty}xf_X(x)\mathrm{d}x\int_{-\infty}^{+\infty}yf_Y(y)\mathrm{d}y\\&=\int_0^1 2x^2\mathrm{d}x\int_0^3\frac{y^3}{9}\mathrm{d}y\\&=\frac{2}{3}\times\frac{9}{4}=\frac{3}{2}.\end{aligned}$$

§4.2 方 差

一、方差的定义

数学期望体现了随机变量所有可能取值的平均值,是随机变量最重要的数字特征之一.但在许多问题中只知道这一点是不够的,还需要知道随机变量取值与其平均值之间的偏离程度.例如,在投资决策中,我们选择某一项目或购买某种资产(如股票、债券等)时,不仅关心未来的收益水平,还需要考虑未来收

益的稳定性，前者通常用数学期望来度量，后者常称为风险程度. 这种风险程度有多种度量方法，最简单直观的方法就是用方差来度量. 粗略地讲，方差反映了随机变量偏离其中心 —— 数学期望的平均偏离程度.

设随机变量 X 的数学期望为 $E(X)$，称 $Y=X-E(X)$ 为随机变量 X 的**离差**. 因 $E(X)$ 是常数，故根据数学期望的性质，$E(Y)=E[X-E(X)]=E(X)-E(X)=0$. 由此可知，虽然离差 Y 代表了随机变量 X 与其数学期望之间的随机误差，但由于其值可正可负，从总体上说正负相抵，因此其数学期望为 0，这样用 $E(Y)$ 就不足以描述 X 取值的分散程度. 为了消除离差中负号的影响，也可以考虑使用绝对离差 $Y=|X-E(X)|$，但 $E(Y)=E[|X-E(X)|]$ 中的绝对值处理起来很不方便，因而考虑离差平方 $[X-E(X)]^2$ 的数学期望，即用 $E\{[X-E(X)]^2\}$ 来度量随机变量 X 取值的分散程度.

定义 4.3 设 X 为一随机变量. 若随机变量 $[X-E(X)]^2$ 的数学期望存在，则称 $E\{[X-E(X)]^2\}$ 为 X 的**方差**，记为 $D(X)$，即

$$D(X)=E\{[X-E(X)]^2\}, \tag{4.13}$$

称 $\sqrt{D(X)}$ 为随机变量 X 的**标准差**或**均方差**，记为 $\sigma(X)$.

微课视频

根据方差的定义可知，方差 $D(X)$ 实质上就是随机变量 X 的函数 $[X-E(X)]^2$ 的数学期望，分别利用式(4.3)和式(4.4)，可计算出离散型随机变量和连续型随机变量 X 的方差 $D(X)$.

若 X 是离散型随机变量，其分布律为

$$P\{X=x_k\}=p_k \quad (k=1,2,\cdots),$$

则有

$$D(X)=\sum_{k=1}^{\infty}[x_k-E(X)]^2 p_k.$$

若 X 是连续型随机变量，其概率密度为 $f(x)$，则有

$$D(X)=\int_{-\infty}^{+\infty}[x-E(X)]^2 f(x)\mathrm{d}x.$$

由 $D(X)$ 的定义可知，$D(X)\geqslant 0$，当且仅当随机变量 X 以概率 1 取常数时 $D(X)=0$. 若 X 的取值相对于 $E(X)$ 比较集中，则 $D(X)$ 较小；若 X 的取值相对于 $E(X)$ 比较分散，则 $D(X)$ 较大.

根据数学期望的性质，可得

$$\begin{aligned} D(X)&=E\{[X-E(X)]^2\}=E\{X^2-2XE(X)+[E(X)]^2\} \\ &=E(X^2)-2E(X)E(X)+[E(X)]^2 \\ &=E(X^2)-[E(X)]^2, \end{aligned}$$

于是得到计算方差时常用的简便公式，即

$$D(X)=E(X^2)-[E(X)]^2. \tag{4.14}$$

例 1 设随机变量 $X\sim B(1,p)$，求 $D(X)$.

解 在 §4.1 例 1 中已求得 $E(X)=p$，又

$$E(X^2)=0^2\times(1-p)+1^2\times p=p,$$

于是由式(4.14)得

$$D(X)=p-p^2=p(1-p).$$

例 2 设随机变量 $X\sim P(\lambda)$,求 $D(X)$.

解 在§4.1例2中已求得 $E(X)=\lambda$,又

$$E(X^2)=\sum_{k=0}^{\infty}k^2\frac{\lambda^k e^{-\lambda}}{k!}=\sum_{k=1}^{\infty}[(k-1)+1]\frac{\lambda^k e^{-\lambda}}{(k-1)!}$$

$$=\sum_{k=2}^{\infty}\frac{\lambda^{k-2}}{(k-2)!}\lambda^2 e^{-\lambda}+\sum_{k=1}^{\infty}\frac{\lambda^k e^{-\lambda}}{(k-1)!}=\lambda^2+\lambda,$$

于是由式(4.14)得

$$D(X)=(\lambda^2+\lambda)-\lambda^2=\lambda.$$

例 3 设随机变量 $X\sim U(a,b)$,求 $D(X)$.

解 在§4.1例3中已求得 $E(X)=\dfrac{a+b}{2}$,又

$$E(X^2)=\int_{-\infty}^{+\infty}x^2 f(x)\mathrm{d}x=\int_a^b\frac{x^2}{b-a}\mathrm{d}x=\frac{1}{3}(b^2+ab+a^2),$$

于是由式(4.14)得

$$D(X)=\frac{1}{3}(b^2+ab+a^2)-\left(\frac{a+b}{2}\right)^2=\frac{1}{12}(b-a)^2.$$

例 4 设随机变量 $X\sim E(\lambda)$,求 $D(X)$.

解 在§4.1例4中已求得 $E(X)=\dfrac{1}{\lambda}$,又

$$E(X^2)=\int_{-\infty}^{+\infty}x^2 f(x)\mathrm{d}x=\int_0^{+\infty}x^2\cdot\lambda e^{-\lambda x}\mathrm{d}x=\frac{2}{\lambda^2},$$

于是由式(4.14)得

$$D(X)=\frac{2}{\lambda^2}-\frac{1}{\lambda^2}=\frac{1}{\lambda^2}.$$

例 5 设随机变量 $X\sim N(0,1)$,求 $D(X)$.

解 在§4.1例8中已求得 $E(X^2)=1$,又 $E(X)=0$,于是由式(4.14)得

$$D(X)=1-0^2=1.$$

二、方差的性质

随机变量的方差具有如下性质(假定出现的随机变量的方差都是存在的).

性质 1 设 C 为常数,则 $D(C)=0$. (4.15)

证明 $D(C)=E(C^2)-[E(C)]^2=0$.

性质 2 设 C 为常数,则 $D(CX)=C^2D(X)$. (4.16)

证明 $D(CX)=E(C^2X^2)-[E(CX)]^2$

$=C^2\{E(X^2)-[E(X)]^2\}$

$=C^2D(X).$

性质 3 若随机变量 X 与 Y 相互独立，则

$$D(X\pm Y)=D(X)+D(Y). \tag{4.17}$$

证明 $D(X\pm Y)=E\{\{[X-E(X)]\pm[Y-E(Y)]\}^2\}$

$=E\{[X-E(X)]^2\}\pm 2E\{[X-E(X)][Y-E(Y)]\}$

$\quad+E\{[Y-E(Y)]^2\}$

$=D(X)\pm 2E\{[X-E(X)][Y-E(Y)]\}+D(Y).$

注意到 X 与 Y 相互独立，因此 $X-E(X)$ 与 $Y-E(Y)$ 也相互独立，由数学期望的性质，有

$$E\{[X-E(X)][Y-E(Y)]\}=E[X-E(X)]E[Y-E(Y)]=0.$$

于是，当 X 与 Y 相互独立时，有

$$D(X\pm Y)=D(X)+D(Y).$$

推论 1 设 $a_1,a_2,\cdots,a_n$ 为常数，随机变量 $X_1,X_2,\cdots,X_n$ 相互独立，则

$$D\left(\sum_{i=1}^{n}a_iX_i\right)=\sum_{i=1}^{n}a_i^2D(X_i). \tag{4.18}$$

下面的结论在数理统计中经常被用到.

例 6 设随机变量 $X_1,X_2,\cdots,X_n$ 相互独立且服从同一分布. 若

$$E(X_i)=\mu,\quad D(X_i)=\sigma^2\quad (i=1,2,\cdots,n),$$

记 $\overline{X}=\dfrac{1}{n}\sum\limits_{i=1}^{n}X_i$，证明：$E(\overline{X})=\mu$，$D(\overline{X})=\dfrac{\sigma^2}{n}$.

证明 由式(4.10)得

$$E(\overline{X})=E\left(\frac{1}{n}\sum_{i=1}^{n}X_i\right)=\frac{1}{n}\sum_{i=1}^{n}E(X_i)=\mu.$$

又 $X_1,X_2,\cdots,X_n$ 相互独立，由式(4.18)得

$$D(\overline{X})=D\left(\frac{1}{n}\sum_{i=1}^{n}X_i\right)=\frac{1}{n^2}\sum_{i=1}^{n}D(X_i)=\frac{\sigma^2}{n}.$$

若用 $X_1,X_2,\cdots,X_n$ 表示对物体重量的 n 次重复测量的误差，而 σ^2 为误差大小的度量，则公式 $D(\overline{X})=\dfrac{\sigma^2}{n}$ 表明 n 次重复测量的平均误差是单次测量误差的 $\dfrac{1}{n}$. 也就是说，重复测量的平均精确度要比单次测量的精确度高.

例 7 设随机变量 $X \sim B(n,p)$，求 $E(X),D(X)$.

解 若 $X \sim B(n,p)$，则 X 表示 n 重伯努利试验中事件 A 发生的次数. 设

$$X_i = \begin{cases} 1, & \text{第 } i \text{ 次试验中} A \text{ 发生}, \\ 0, & \text{第 } i \text{ 次试验中} A \text{ 不发生} \end{cases} \quad (i=1,2,\cdots,n),$$

则 $X = X_1 + X_2 + \cdots + X_n$，其中 $X_i \sim B(1,p)$. 易知

$$E(X_i) = p, \quad D(X_i) = p(1-p) \quad (i=1,2,\cdots,n),$$

则由式(4.10)及式(4.18)得

$$E(X) = E\left(\sum_{i=1}^{n} X_i\right) = \sum_{i=1}^{n} E(X_i) = np,$$

$$D(X) = D\left(\sum_{i=1}^{n} X_i\right) = \sum_{i=1}^{n} D(X_i) = np(1-p).$$

例 8 设随机变量 X 服从正态分布 $N(\mu,\sigma^2)$，求 $E(X),D(X)$.

解 因 $\dfrac{X-\mu}{\sigma} \sim N(0,1)$，由 §4.1 例 5 知 $E\left(\dfrac{X-\mu}{\sigma}\right)=0$，于是利用式(4.7)、式(4.8)和式(4.9)，可得

$$E(X)=\mu.$$

又由例 5 知 $D\left(\dfrac{X-\mu}{\sigma}\right)=1$，于是利用式(4.15)、式(4.16)和式(4.17)，可得

$$D(X)=\sigma^2.$$

由此可知，对于随机变量 $X \sim N(\mu,\sigma^2)$，两个参数 μ 和 σ^2 分别是 X 的数学期望和方差，因此正态分布完全可由它的数学期望和方差所确定.

§4.3 协方差与相关系数、矩

对于二维随机变量，除每个随机变量各自的概率特性外，它们相互之间可能还有某种联系. 本节介绍反映两个随机变量之间关系的数字特征——协方差与相关系数.

一、协方差

由前面的讨论可知，当两个随机变量 X 与 Y 相互独立时，有

$$E\{[X-E(X)][Y-E(Y)]\}=0.$$

因此，当 $E\{[X-E(X)][Y-E(Y)]\} \neq 0$ 时，X 与 Y 不相互独立，因而 X 与 Y 之间还存在着一种关系，这种关系可用两个随机变量是否相关来描述.

定义 4.4 设(X,Y)为二维随机变量，称

$$E\{[X-E(X)][Y-E(Y)]\}$$

为随机变量 X 与 Y 的**协方差**，记为 $\mathrm{Cov}(X,Y)$，即

$$\mathrm{Cov}(X,Y)=E\{[X-E(X)][Y-E(Y)]\}. \tag{4.19}$$

微课视频

根据数学期望的性质，容易得到协方差的另一计算公式，即

$$\mathrm{Cov}(X,Y)=E(XY)-E(X)E(Y). \tag{4.20}$$

根据协方差的定义及方差的性质，可以得到计算方差的一般公式，即

$$D(X\pm Y)=D(X)+D(Y)\pm 2\mathrm{Cov}(X,Y). \tag{4.21}$$

容易验证，协方差具有如下性质.

性质 1 对称性：$\mathrm{Cov}(X,Y)=\mathrm{Cov}(Y,X)$.

证明

$$\begin{aligned}\mathrm{Cov}(X,Y)&=E\{[X-E(X)][Y-E(Y)]\}\\&=E\{[Y-E(Y)][X-E(X)]\}\\&=\mathrm{Cov}(Y,X).\end{aligned}$$

性质 2 $\mathrm{Cov}(X,X)=D(X)$.

性质 3 齐次性：$\mathrm{Cov}(aX,bY)=ab\mathrm{Cov}(X,Y)$.

证明

$$\begin{aligned}\mathrm{Cov}(aX,bY)&=E\{[aX-E(aX)][bY-E(bY)]\}\\&=E\{ab[X-E(X)][Y-E(Y)]\}\\&=ab\mathrm{Cov}(X,Y).\end{aligned}$$

性质 4 分配律：$\mathrm{Cov}(X+Y,Z)=\mathrm{Cov}(X,Z)+\mathrm{Cov}(Y,Z)$.

证明

$$\begin{aligned}\mathrm{Cov}(X+Y,Z)&=E[(X+Y)Z]-E(X+Y)E(Z)\\&=E(XZ)+E(YZ)-E(X)E(Z)-E(Y)E(Z)\\&=[E(XZ)-E(X)E(Z)]+[E(YZ)-E(Y)E(Z)]\\&=\mathrm{Cov}(X,Z)+\mathrm{Cov}(Y,Z).\end{aligned}$$

当随机变量 X 与 Y 相互独立时，由式(4.20)可得 $\mathrm{Cov}(X,Y)=0$，此时称 X 与 Y **不相关**，且

$$D(X\pm Y)=D(X)+D(Y). \tag{4.22}$$

但反之不一定成立，即若 X 与 Y 不相关，X 与 Y 不一定相互独立(见下面例 1). 实际上，不相关只是就线性关系来说的，而相互独立则是针对一般关系而言的.

例 1 设随机变量 $X\sim N(0,1)$，$Y=X^2$，求 $\mathrm{Cov}(X,Y)$.

解 因 $X\sim N(0,1)$，故 $E(X)=0$，于是由式(4.20)得

$$\mathrm{Cov}(X,Y)=E(XY)=E(X^3).$$

而

$$E(X^3)=\int_{-\infty}^{+\infty}x^3\frac{1}{\sqrt{2\pi}}\mathrm{e}^{-\frac{x^2}{2}}\mathrm{d}x=0,$$

故 $\mathrm{Cov}(X,Y)=0$.

在例 1 中，虽然 X 与 Y 不相关，但是他们并不相互独立. 特别地，对于二维

正态随机变量(X,Y)，X与Y相互独立的充要条件是$\mathrm{Cov}(X,Y)=0$(X与Y不相关). 这样，对二维正态随机变量(X,Y)而言，X与Y不相关和X与Y相互独立是一致的(参考后文例 2).

二、相关系数

定义 4.5 设随机变量X和Y的方差都存在且不为0，X与Y的协方差$\mathrm{Cov}(X,Y)$也存在，则称$\dfrac{\mathrm{Cov}(X,Y)}{\sqrt{D(X)}\sqrt{D(Y)}}$为随机变量$X$与$Y$的**相关系数**，记作$\rho_{XY}$，即

$$\rho_{XY}=\frac{\mathrm{Cov}(X,Y)}{\sqrt{D(X)}\sqrt{D(Y)}}. \tag{4.23}$$

相关系数是对协方差的修正，是一个无量纲的量，是一个更好地度量随机变量之间关系强弱的数字特征. 相关系数也可以写成$\rho_{XY}=\mathrm{Cov}(X^*,Y^*)$，其中$X^*=\dfrac{X-E(X)}{\sqrt{D(X)}}$，$Y^*=\dfrac{Y-E(Y)}{\sqrt{D(Y)}}$，分别称为随机变量$X$，$Y$的**标准化随机变量**.

容易验证X与Y的相关系数ρ_{XY}具有如下性质.

性质 1 $|\rho_{XY}|\leqslant 1$.

证明 因为

$$\begin{aligned}D(X^*\pm Y^*)&=D(X^*)+D(Y^*)\pm 2\mathrm{Cov}(X^*,Y^*)\\&=2(1\pm\rho_{XY})\geqslant 0,\end{aligned}$$

所以

$$|\rho_{XY}|\leqslant 1.$$

性质 2 $|\rho_{XY}|=1$的充要条件是存在常数$a(a\neq 0)$，b，使得

$$P\{Y=aX+b\}=1.$$

证明 因为

$$D(X^*+Y^*)=2(1+\rho_{XY}),$$
$$D(X^*-Y^*)=2(1-\rho_{XY}),$$

所以$\rho_{XY}=\pm 1$当且仅当$D(X^*\mp Y^*)=0$，即$X^*\mp Y^*$以1为概率取得常数，则

$$\frac{X-E(X)}{\sigma(X)}\mp\frac{Y-E(Y)}{\sigma(Y)}=0.$$

由此得$Y=aX+b$，其中$b=E(Y)\mp\dfrac{\sigma(Y)}{\sigma(X)}E(X)$，$a=\pm\dfrac{\sigma(Y)}{\sigma(X)}$.

实际上，相关系数定量地刻画了X与Y的相关程度：$|\rho_{XY}|$越大，X与Y的相关程度越大，$\rho_{XY}=0$时相关程度最低. 需要说明的是，X与Y相关的含义是指X与Y存在某种程度的线性关系. 因此，若X与Y不相关，只能说明X与Y之间不存在线性关系，但并不排除X与Y之间存在其他关系.

例 2 设二维随机变量$(X,Y)\sim N(\mu_1,\mu_2,\sigma_1^2,\sigma_2^2,\rho)$，证明：$X$ 与 Y 相互独立的充要条件是 X 与 Y 不相关.

证明 由题意，(X,Y) 的概率密度为

$$f(x,y)=\frac{1}{2\pi\sigma_1\sigma_2\sqrt{1-\rho^2}}\exp\left\{-\frac{1}{2(1-\rho^2)}\left[\frac{(x-\mu_1)^2}{\sigma_1^2}-2\rho\frac{(x-\mu_1)(y-\mu_2)}{\sigma_1\sigma_2}+\frac{(y-\mu_2)^2}{\sigma_2^2}\right]\right\}\quad(-\infty<x<+\infty,-\infty<y<+\infty),$$

两个边缘概率密度分别为

$$f_X(x)=\frac{1}{\sqrt{2\pi}\sigma_1}\exp\left\{-\frac{(x-\mu_1)^2}{2\sigma_1^2}\right\}\quad(-\infty<x<+\infty),$$

$$f_Y(y)=\frac{1}{\sqrt{2\pi}\sigma_2}\exp\left\{-\frac{(y-\mu_2)^2}{2\sigma_2^2}\right\}\quad(-\infty<y<+\infty),$$

即 X,Y 都服从一维正态分布，故

$$E(X)=\mu_1,\quad E(Y)=\mu_2,\quad D(X)=\sigma_1^2,\quad D(Y)=\sigma_2^2.$$

由

$$\begin{aligned}\mathrm{Cov}(X,Y)&=E\{[X-E(X)][Y-E(Y)]\}\\&=\int_{-\infty}^{+\infty}\int_{-\infty}^{+\infty}(x-\mu_1)(y-\mu_2)f(x,y)\,dx\,dy\\&=\frac{1}{2\pi\sigma_1\sigma_2\sqrt{1-\rho^2}}\int_{-\infty}^{+\infty}\int_{-\infty}^{+\infty}(x-\mu_1)(y-\mu_2)\\&\quad\cdot\exp\left\{-\frac{1}{2(1-\rho^2)}\left[\frac{(x-\mu_1)^2}{\sigma_1^2}-2\rho\frac{(x-\mu_1)(y-\mu_2)}{\sigma_1\sigma_2}+\frac{(y-\mu_2)^2}{\sigma_2^2}\right]\right\}dx\,dy\\&=\frac{1}{2\pi\sigma_1\sigma_2\sqrt{1-\rho^2}}\int_{-\infty}^{+\infty}\int_{-\infty}^{+\infty}(x-\mu_1)(y-\mu_2)\\&\quad\cdot\exp\left\{-\frac{(x-\mu_1)^2}{2\sigma_1^2}\right\}\\&\quad\cdot\exp\left\{-\frac{1}{2(1-\rho^2)}\left(\frac{y-\mu_2}{\sigma_2}-\rho\frac{x-\mu_1}{\sigma_1}\right)^2\right\}dx\,dy,\end{aligned}$$

令 $t=\frac{1}{\sqrt{1-\rho^2}}\left(\frac{y-\mu_2}{\sigma_2}-\rho\frac{x-\mu_1}{\sigma_1}\right),u=\frac{x-\mu_1}{\sigma_1}$，则有

$$\begin{aligned}\mathrm{Cov}(X,Y)&=\frac{1}{2\pi}\int_{-\infty}^{+\infty}\int_{-\infty}^{+\infty}\sigma_1\sigma_2(\sqrt{1-\rho^2}\,tu+\rho u^2)e^{-\frac{t^2}{2}}e^{-\frac{u^2}{2}}\,dt\,du\\&=\frac{\sigma_1\sigma_2\sqrt{1-\rho^2}}{2\pi}\int_{-\infty}^{+\infty}te^{-\frac{t^2}{2}}dt\int_{-\infty}^{+\infty}ue^{-\frac{u^2}{2}}du\\&\quad+\rho\sigma_1\sigma_2\int_{-\infty}^{+\infty}\frac{1}{\sqrt{2\pi}}e^{-\frac{t^2}{2}}dt\int_{-\infty}^{+\infty}\frac{1}{\sqrt{2\pi}}u^2e^{-\frac{u^2}{2}}du.\end{aligned}$$

由于

$$\int_{-\infty}^{+\infty} t \mathrm{e}^{-\frac{t^2}{2}} \mathrm{d}t = 0, \quad \int_{-\infty}^{+\infty} u \mathrm{e}^{-\frac{u^2}{2}} \mathrm{d}u = 0, \quad \int_{-\infty}^{+\infty} \frac{1}{\sqrt{2\pi}} \mathrm{e}^{-\frac{t^2}{2}} \mathrm{d}t = 1,$$

又

$$\int_{-\infty}^{+\infty} \frac{1}{\sqrt{2\pi}} u^2 \mathrm{e}^{-\frac{u^2}{2}} \mathrm{d}u = -\frac{1}{\sqrt{2\pi}} \int_{-\infty}^{+\infty} u \,\mathrm{d}\left(\mathrm{e}^{-\frac{u^2}{2}}\right) = -\frac{1}{\sqrt{2\pi}} \left(u \mathrm{e}^{-\frac{u^2}{2}} \Big|_{-\infty}^{+\infty} - \int_{-\infty}^{+\infty} \mathrm{e}^{-\frac{u^2}{2}} \mathrm{d}u \right)$$

$$= \frac{1}{\sqrt{2\pi}} \int_{-\infty}^{+\infty} \mathrm{e}^{-\frac{u^2}{2}} \mathrm{d}u = 1,$$

因此

$$\mathrm{Cov}(X, Y) = \rho \sigma_1 \sigma_2,$$

于是得

$$\rho_{XY} = \frac{\mathrm{Cov}(X, Y)}{\sqrt{D(X)}\sqrt{D(Y)}} = \rho.$$

由前文可知，二维正态随机变量 X 与 Y 相互独立的充要条件是参数 $\rho = 0$. 又由于 $\rho = \rho_{XY}$，因此 X 与 Y 相互独立的充要条件是 X 与 Y 不相关.

三、矩

在本节最后，介绍一下矩的概念，它将在数理统计矩估计法中有着重要应用.

定义 4.6 设 X 为随机变量. 如果 X^k 的数学期望存在，则称 $E(X^k)$ 为随机变量 X 的 **k 阶原点矩**，记作 μ_k，即

$$\mu_k = E(X^k) \quad (k = 1, 2, \cdots). \tag{4.24}$$

定义 4.7 设 X 为随机变量. 如果 $[X - E(X)]^k$ 的数学期望存在，则称 $E\{[X - E(X)]^k\}$ 为随机变量 X 的 **k 阶中心矩**，记作 ν_k，即

$$\nu_k = E\{[X - E(X)]^k\} \quad (k = 1, 2, \cdots). \tag{4.25}$$

显然，随机变量 X 的数学期望 $E(X)$ 即为一阶原点矩，方差 $D(X)$ 即为二阶中心矩.

§4.4 大数定律

在第一章引入概率的概念时曾经指出，一个事件 A 发生的频率具有稳定性，即当试验次数 n 充分大时，频率将稳定于某个常数(A 发生的概率). 例如，用天平称量实际重量为 a 的物品，若以 $X_1, X_2, \cdots, X_n$ 表示 n 次重复称量的结果，当 n 充分大时，它们的算术平均值 $\frac{1}{n}\sum_{i=1}^{n} X_i$ 稳定于 a. 本节将对“频率的稳定

性”“随机变量的算术平均值的稳定性”做出理论说明，这种稳定性就是“大数定律”研究的客观背景.

阐明大量重复试验的平均结果具有稳定性的一系列定理都称为**大数定律**.

一、切比雪夫不等式

定理 4.3 **设随机变量 X 的数学期望 $E(X)=\mu$，方差 $D(X)=\sigma^2$，则对于任意的 $\varepsilon>0$，有**

$$P\{|X-\mu|\geqslant\varepsilon\}\leqslant\frac{\sigma^2}{\varepsilon^2}, \tag{4.26}$$

微课视频

等价于

$$P\{|X-\mu|<\varepsilon\}\geqslant1-\frac{\sigma^2}{\varepsilon^2}. \tag{4.27}$$

称式(4.26)和式(4.27)为**切比雪夫(Chebyshev)不等式**. 下面分别对离散型随机变量和连续型随机变量证明公式(4.26).

证明 若 X 为离散型随机变量，其分布律为 $P\{X=x_k\}=p_k$，则

$$P\{|X-\mu|\geqslant\varepsilon\}=\sum_{|x_k-\mu|\geqslant\varepsilon}p_k\leqslant\sum_{|x_k-\mu|\geqslant\varepsilon}p_k\frac{(x_k-\mu)^2}{\varepsilon^2}$$
$$\leqslant\frac{1}{\varepsilon^2}\sum_{k=1}^{\infty}p_k(x_k-\mu)^2=\frac{\sigma^2}{\varepsilon^2}.$$

若 X 为连续型随机变量，其概率密度为 $f(x)$，则

$$P\{|X-\mu|\geqslant\varepsilon\}=\int_{|x-\mu|\geqslant\varepsilon}f(x)\mathrm{d}x\leqslant\int_{|x-\mu|\geqslant\varepsilon}f(x)\frac{(x-\mu)^2}{\varepsilon^2}\mathrm{d}x$$
$$\leqslant\frac{1}{\varepsilon^2}\int_{-\infty}^{+\infty}f(x)(x-\mu)^2\mathrm{d}x=\frac{\sigma^2}{\varepsilon^2}.$$

切比雪夫不等式是在 X 的概率分布未知的情况下，利用 $E(X)$ 和 $D(X)$ 对事件 $\{|X-\mu|\geqslant\varepsilon\}$ 的概率进行估计，这在理论研究及实际应用中都很有价值.

二、大数定律

在介绍大数定律前，先引入随机变量序列 $X_1,X_2,\cdots,X_n,\cdots$ 相互独立的概念. 如果对于任意的 $n>1$，$X_1,X_2,\cdots,X_n$ 相互独立，则称 $X_1,X_2,\cdots,X_n,\cdots$ **相互独立**.

微课视频

定理 4.4(切比雪夫大数定律) **设 $X_1,X_2,\cdots,X_n,\cdots$ 是相互独立的随机变量序列，数学期望 $E(X_k)$ 和方差 $D(X_k)$ 均存在，且 $D(X_k)\leqslant C$(C 是与 k 无关的常数；$k=1,2,\cdots$). 做前 n 个变量的算术平均 $\frac{1}{n}\sum_{k=1}^{n}X_k$，则对于任意的 $\varepsilon>0$，有**

$$\lim_{n\to\infty}P\left\{\left|\frac{1}{n}\sum_{k=1}^{n}X_k-\frac{1}{n}\sum_{k=1}^{n}E(X_k)\right|<\varepsilon\right\}=1 \tag{4.28}$$

或

$$\lim_{n\to\infty}P\left\{\left|\frac{1}{n}\sum_{k=1}^{n}X_k-\frac{1}{n}\sum_{k=1}^{n}E(X_k)\right|\geqslant\varepsilon\right\}=0. \tag{4.29}$$

证明 因为随机变量序列 $X_1,X_2,\cdots,X_n,\cdots$ 相互独立,所以

$$D\left(\frac{1}{n}\sum_{k=1}^{n}X_k\right)=\frac{1}{n^2}\sum_{k=1}^{n}D(X_k)\leqslant\frac{C}{n}.$$

又

$$E\left(\frac{1}{n}\sum_{k=1}^{n}X_k\right)=\frac{1}{n}\sum_{k=1}^{n}E(X_k),$$

由切比雪夫不等式及概率的性质知,对于任意的 $\varepsilon>0$,有

$$1\geqslant\lim_{n\to\infty}P\left\{\left|\frac{1}{n}\sum_{k=1}^{n}X_k-\frac{1}{n}\sum_{k=1}^{n}E(X_k)\right|<\varepsilon\right\}\geqslant1-\frac{C}{n\varepsilon^2}.$$

在上式中令 $n\to\infty$,即得

$$\lim_{n\to\infty}P\left\{\left|\frac{1}{n}\sum_{k=1}^{n}X_k-\frac{1}{n}\sum_{k=1}^{n}E(X_k)\right|<\varepsilon\right\}=1.$$

推论 1(切比雪夫大数定律的特殊情况) 设 $X_1,X_2,\cdots,X_n,\cdots$ 是相互独立、服从同一分布的随机变量序列,且具有数学期望 $E(X_k)=\mu$,方差 $D(X_k)=\sigma^2(k=1,2,\cdots)$. 做前 n 个变量的算术平均 $\frac{1}{n}\sum_{k=1}^{n}X_k$,则对于任意的 $\varepsilon>0$,有

$$\lim_{n\to\infty}P\left\{\left|\frac{1}{n}\sum_{k=1}^{n}X_k-\mu\right|<\varepsilon\right\}=1 \tag{4.30}$$

或

$$\lim_{n\to\infty}P\left\{\left|\frac{1}{n}\sum_{k=1}^{n}X_k-\mu\right|\geqslant\varepsilon\right\}=0. \tag{4.31}$$

式(4.30)表明,在推论1的条件下,当 $n\to\infty$ 时,事件 $\left\{\left|\frac{1}{n}\sum_{k=1}^{n}X_k-\mu\right|<\varepsilon\right\}$ 的概率趋于1,其中 $E(X_k)=\mu(k=1,2,\cdots)$. 在概率论中,称式(4.30)表示的收敛性为 $\frac{1}{n}\sum_{k=1}^{n}X_k$ **依概率收敛**于 μ,记为 $\frac{1}{n}\sum_{k=1}^{n}X_k\xrightarrow{P}\mu(n\to\infty)$.

推论 2(伯努利大数定律) 设 n_A 是 n 次独立重复试验中事件 A 发生的次数,p 是事件 A 在每次试验中发生的概率,则对于任意的 $\varepsilon>0$,有

$$\lim_{n\to\infty}P\left\{\left|\frac{n_A}{n}-p\right|<\varepsilon\right\}=1 \tag{4.32}$$

或

$$\lim_{n\to\infty}P\left\{\left|\frac{n_A}{n}-p\right|\geqslant\varepsilon\right\}=0. \tag{4.33}$$

证明 因为 $n_A\sim B(n,p)$,引入随机变量 $X_k(k=1,2,\cdots,n)$,$\{X_k=1\}$ 表示第 k 次试验中事件 A 发生,$\{X_k=0\}$ 表示第 k 次试验中事件 A 不发生,则

$$n_A=X_1+X_2+\cdots+X_n.$$

又由于 X_k 服从(0-1)分布,因此

$$E(X_k)=p,\quad D(X_k)=p(1-p)\quad (k=1,2,\cdots,n).$$

于是,由定理 4.4 即得

$$\lim_{n\to\infty}P\left\{\left|\frac{n_A}{n}-p\right|<\varepsilon\right\}=1.$$

上式也可以表示成

$$\lim_{n\to\infty}P\left\{\left|\frac{n_A}{n}-p\right|\geqslant\varepsilon\right\}=0.$$

伯努利大数定律告诉我们,对于任意的 $\varepsilon>0$,只要独立重复试验的次数 n 充分大,事件 $\left\{\left|\frac{n_A}{n}-p\right|\geqslant\varepsilon\right\}$ 实际上几乎是不发生的,而事件 $\left\{\left|\frac{n_A}{n}-p\right|<\varepsilon\right\}$ 实际上几乎是必定要发生的. 因此,推论 2 从理论上证明了大量独立重复试验中,事件 A 发生的频率具有稳定性. 所以,在实际应用中,当试验次数很大时,便可以用事件发生的频率来代替事件发生的概率.

在推论 1 中,要求所讨论的随机变量的方差存在,但在实际中,方差存在这个条件并不是必要的,现不加证明地给出下面的定理.

定理 4.5[辛钦(Khinchin)大数定律] **设 $X_1,X_2,\cdots,X_n,\cdots$ 是相互独立、服从同一分布的随机变量序列,$E(X_k)=\mu(k=1,2,\cdots)$,则对于任意的 $\varepsilon>0$,有**

$$\lim_{n\to\infty}P\left\{\left|\frac{1}{n}\sum_{k=1}^{n}X_k-\mu\right|<\varepsilon\right\}=1.$$

辛钦大数定律提供了求随机变量数学期望 $E(X)$ 的近似值的方法.

设想对随机变量 X 独立重复地观察 n 次,第 k 次观察值为 X_k,则 $X_1,X_2,\cdots,X_k,\cdots$ 是相互独立的,且它们服从同一分布. 所以,在 $E(X)$ 存在的条件下,按照辛钦大数定律,当 n 足够大时,可以把平均观察值 $\frac{1}{n}\sum_{k=1}^{n}X_k$ 作为 $E(X)$ 的近似值. 这种做法的一个优点是可以不必去管 X 的分布,目的只是寻求数学期望.

事实上,在实际生活中经常用观察值的算术平均值作为随机变量的数学期望. 例如,用观察到的某地区 5 000 个人的寿命的算术平均值来作为该地区人均寿命的近似值,这种做法的依据就是辛钦大数定律.

§ 4.5 中心极限定理

在客观世界中,许多随机变量都是大量的、微小的、相互独立的偶然因素共同作用的结果,这种随机变量往往服从或近似服从正态分布. 例如,影响子弹落

点的横向坐标误差 X 的因素有很多，如瞄准误差 X_1、人手的抖动误差 X_2、子弹的火药量误差 X_3、子弹的弹头质量误差 X_4、空气流的扰动 X_5、弹头的外形误差 X_6 等等，其中每一个因素在总的影响中所起的作用都是微小的，但综合起来，却对总和有着显著影响，试验表明子弹落点的横向坐标误差近似服从正态分布. 正态分布为什么会如此广泛存在呢？出现这种现象理论上的原因是什么呢？概率论中，把研究在什么条件下大量独立随机变量和的分布以正态分布为极限的这一类定理称为**中心极限定理**.

下面仅介绍两个常用的中心极限定理.

微课视频

定理 4.6［林德伯格-列维（Lindeberg-Levy）中心极限定理］ 设随机变量序列 $X_1,X_2,\cdots,X_n,\cdots$ 相互独立，服从同一分布，且具有数学期望和方差

$$E(X_i)=\mu,\quad D(X_i)=\sigma^2\neq 0\quad(i=1,2,\cdots),$$

则对于任意的 $x\in\mathbf{R}$，有

$$\lim_{n\to\infty}P\left\{\frac{\sum_{i=1}^{n}X_i-n\mu}{\sqrt{n}\sigma}\leqslant x\right\}=\int_{-\infty}^{x}\frac{1}{\sqrt{2\pi}}e^{-\frac{t^2}{2}}dt. \tag{4.34}$$

此定理也称为**独立同分布的中心极限定理**. 证明从略.

定理 4.6 表明，对于数学期望为 μ、方差为 $\sigma^2>0$ 的独立同分布的随机变量序列 $X_1,X_2,\cdots,X_n,\cdots$，不管 $X_i(i=1,2,\cdots)$ 的分布如何，当 n 充分大时，$\dfrac{\sum_{i=1}^{n}X_i-n\mu}{\sqrt{n}\sigma}$ 近似服从标准正态分布 $N(0,1)$，或者说，$\sum_{i=1}^{n}X_i$ 近似服从正态分布 $N(n\mu,n\sigma^2)$.

下面考虑将定理 4.6 应用到 n 重伯努利试验中.

设事件 A 在一次试验中发生的概率为 p，独立重复进行 n 次试验，令

$$X_i=\begin{cases}1, & \text{第 } i \text{ 次试验中事件 } A \text{ 发生},\\ 0, & \text{第 } i \text{ 次试验中事件 } A \text{ 不发生}\end{cases}\quad(i=1,2,\cdots,n),$$

于是 $P\{X_i=1\}=p,P\{X_i=0\}=1-p,E(X_i)=p,D(X_i)=p(1-p)$ $(0<p<1;i=1,2,\cdots,n)$，则

$$Y_n=\sum_{i=1}^{n}X_i\sim B(n,p).$$

定理 4.7［棣莫弗-拉普拉斯（De Moivre-Laplace）定理］ 设随机变量 $Y_n\sim B(n,p)$，则对于任意的 $x\in\mathbf{R}$，有

$$\lim_{n\to\infty}P\left\{\frac{Y_n-np}{\sqrt{np(1-p)}}\leqslant x\right\}=\int_{-\infty}^{x}\frac{1}{\sqrt{2\pi}}e^{-\frac{t^2}{2}}dt. \tag{4.35}$$

定理 4.7 表明，当 n 充分大时，二项分布的概率计算可以转化为标准正态分布的概率计算. 对于任意的 $a,b\in\mathbf{R}$，通过查附表 2 可以轻松求出 $P\{a<Y_n\leqslant b\}$ 的相当精确的近似值，即

$$P\{a < Y_n \leqslant b\} = P\left\{\frac{a-np}{\sqrt{np(1-p)}} < \frac{Y_n - np}{\sqrt{np(1-p)}} \leqslant \frac{b-np}{\sqrt{np(1-p)}}\right\}$$
$$\approx \Phi\left(\frac{b-np}{\sqrt{np(1-p)}}\right) - \Phi\left(\frac{a-np}{\sqrt{np(1-p)}}\right).$$

例 1 计算机在进行加法运算时，会对每个被加数取整(取为最接近于它的整数). 设所有的取整误差是相互独立的，且它们均在(−0.5,0.5)上服从均匀分布. 若将 1 500 个数相加，求误差总和的绝对值不超过 15 的概率.

解 设 X_i 为第 i 个数的误差($i=1,2,\cdots,1\,500$)，则 $X_i \sim U(-0.5,0.5)$，且 $E(X_i)=0, D(X_i)=\frac{1}{12}$. 令 $Z=X_1+X_2+\cdots+X_{1\,500}$，则由定理 4.6 得所求概率为

$$\begin{aligned} P\{|Z| \leqslant 15\} &= P\{-15 \leqslant Z \leqslant 15\} \\ &= P\left\{-\frac{15}{\sqrt{1\,500\times\frac{1}{12}}} \leqslant \frac{Z}{\sqrt{1\,500\times\frac{1}{12}}} \leqslant \frac{15}{\sqrt{1\,500\times\frac{1}{12}}}\right\} \\ &\approx \Phi\left(\frac{15}{\sqrt{1\,500\times\frac{1}{12}}}\right) - \Phi\left(-\frac{15}{\sqrt{1\,500\times\frac{1}{12}}}\right) \\ &\approx 2\Phi(1.34)-1 = 0.819\,8. \end{aligned}$$

例 2 对一名学生而言，来参加家长会的家长人数是一个随机变量. 设一名学生无家长、有 1 名家长、有 2 名家长来参加家长会的概率分别为 0.05,0.8,0.15. 若学校共有 400 名学生，各学生参加家长会的家长人数相互独立，且服从同一分布，求：

(1) 参加家长会的家长人数 X 超过 450 的概率；

(2) 有 1 名家长来参加家长会的学生人数不多于 340 的概率.

解 (1) 设 X_i ($i=1,2,\cdots,400$) 为第 i 名学生来参加家长会的家长人数，则 X_i 的分布律如表 4-4 所示.

表 4-4

X_i	0	1	2
P	0.05	0.8	0.15

易知 $E(X_i)=1.1, D(X_i)=0.19$ ($i=1,2,\cdots,400$)，而 $X=\sum_{i=1}^{400} X_i$，由定理 4.6 知，随机变量 $\dfrac{\sum_{i=1}^{400} X_i - 400\times 1.1}{\sqrt{400\times 0.19}} = \dfrac{X-400\times 1.1}{\sqrt{400\times 0.19}}$ 近似服从标准正态分布 $N(0,1)$，于是

$$P\{X>450\}=P\left\{\frac{X-400\times1.1}{\sqrt{400\times0.19}}>\frac{450-400\times1.1}{\sqrt{400\times0.19}}\right\}$$
$$\approx1-P\left\{\frac{X-400\times1.1}{\sqrt{400\times0.19}}\leqslant1.15\right\}$$
$$\approx1-\Phi(1.15)=0.1251.$$

(2) 设 Y 为有 1 名家长来参加家长会的学生人数,则 $Y\sim B(400,0.8)$,由定理 4.7 得

$$P\{Y\leqslant340\}=P\left\{\frac{Y-400\times0.8}{\sqrt{400\times0.8\times0.2}}\leqslant\frac{340-400\times0.8}{\sqrt{400\times0.8\times0.2}}\right\}$$
$$=P\left\{\frac{Y-400\times0.8}{\sqrt{400\times0.8\times0.2}}\leqslant2.5\right\}$$
$$\approx\Phi(2.5)=0.9938.$$

知识拓展　测试试题

习题四

1. 假设有 10 个同种电器元件,其中有 2 个废品. 现从这批元件中任取一个,如果是废品,则扔掉重新取一个,如果仍是废品,则扔掉再取一个,试求在取到正品之前,已取出的废品个数的数学期望和方差.
2. 已知投资某一项目的收益率 X 是一随机变量,其分布律如表 4-5 所示. 一位投资者在该项目上投资了 20 万元,问:该投资者预期获得多少收益?

表 4-5

X	1%	2%	3%	4%	5%	6%
P	0.1	0.1	0.2	0.3	0.2	0.1

3. 已知随机变量 X 的分布律如表 4-6 所示,求:(1) $E(X)$;(2) $E(X^2)$;(3) $E(3X^2+5)$.

表 4-6

X	-2	0	2
P	0.4	0.3	0.3

4. 已知二维随机变量 (X,Y) 的联合分布律如表 4-7 所示,(1) 求 $E(X)$,$E(Y)$;(2) 设 $Z=\dfrac{Y}{X}$,求 $E(Z)$;(3) 设 $W=(X-Y)^2$,求 $E(W)$.

表 4-7

X	Y		
	-1	0	1
1	0.2	0.1	0.1
2	0.1	0	0.1
3	0	0.3	0.1

5. 设随机变量 X 的概率密度为

$$f(x)=\begin{cases}a+bx^2, & 0\leqslant x\leqslant 1,\\ 0, & \text{其他}.\end{cases}$$

如果 $E(X)=\dfrac{2}{3}$，求 a 和 b 的值.

6. 设电压(单位:V)$X\sim N(0,3^2)$，将电压施加于一检波器，其输出电压为 $Y=5X^2$，求输出电压 Y 的均值.

7. 设随机变量 X 的概率密度为

$$f(x)=\begin{cases}\dfrac{3}{8}x^2, & 0<x<2,\\ 0, & \text{其他},\end{cases}$$

求:(1) $E(X)$;(2) $E\left(\dfrac{1}{X}\right)$.

8. 设随机变量 X 与 Y 相互独立且 $X\sim P(4)$，$Y\sim E(2)$，求 $E(XY)$.

9. 从学校乘汽车到火车站的途中有 3 个交通岗，假设在各个交通岗遇到红灯的事件是相互独立的，并且概率都是 $\dfrac{2}{5}$. 设 X 为途中遇到红灯的次数，求 X 的数学期望和方差.

10. 设随机变量 $X\sim U[-1,2]$，$Y=\begin{cases}1, & X>0,\\ 0, & X=0,\\ -1, & X<0,\end{cases}$ 求 $E(Y)$ 和 $D(Y)$.

11. 设随机变量 X 的概率密度为

$$f(x)=\begin{cases}1+x, & -1<x\leqslant 0,\\ 1-x, & 0<x\leqslant 1,\\ 0, & \text{其他},\end{cases}$$

求 $D(3X-5)$.

12. 设活塞的直径(单位:cm)$X\sim N(22.4,0.03^2)$，气缸的直径 $Y\sim N(22.5,0.04^2)$，且 X 与 Y 相互独立. 任取一只活塞和一个气缸，求活塞能装入气缸的概率.

13. 设考生的外语成绩(百分制)X 服从正态分布，平均成绩(参数 μ 的值)为 72 分. 已知成绩在 96 分以上的人数占考生总数的 2.3%，今任取 100 个考生的成绩，以 Y 表示成绩在 60 分至 84 分之间的人数，求 $E(Y)$ 和 $D(Y)$.

14. 设随机变量 $X\sim N(0,2^2)$，$Y\sim U(0,4)$，且 X 与 Y 相互独立，求 $D(X+Y)$ 和 $D(2X-3Y)$.

15. 设随机变量 $X \sim N(1,2)$，$Y \sim N(1,2^2)$，且 X 与 Y 相互独立，求 $D(XY)$.

16. 设 X，Y 是两个相互独立且服从正态分布 $N\left(0,\frac{1}{2}\right)$ 的随机变量，求 $E(|X-Y|)$ 和 $D(|X-Y|)$.

17. 设 X 为随机变量，C 为常数，证明：$D(X) \leqslant E[(X-C)^2]$.

18. 设二维随机变量 (X,Y) 的联合分布律如表 4-8 所示，求 ρ_{XY}，$\mathrm{Cov}(X^2,Y^2)$.

表 4-8

Y	X		
	−1	0	1
0	0.07	0.18	0.15
1	0.08	0.32	0.20

19. 设二维随机变量 (X,Y) 在以 $(0,1)$，$(1,0)$，$(1,1)$ 三点为顶点的三角形区域上服从均匀分布，试求 $E(X+Y)$ 和 $D(X+Y)$.

20. 设随机变量 X 与 Y 的概率分布相同，X 的概率分布为 $P\{X=0\}=\frac{1}{3}$，$P\{X=1\}=\frac{2}{3}$，且 X 与 Y 的相关系数 $\rho_{XY}=\frac{1}{2}$，求：

(1) 二维随机变量 (X,Y) 的联合分布律；

(2) $P\{X+Y \leqslant 1\}$.

21. 设 $D(X)=25$，$D(Y)=36$，$\rho_{XY}=\frac{1}{6}$，求：(1) $D(X+Y)$；(2) $D(X-Y)$.

22. 已知随机变量 X 与 Y 的相关系数为 ρ，求 $X_1=aX+b$ 与 $Y_1=cY+d$ 的相关系数，其中 a，b，c，d 均为非零常数.

23. 设随机变量 X 的数学期望存在，证明：随机变量 X 与任一常数 a 的协方差是 0.

24. 设二维随机变量 (X,Y) 的概率密度为

$$f(x,y)=\begin{cases}8xy, & 0 \leqslant y \leqslant x, 0 \leqslant x \leqslant 1, \\ 0, & \text{其他}, \end{cases}$$

求 X 与 Y 的相关系数 ρ_{XY}.

25. 设随机变量 $X \sim U(a,b)$，对于任意正整数 k，求 μ_k，ν_k.

26. 利用切比雪夫不等式估计随机变量 X 与其数学期望的差的绝对值大于三倍标准差的概率.

27. 设随机变量 X 与 Y 的数学期望分别是 -2 和 2，方差分别是 1 和 4，而 X 与 Y 的相关系数是 -0.5，试用切比雪夫不等式估计 $P\{|X+Y| \geqslant 6\}$.

28. 为了确定事件 A 的概率 p，进行 10 000 次独立重复试验. 利用切比雪夫不等式估计用事件 A 在 10 000 次试验中发生的频率 $f_n(A)$ 作为事件 A 的概率 p 的近似值时，误差小于 0.01 的概率.

29. 设有 50 台接收机，每台接收机收到的呼叫次数服从泊松分布 $P(0.05)$，求 50 台接收机收到的呼叫次数总和大于 3 的概率.

30. 设一大批种子中良种占 $\frac{1}{6}$，在其中任选 600 粒种子，求这 600 粒种子中良种所占比例与 $\frac{1}{6}$ 的差距小于 0.02 的概率.

第五章 数理统计的基本概念

在前几章中,我们介绍了概率论的基础知识.概率论的研究是在随机变量的分布为已知或假设已知的条件下进行的,但在实际中,随机变量的分布函数通常是未知的或不完全确定的.例如,某城市投放的共享单车被使用次数的分布,地铁站在高峰时间段等车人数的分布.对于类似这样的问题,如何从实际出发,去研究随机现象的规律性,就是数理统计所要解决的问题之一.考虑到研究对象的数目可能很大,甚至是无限的,或者试验带有破坏性,进行普查或逐一试验显然不可行.经过长期的实践和研究,数理统计提出的解决方法是:首先从研究对象中抽取一小部分进行观察或试验,根据所得的资料数据,进行整理分析,然后对上述问题进行科学、合理的推断.这种方法称为**统计推断**,它在天气预报、经济管理等许多方面都得到了广泛的应用.

本章将介绍数理统计中的一些基本概念和重要的定理.

导学

§5.1 总体和样本

一、总体

微课视频

在数理统计中，把研究对象的全体构成的集合称为总体（或母体），集合中的每一个元素（每个研究对象）称为个体. 总体分为有限总体和无限总体：若总体中含有有限个个体，则称其为有限总体；若总体中含有无限个个体，则称其为无限总体.

例如，考察某国产轿车新出厂的 2 000 辆新型轿车的质量，这 2 000 辆新型轿车的质量就构成一个总体，其中每一辆轿车的质量就是该总体中的一个个体，而总体中包含的个体数目是 2 000，所以是有限总体. 又如，考察某厂生产的所有灯管的质量，若以灯管的使用寿命作为检测质量的指标，所有灯管的使用寿命就构成一个总体，它包含以往和今后生产的灯管，所以是无限总体. 当总体中包含的个体数目很大时，也常认为它是一个无限总体.

在实际问题中，我们真正关心的不是总体或个体本身，而是研究对象的某一个（或某几个）数量指标. 例如，考察某厂生产的灯管的质量，关心的是灯管的使用寿命这一指标，为了方便，引入 X 表示这一数量指标. 研究灯管的质量，就是研究灯管的使用寿命 X，就需要对个体进行试验和观察. 由于预先并不知道会观察到哪个个体，因而观察到的相应指标值也不能预先确定，即 X 的取值是随机的. 因此，总体指标 X 就是一个随机变量. 我们把总体的数量指标和一个随机变量 X 联系起来，并记作总体 X，于是在数理统计中，总体也被定义为服从某一分布的随机变量 X，对总体的研究，就是对随机变量 X 的研究，X 的概率分布称为总体的分布，它能清晰地描述总体中所研究的数量指标的分布规律.

在上述例子中，研究对象的数量指标只有一个，只需要用一维随机变量来描述，即一维总体. 但有些问题中，研究对象的数量指标可能不止一个，需要用多个随机变量来描述. 例如，考察大学一年级新生的数学学习情况，就会同时关心高等数学、线性代数、概率论与数理统计这三门课程的考试成绩，所以需要引入三个随机变量 X,Y,Z，分别表示高等数学成绩、线性代数成绩和概率论与数理统计成绩，即总体对应的是三维随机变量 (X,Y,Z)，形成多维总体，这属于多元统计分析的主要研究对象.

二、样本

在研究某些具体问题时，我们往往无法直接研究总体. 例如，要了解某省 2024 年高考英语情况，由于总体包含个体数目太多，整体考察起来费时费力；要评价某厂生产的500台新型电风扇的质量，逐一检测会有一定的破坏性. 所以，解决此类问题的有效方法就是，首先从总体中抽取一部分个体进行观察(或试验)并记录其结果，然后对得到的数据加以统计分析，以此来推断或估计总体 X 的分布. 像这样从总体中抽取一部分个体来观察某项数量指标的过程叫作**抽样**.

为了使抽取的部分个体能更好地反映总体的信息，得出的推断结果更具可靠性，抽样必须满足以下两点.

(1) **随机性**：总体中每个个体被抽到的机会是均等的.

(2) **独立性**：各次抽取的结果互不影响.

凡具备以上两个条件的抽样称为**简单随机抽样**，简称**抽样**.

从总体 X 中随机地抽取 n 个独立的个体进行观察，其结果也是随机的，将每一个结果 x_i 看成一个随机变量 X_i 的取值，记为 $X_i=x_i(i=1,2,\cdots,n)$，X_i 为随机变量，x_i 为对应的观察值. 因此，如果从总体 X 中抽取 n 个个体进行观察，则应有 n 个随机变量 $X_1,X_2,\cdots,X_n$，对应有 n 个观察值 $x_1,x_2,\cdots,x_n$. 称 $X_1,X_2,\cdots,X_n$ 为来自总体 X 的**简单随机样本**，简称**样本**，称 $x_1,x_2,\cdots,x_n$ 为**样本值**，称样本所含个体数目 n 为**样本容量**.

注 如何获取简单随机样本？一般地，从总体中抽样，总体可能是无限的，也可能是有限的. 如果是无限总体，则抽取单个个体并不影响总体分布，因此做无放回抽样便可得到简单随机样本；如果是有限总体，做有放回抽样才可得到简单随机样本. 在实际操作中，当总体容量 N 比样本容量 n 大很多($N\geqslant 10n$)时，可将不放回抽样近似看作放回抽样来处理. 以后在无特殊说明时，提到的样本均指简单随机样本.

根据简单随机抽样(抽样)的特点，从总体 X 中抽取的样本 $X_1,X_2,\cdots,X_n$ 具有如下性质：

(1) $X_1,X_2,\cdots,X_n$ 与总体 X 具有相同分布；

(2) $X_1,X_2,\cdots,X_n$ 是相互独立的.

三、样本分布

设 $X_1,X_2,\cdots,X_n$ 是来自总体 X 的一个样本，称 n 维随机变量 $(X_1,X_2,\cdots,X_n)$ 的分布为**样本分布**. 设总体 X 的分布函数为 $F(x)=P\{X\leqslant x\}$，因为 $X_1,X_2,\cdots,X_n$ 相互独立且与总体 X 服从相同的分布，所以样本的联合分布函数为

$$F(x_1,x_2,\cdots,x_n)=F(x_1)F(x_2)\cdots F(x_n)=\prod_{i=1}^{n}F(x_i).$$

当总体 X 是离散型随机变量，且其分布律为 $P\{X=x\}=p(x)$ 时，样本 $X_1,X_2,\cdots,X_n$ 的联合分布律为

$$P\{X_1=x_1,X_2=x_2,\cdots,X_n=x_n\}=p(x_1)p(x_2)\cdots p(x_n)=\prod_{i=1}^{n}p(x_i).$$

当总体 X 是连续型随机变量，且其概率密度为 $f(x)$ 时，样本 $X_1,X_2,\cdots,X_n$ 的联合概率密度为

$$f(x_1,x_2,\cdots,x_n)=\prod_{i=1}^{n}f(x_i).$$

例 1 设总体 X 服从参数为 λ 的泊松分布，求其样本 $X_1, X_2, \cdots, X_n$ 的联合分布律.

解 因为总体 $X \sim P(\lambda)$，所以 X 的分布律为

$$p(x)=\frac{\lambda^x}{x!}e^{-\lambda},$$

则样本的联合分布律为

$$\begin{aligned}P\{X_1=x_1, X_2=x_2, \cdots, X_n=x_n\}&=\prod_{i=1}^{n} p(x_i)=\prod_{i=1}^{n}\frac{\lambda^{x_i}}{x_i!}e^{-\lambda}\\&=e^{-n\lambda}\frac{\lambda^{x_1+x_2+\cdots+x_n}}{x_1!x_2!\cdots x_n!}.\end{aligned}$$

例 2 设总体 X 服从参数为 λ 的指数分布，$X_1, X_2, \cdots, X_n$ 是来自总体 X 的一个样本，求该样本的联合概率密度.

解 因为总体 $X \sim E(\lambda)$，所以 X 的概率密度为

$$f(x)=\begin{cases}\lambda e^{-\lambda x}, & x>0,\\ 0, & x\leqslant 0,\end{cases}$$

则样本的联合概率密度为

$$f(x_1, x_2, \cdots, x_n)=\prod_{i=1}^{n} f(x_i)=\begin{cases}\lambda^n e^{-\lambda\sum\limits_{i=1}^{n}x_i}, & x_i>0,\\ 0, & x_i\leqslant 0.\end{cases}$$

§5.2 频率直方图和经验分布函数

由样本值推断总体 X 的概率分布是数理统计所研究的问题之一. 观测所得到的样本值经常是杂乱无章的，只有对其进行整理分析才能呈现总体的某种统计规律性. 因此，本节将介绍如何对样本值进行整理，并由整理结果近似得到总体 X 的概率分布.

一、利用频率直方图近似求总体 X 的概率密度

频率直方图是对未知的概率密度进行估计的一种简单有效的方法，其步骤如下：

设总体 X 的样本 $X_1, X_2, \cdots, X_n$ 的一组样本值为 $x_1, x_2, \cdots, x_n$.

(1) 确定 $x_1, x_2, \cdots, x_n$ 中的最小值和最大值，分别记为 $x_{(1)}$ 和 $x_{(n)}$.

(2) 选出常数a(略小于$x_{(1)}$)和b(略大于$x_{(n)}$),使得所有样本值均落入区间$[a,b]$,并将区间$[a,b]$等分成m个小区间,分点记为$a=t_0<t_1<t_2<\cdots<t_{m-1}<t_m=b$(划分的小区间的数目$m$应根据样本值的个数$n$来确定,一般取$m$使得$\frac{m}{n}$在$\frac{1}{10}$左右,且小区间不包含右端点,另外分点最好比样本值多取一位小数),称每一等分长度$\frac{b-a}{m}$为**组距**,记为h,m称为**组数**,小区间所含样本值的个数称为该区间的**组频数**,记为$n_i(i=1,2,\cdots,m)$,$\frac{n_i}{n}$称为**组频率**,记为f_i.

(3) 用唱票的方法统计出样本值落入区间$[t_{i-1},t_i)(i=1,2,\cdots,m)$的组频数$n_i$,并求出组频率$f_i$.

(4) 以表格的形式列出分组区间、组频数、组频率及比例$\frac{f_i}{h}$,即列出分组数据表.

(5) 在$[t_{i-1},t_i)(i=1,2,\cdots,m)$上以$\frac{f_i}{h}$为高、$h$为宽作小矩形,其面积恰好为$f_i$,所有小矩形构成频率直方图,并将频率直方图中每个小矩形顶边的中点用一条光滑曲线连接起来,此时这条光滑曲线可近似认为是总体X的概率密度曲线$f(x)$.

关于频率直方图,需要说明以下两点:

(1) 在对样本值分组时,分组要适当.分组过少,数据太集中;分组过多,数据则又太分散,就会掩盖分布的特征.当数据个数在100以内时,一般分5～12组为宜.

(2) 频率直方图是总体X的概率密度的近似.样本容量n越大,近似越精确,当样本容量无限增大,组距无限缩小时,频率直方图的矩形顶边就非常接近一条光滑曲线,此时频率直方图无限接近总体X的概率密度曲线.

例1 我国城市用水量严重不足,某市政府为节约生活用水,计划在本市试行居民生活用水定额管理,即实施阶梯收费.为了制定一个合理的用水量标准,现通过抽样调查,获得100位居民2023年的月均用水量(单位:t),如表5-1所示.

表5-1

2.4	2.0	2.0	1.5	1.0	1.6	1.8	1.9	1.6	3.1
3.4	2.6	2.2	2.2	1.5	1.2	0.2	0.4	0.3	0.4
3.2	2.7	2.3	2.1	1.6	1.2	3.7	1.5	0.5	3.8
3.3	2.8	2.3	2.2	1.7	1.3	3.6	1.7	0.6	4.1
3.2	2.9	2.4	2.3	1.8	1.4	3.5	1.9	0.8	4.3
3.3	0.7	0.6	1.8	1.9	2.1	2.4	2.6	2.8	1.9
0.7	0.8	1.8	1.8	1.7	1.6	2.3	2.5	2.7	1.9
1.7	2.7	2.6	2.4	2.1	1.8	1.2	1.2	1.4	1.3
1.4	2.3	2.2	2.8	2.9	2.8	2.5	1.2	1.4	1.3
2.4	2.4	2.1	0.6	1.3	1.2	2.1	2.0	2.2	2.3

列出分组数据表，并绘制频率直方图.

解 (1) 从 100 个样本值中找到最小值为 0.2，最大值为 4.3.

(2) 取 $a=0$，$b=4.5$，将区间 $[0,4.5]$ 等分成 9 个小区间，组距为 0.5.

(3) 用唱票法统计出组频数，并求出组频率和比例 $\frac{f_i}{0.5}$.

(4) 列出分组数据表，如表 5-2 所示，并绘制频率直方图，如图 5-1 所示.

表 5-2

分组	组频数	组频率	比例 $\frac{f_i}{0.5}$
$[0,0.5)$	4	0.04	0.08
$[0.5,1.0)$	8	0.08	0.16
$[1.0,1.5)$	15	0.15	0.3
$[1.5,2.0)$	22	0.22	0.44
$[2.0,2.5)$	25	0.25	0.5
$[2.5,3.0)$	14	0.14	0.28
$[3.0,3.5)$	6	0.06	0.12
$[3.5,4.0)$	4	0.04	0.08
$[4.0,4.5)$	2	0.02	0.04
合计	100	1	

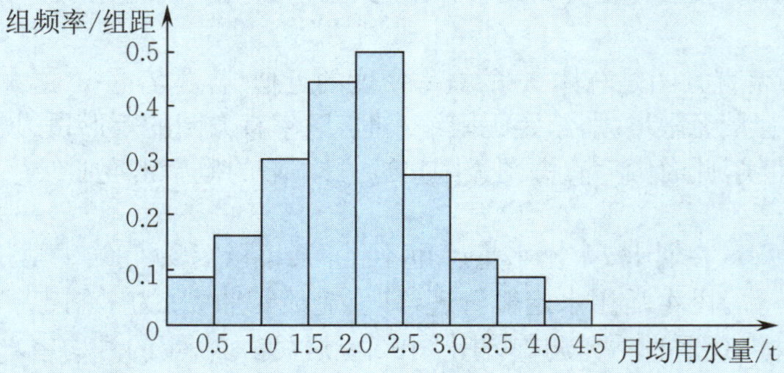

图 5-1

注 各小矩形的面积＝组频率，所有小矩形的面积之和＝1.

从频率直方图可以看出，居民月均用水量的分布呈山峰状，且较为对称，近似于正态分布.

二、经验分布函数

定义 5.1 设 $X_1,X_2,\cdots,X_n$ 是来自总体 X 的一个容量为 n 的样本，其对应的一组样本值为 $x_1,x_2,\cdots,x_n$，将 $x_1,x_2,\cdots,x_n$ 从小到大排序，得到 $x_{(1)}\leqslant x_{(2)}\leqslant\cdots\leqslant x_{(n)}$. 对于任意的 $x\in(-\infty,+\infty)$，令

$$F_n(x)=\begin{cases}0, & x<x_{(1)},\\ \dfrac{k}{n}, & x_{(k)}\leqslant x<x_{(k+1)}, \quad (k=1,2,\cdots,n-1),\\ 1, & x\geqslant x_{(n)}\end{cases}$$

称 $F_n(x)$ 为总体 X 的**经验分布函数**.

关于经验分布函数 $F_n(x)$,说明以下两点:

(1) 因为样本值 $x_1,x_2,\cdots,x_n$ 是样本 $X_1,X_2,\cdots,X_n$ 的一组随机取值,所以当样本值不同时,得到的 $F_n(x)$ 也不同. 因此,$F_n(x)$ 是随机变化的. 同时,经验分布函数是一个分布函数,它具有分布函数的一切性质.

(2) 格里汶科(Glivenko) 给出了经验分布函数 $F_n(x)$ 和总体 X 的分布函数 $F(x)$ 之间的关系.

定理 5.1(格里汶科定理) **设总体 X 的分布函数为 $F(x)$,经验分布函数为 $F_n(x)$,对于任意的实数 x,当 $n\to\infty$ 时,$F_n(x)$ 以概率 1 一致收敛于 $F(x)$,即**

$$P\left\{\lim_{n\to\infty}\sup_{-\infty<x<+\infty}|F_n(x)-F(x)|=0\right\}=1.$$

定理 5.1 表明,当样本容量 n 足够大时,可以用经验分布函数来近似代替 $F(x)$,因其之差非常微小,这成为数理统计中用样本估计总体的一个非常重要的理论依据.

例 2 从总体 X 中抽得一组样本容量为 7 的样本值,将其按从小到大排序为 2,3,3,4,4,4,5. 求其经验分布函数.

解 由已知得

$$F_7(x)=\begin{cases}0, & x<2,\\ \dfrac{1}{7}, & 2\leqslant x<3,\\ \dfrac{3}{7}, & 3\leqslant x<4,\\ \dfrac{6}{7}, & 4\leqslant x<5,\\ 1, & x>5.\end{cases}$$

§ 5.3 统计量及三个重要的抽样分布

一、统计量

数理统计的主要任务是由样本推断总体的特征. 由于抽样所得到的样本信

息往往不能直接使用,因此我们经常会根据实际问题的需要,构造样本的某种函数 $f(X_1,X_2,\cdots,X_n)$,若样本函数中不含有总体的未知参数,此时我们就定义该样本函数为统计量.

微课视频

定义 5.2 设 $X_1,X_2,\cdots,X_n$ 是来自总体 X 的一个样本,$f(X_1,X_2,\cdots,X_n)$ 是样本的函数. 若 $f(X_1,X_2,\cdots,X_n)$ 中不含有未知参数,则称 $f(X_1,X_2,\cdots,X_n)$ 是该样本的**统计量**.

注 样本 $X_1,X_2,\cdots,X_n$ 是随机变量,因此统计量 $f(X_1,X_2,\cdots,X_n)$ 也是一个随机变量,且不含有未知参数.

例如,设总体 $X\sim N(\mu,\sigma^2)$,其中 μ,σ 是未知参数,X_1,X_2,X_3 是来自总体 X 的一个样本,则 $\dfrac{X_1+X_2+2X_3}{5}$,X_1+X_2+3 是统计量,而 $\dfrac{X_1+X_2+X_3}{\sigma}$ 不是统计量,因为它含有未知参数 σ.

下面介绍几个常用的统计量. 设 $X_1,X_2,\cdots,X_n$ 是来自总体 X 的一个样本,定义:

(1) **样本均值**:$\overline{X}=\dfrac{1}{n}\sum\limits_{i=1}^{n}X_i$.

(2) **样本方差**:$S^2=\dfrac{1}{n-1}\sum\limits_{i=1}^{n}(X_i-\overline{X})^2=\dfrac{1}{n-1}\left(\sum\limits_{i=1}^{n}X_i^2-n\overline{X}^2\right)$.

这是因为

$$\begin{aligned}\sum_{i=1}^{n}(X_i-\overline{X})^2&=\sum_{i=1}^{n}(X_i^2-2\overline{X}X_i+\overline{X}^2)\\&=\sum_{i=1}^{n}X_i^2-2\overline{X}\sum_{i=1}^{n}X_i+\sum_{i=1}^{n}\overline{X}^2\\&=\sum_{i=1}^{n}X_i^2-2\overline{X}\cdot n\overline{X}+n\overline{X}^2\quad\left(\text{因为}\sum_{i=1}^{n}X_i=n\overline{X}\right)\\&=\sum_{i=1}^{n}X_i^2-n\overline{X}^2.\end{aligned}$$

(3) **样本标准差**:$S=\sqrt{S^2}=\sqrt{\dfrac{1}{n-1}\sum\limits_{i=1}^{n}(X_i-\overline{X})^2}$.

(4) **样本 k 阶原点矩**:$A_k=\dfrac{1}{n}\sum\limits_{i=1}^{n}X_i^k\ (k=1,2,\cdots)$.

(5) **样本 k 阶中心矩**:$B_k=\dfrac{1}{n}\sum\limits_{i=1}^{n}(X_i-\overline{X})^k\ (k=1,2,\cdots)$.

当 $k=2$ 时,样本二阶中心矩为 $B_2=\dfrac{1}{n}\sum\limits_{i=1}^{n}(X_i-\overline{X})^2$(注意区别于样本方差).

当把样本值 $x_1,x_2,\cdots,x_n$ 代入各个统计量时,统计量成为 $x_1,x_2,\cdots,x_n$ 的函数. 为了方便起见,我们依然称其为样本均值、样本方差等.

(6) **顺序统计量**:设 $x_1,x_2,\cdots,x_n$ 是样本 $X_1,X_2,\cdots,X_n$ 的一组样本值,将

其按从小到大排序,可得 $x_{(1)} \leqslant x_{(2)} \leqslant \cdots \leqslant x_{(n)}$,无论样本取哪一组样本值,排序后所得到的 $x_{(i)}$ 视为 $X_{(i)}$ 的取值($i=1,2,\cdots,n$),称 $X_{(i)}$ 为顺序统计量. 显然,$X_{(1)} \leqslant X_{(2)} \leqslant \cdots \leqslant X_{(n)}$,分别称 $X_{(1)}, X_{(n)}$ 为**最小顺序统计量**和**最大顺序统计量**,称 $X_{(n)} - X_{(1)}$ 为**样本极差**.

二、三个重要的抽样分布

统计量的分布称为抽样分布. 为了推断总体分布,需要确定统计量服从的分布,即抽样分布. 下面将介绍三个重要的抽样分布——χ^2 分布、t 分布和 F 分布.

1. χ^2 分布

定义 5.3 设 $X_1, X_2, \cdots, X_n$ 是相互独立的随机变量($n \geqslant 1$),且 $X_i \sim N(0,1)(i=1,2,\cdots,n)$,则统计量

$$\chi^2 = X_1^2 + X_2^2 + \cdots + X_n^2 \tag{5.1}$$

所服从的分布称为自由度为 n 的 **χ^2 分布**,记为 $\chi^2 \sim \chi^2(n)$,其中自由度 n 指式(5.1)中包含的独立变量的个数.

$\chi^2(n)$ 分布的概率密度为

$$f(x) = \begin{cases} \dfrac{1}{2^{\frac{n}{2}}\Gamma\left(\dfrac{n}{2}\right)} x^{\frac{n}{2}-1} e^{-\frac{x}{2}}, & x > 0, \\ 0, & x \leqslant 0. \end{cases}$$

注 $\Gamma\left(\dfrac{n}{2}\right)$ 为伽马函数,其中 $\Gamma(s) = \int_0^{+\infty} x^{s-1} e^{-x} dx \ (s>0)$,且 $\Gamma(1)=1$, $\Gamma\left(\dfrac{1}{2}\right) = \sqrt{\pi}$,$\Gamma(n) = (n-1)!$($n$ 为正整数),$\Gamma(s+1) = s\Gamma(s)$.

$f(x)$ 的图形如图 5-2 所示.

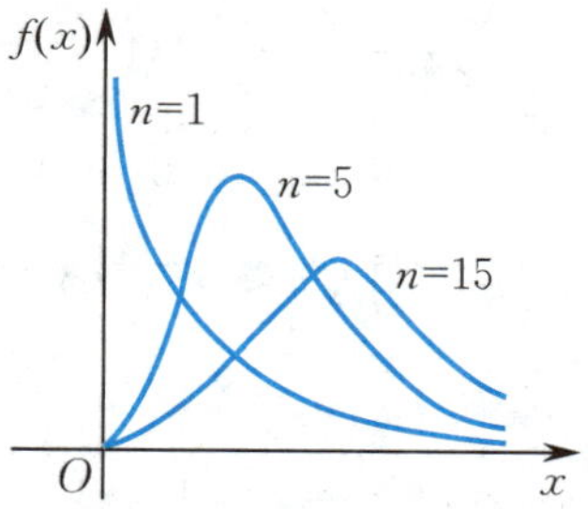

图 5-2

由图 5-2 可以看出,自由度 n 越大,概率密度 $f(x)$ 的图形越平缓,且逐渐呈现出对称性.

χ^2 分布具有如下性质.

性质 1 若 $X \sim \chi^2(m)$,$Y \sim \chi^2(n)$,且 X 与 Y 相互独立,则

$$X + Y \sim \chi^2(m+n).$$

性质 2 若 $X \sim \chi^2(m)$,则 $E(X) = m$,$D(X) = 2m$.

在数理统计中,我们经常会遇见与概率论相反的问题,例如,已知某事件

$\{X>x\}$ 发生的概率值,求 x 的值.因此,下面引入服从不同分布的随机变量的上侧 α 分位数的概念.

定义 5.4 设 $\chi^2\sim\chi^2(n)$. 对于给定的正数 $\alpha(0<\alpha<1)$,若实数 $\chi^2_\alpha(n)$ 满足等式

$$P\{\chi^2>\chi^2_\alpha(n)\}=\alpha,$$

则称 $\chi^2_\alpha(n)$ 为 **$\chi^2(n)$ 分布的上侧 α 分位数**(见图 5-3).

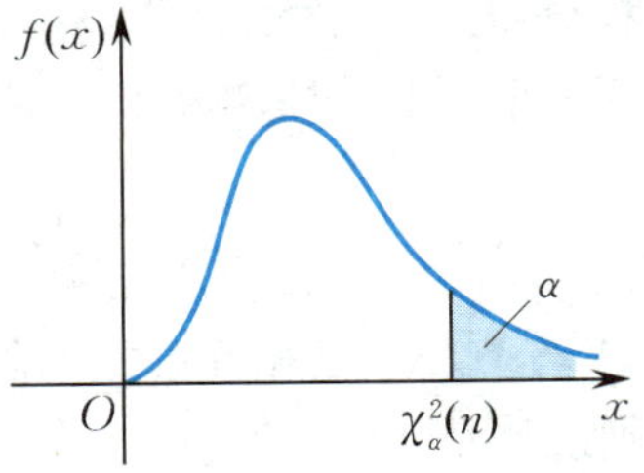

图 5-3

对于不同的自由度 n 和 α,χ^2 分布的上侧 α 分位数的值已在 χ^2 分布表(见附表 4)中列出,可直接查用,此表仅列到 $n=45$ 为止.

例如,设 $X\sim\chi^2(n)$,当 $n=20$,$\alpha=0.95$ 时,通过查附表 4 可得上侧 0.95 分位数为 $\chi^2_{0.95}(20)=10.851$. 也就是说,若随机变量 $X\sim\chi^2(20)$,则

$$P\{X>10.851\}=0.95.$$

例 1 设 $X_1,X_2,\cdots,X_{10}$ 是来自总体 $X\sim N(0,0.3^2)$ 的一个样本,求 $P\left\{\sum_{i=1}^{10}X_i^2>1.44\right\}$.

解 由题意知 $X_i\sim N(0,0.3^2)$ $(i=1,2,\cdots,10)$,且 $X_1,X_2,\cdots,X_{10}$ 相互独立.将 X_i 标准化得

$$\frac{X_i-0}{0.3}\sim N(0,1),$$

则由 χ^2 分布的定义可得

$$\frac{1}{0.09}\sum_{i=1}^{10}X_i^2\sim\chi^2(10),$$

因此

$$P\left\{\sum_{i=1}^{10}X_i^2>1.44\right\}=P\left\{\frac{1}{0.09}\sum_{i=1}^{10}X_i^2>\frac{1.44}{0.09}\right\}=P\left\{\frac{1}{0.09}\sum_{i=1}^{10}X_i^2>16\right\}.$$

查附表 4 可知 $\chi^2_{0.1}(10)\approx16$,于是 $P\left\{\sum_{i=1}^{10}X_i^2>1.44\right\}=0.1$.

例 2 设总体 $X\sim N(1,2^2)$,X_1,X_2,X_3,X_4 是来自总体 X 的一个样本,记 $Y=a(X_1-2X_2+c)^2+b(3X_3-4X_4+d)^2$,问:当 a,b,c,d 取何值时,可使 Y 服从自由度为 2 的 χ^2 分布?

解 因为 $X_1-2X_2\sim N(-1,20)$,$3X_3-4X_4\sim N(-1,100)$,所以

$$\frac{X_1-2X_2+1}{\sqrt{20}}\sim N(0,1),\quad \frac{3X_3-4X_4+1}{10}\sim N(0,1),$$

且 X_1-2X_2 与 $3X_3-4X_4$ 相互独立. 故

$$\left(\frac{X_1-2X_2+1}{\sqrt{20}}\right)^2+\left(\frac{3X_3-4X_4+1}{10}\right)^2\sim \chi^2(2).$$

将上式与 Y 对比,可得 $a=\frac{1}{20},b=\frac{1}{100},c=1,d=1$.

2. t 分布

定义 5.5 设随机变量 X 与 Y 相互独立,且 $X\sim N(0,1)$,$Y\sim \chi^2(n)$,则称随机变量

$$T=\frac{X}{\sqrt{Y/n}}$$

服从自由度为 n 的 **t 分布**(或**学生氏分布**),记为 $T\sim t(n)$.

$t(n)$ 分布的概率密度为

$$f(x)=\frac{\Gamma\left(\frac{n+1}{2}\right)}{\sqrt{n\pi}\,\Gamma\left(\frac{n}{2}\right)}\left(1+\frac{x^2}{n}\right)^{-\frac{n+1}{2}}\quad(-\infty<x<+\infty).$$

$f(x)$ 的图形如图 5-4 所示.

由图 5-4 可知,$t(n)$ 分布的概率密度 $f(x)$ 的图形关于 y 轴对称,且其形状和标准正态分布 $N(0,1)$ 的概率密度曲线非常相近. 可以证明,当 $n>45$ 时,可以用标准正态分布 $N(0,1)$ 近似代替 $t(n)$ 分布.

定义 5.6 设 $T\sim t(n)$. 对于给定的正数 $\alpha\,(0<\alpha<1)$,若实数 $t_\alpha(n)$ 满足等式

$$P\{T>t_\alpha(n)\}=\alpha,$$

则称 $t_\alpha(n)$ 为 **$t(n)$ 分布的上侧 α 分位数**(见图 5-5).

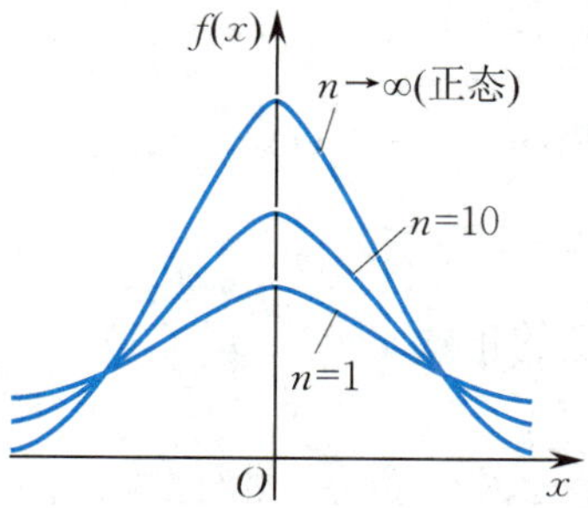

图 5-4

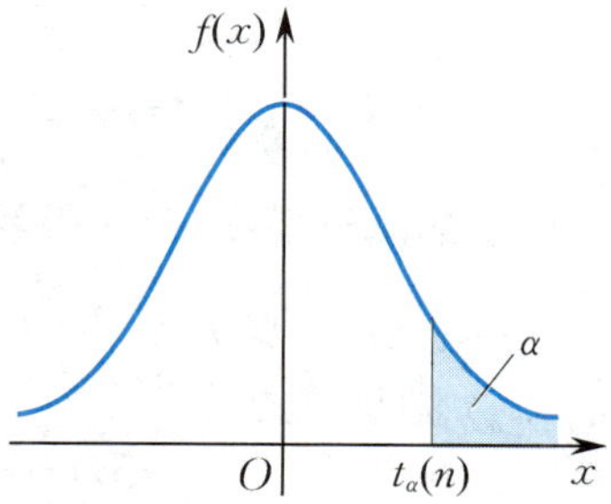

图 5-5

注 t 分布的上侧 α 分位数可在 t 分布表(见附表 5)中查得. 例如,$t_{0.01}(15)=2.6025$.

例 3 设 X_1, X_2, X_3, X_4 是来自总体 $X \sim N(1, \sigma^2)(\sigma > 0)$ 的一个样本,求 $\dfrac{X_1 - X_2}{|X_3 + X_4 - 2|}$ 所服从的分布.

解 由题意知 $X_i \sim N(1, \sigma^2)(i = 1, 2, 3, 4)$,则

$$X_1 - X_2 \sim N(0, 2\sigma^2), \quad X_3 + X_4 - 2 \sim N(0, 2\sigma^2).$$

将它们标准化得

$$\frac{X_1 - X_2}{\sqrt{2}\sigma} \sim N(0,1), \quad \frac{X_3 + X_4 - 2}{\sqrt{2}\sigma} \sim N(0,1),$$

于是 $\left(\dfrac{X_3 + X_4 - 2}{\sqrt{2}\sigma}\right)^2 \sim \chi^2(1)$.

因为 $X_1 - X_2$ 与 $X_3 + X_4$ 相互独立,所以由 t 分布的定义得

$$\frac{X_1 - X_2}{|X_3 + X_4 - 2|} = \frac{(X_1 - X_2)/(\sqrt{2}\sigma)}{|(X_3 + X_4 - 2)/(\sqrt{2}\sigma)|} \sim t(1).$$

3. F 分布

定义 5.7 设随机变量 $X \sim \chi^2(n_1)$,$Y \sim \chi^2(n_2)$,且 X 与 Y 相互独立,则称随机变量

$$F = \frac{X/n_1}{Y/n_2}$$

服从自由度为 (n_1, n_2) 的 **F 分布**,记为 $F \sim F(n_1, n_2)$,其中 n_1 称为**第一自由度**,n_2 称为**第二自由度**.

$F(n_1, n_2)$ 分布的概率密度为

$$f(x) = \begin{cases} \dfrac{\Gamma((n_1 + n_2)/2)(n_1/n_2)^{\frac{n_1}{2}} x^{\frac{n_1}{2} - 1}}{\Gamma(n_1/2)\Gamma(n_2/2)(1 + n_1 x/n_2)^{\frac{n_1 + n_2}{2}}}, & x > 0, \\ 0, & x \leqslant 0. \end{cases}$$

注 由定义 5.7 易知,当 $F \sim F(n_1, n_2)$ 时,有 $\dfrac{1}{F} \sim F(n_2, n_1)$.

$f(x)$ 的图形如图 5-6 所示.

定义 5.8 设 $F \sim F(n_1, n_2)$. 对于给定的正数 $\alpha (0 < \alpha < 1)$,若实数 $F_\alpha(n_1, n_2)$ 满足等式

$$P\{F > F_\alpha(n_1, n_2)\} = \alpha,$$

则称 $F_\alpha(n_1, n_2)$ 为 **$F(n_1, n_2)$ 分布的上侧 α 分位数**(见图 5-7).

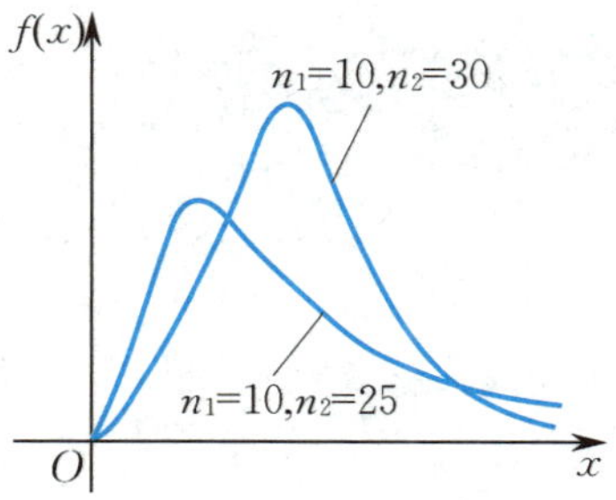

图 5-6

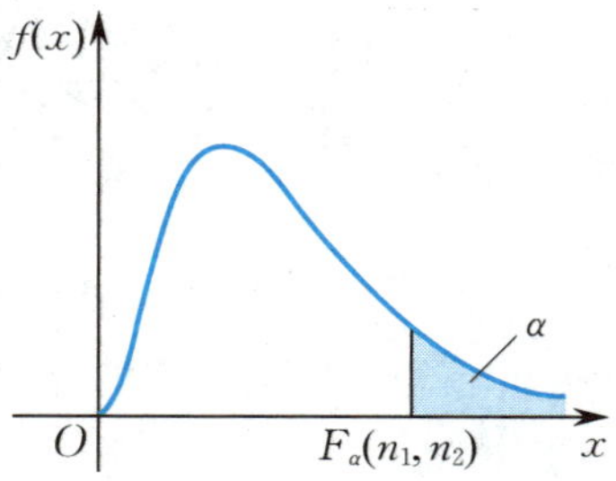

图 5-7

注　F 分布的上侧 α 分位数可在 F 分布表(见附表 6)中查得.

F 分布的上侧 α 分位数具有如下性质:

$$F_{1-\alpha}(n_1,n_2)=\frac{1}{F_\alpha(n_2,n_1)}.$$

证明　若 $F\sim F(n_1,n_2)$,则 $P\{F>F_{1-\alpha}(n_1,n_2)\}=1-\alpha$. 而

$$P\{F>F_{1-\alpha}(n_1,n_2)\}=P\left\{\frac{1}{F}<\frac{1}{F_{1-\alpha}(n_1,n_2)}\right\}=1-P\left\{\frac{1}{F}\geqslant\frac{1}{F_{1-\alpha}(n_1,n_2)}\right\}$$

$$=1-P\left\{\frac{1}{F}>\frac{1}{F_{1-\alpha}(n_1,n_2)}\right\}=1-\alpha,$$

所以

$$P\left\{\frac{1}{F}>\frac{1}{F_{1-\alpha}(n_1,n_2)}\right\}=\alpha. \tag{5.2}$$

又 $\frac{1}{F}\sim F(n_2,n_1)$,则

$$P\left\{\frac{1}{F}>F_\alpha(n_2,n_1)\right\}=\alpha. \tag{5.3}$$

比较式(5.2)和式(5.3)可得 $F_\alpha(n_2,n_1)=\frac{1}{F_{1-\alpha}(n_1,n_2)}$,即

$$F_{1-\alpha}(n_1,n_2)=\frac{1}{F_\alpha(n_2,n_1)}.$$

应用此性质,可以求得附表 6 中查不到的一些分位数. 例如,

$$F_{0.95}(11,15)=\frac{1}{F_{0.05}(15,11)}=\frac{1}{2.72}\approx 0.37.$$

例 4　设总体 $X\sim N(0,\sigma^2)$,X_1,X_2 是来自总体 X 的一个样本,求 $Y=\frac{(X_1+X_2)^2}{(X_1-X_2)^2}$ 所服从的分布.

解　由题意知

$$X_1+X_2\sim N(0,2\sigma^2),\quad X_1-X_2\sim N(0,2\sigma^2),$$

于是 $\left(\frac{X_1+X_2}{\sqrt{2}\sigma}\right)^2\sim\chi^2(1)$,$\left(\frac{X_1-X_2}{\sqrt{2}\sigma}\right)^2\sim\chi^2(1)$. 又 X_1+X_2 与 X_1-X_2 相互独立,故由 F 分布的定义得

$$Y=\frac{(X_1+X_2)^2}{(X_1-X_2)^2}=\left(\frac{X_1+X_2}{\sqrt{2}\sigma}\right)^2\Big/\left(\frac{X_1-X_2}{\sqrt{2}\sigma}\right)^2\sim F(1,1).$$

§5.4 抽样分布

本节将介绍样本来自正态总体的抽样分布定理. 它们是假设检验、参数估计等数理统计内容的理论基础.

先给出单个正态总体的抽样分布定理.

微课视频

定理 5.2 **设总体** $X\sim N(\mu,\sigma^2)$**,**$X_1,X_2,\cdots,X_n$ **是来自总体** X **的一个样本,**$\overline{X}$ **和** S^2 **分别是样本均值和样本方差,则**

(1) $\overline{X}\sim N\left(\mu,\frac{\sigma^2}{n}\right)$;

(2) $\frac{\overline{X}-\mu}{\sigma/\sqrt{n}}\sim N(0,1)$;

(3) **统计量** $\chi^2=\frac{1}{\sigma^2}\sum_{i=1}^{n}(X_i-\mu)^2\sim\chi^2(n)$;

(4) $\overline{X}$ **与** S^2 **相互独立,且** $\frac{(n-1)S^2}{\sigma^2}\sim\chi^2(n-1)$;

(5) $\frac{\overline{X}-\mu}{S/\sqrt{n}}\sim t(n-1)$.

证明 (1) 因总体 $X\sim N(\mu,\sigma^2)$,故样本 $X_1,X_2,\cdots,X_n$ 相互独立且均服从 $N(\mu,\sigma^2)$. 由于相互独立的正态随机变量的线性组合仍服从正态分布,因此 $\overline{X}=\frac{1}{n}\sum_{i=1}^{n}X_i$ 服从正态分布. 而 $E(\overline{X})=\mu$,$D(\overline{X})=\frac{\sigma^2}{n}$,所以

$$\overline{X}\sim N\left(\mu,\frac{\sigma^2}{n}\right).$$

(2) 对结论(1) 标准化后可得.

(3) 因总体 $X\sim N(\mu,\sigma^2)$,故样本 $X_1,X_2,\cdots,X_n$ 相互独立且均服从 $N(\mu,\sigma^2)$. 将 X_i 标准化得 $\frac{X_i-\mu}{\sigma}\sim N(0,1)(i=1,2,\cdots,n)$,且它们仍相互独立,于是由 χ^2 分布的定义可得

$$\chi^2=\sum_{i=1}^{n}\left(\frac{X_i-\mu}{\sigma}\right)^2=\frac{1}{\sigma^2}\sum_{i=1}^{n}(X_i-\mu)^2\sim\chi^2(n).$$

(4) 证明从略.

(5) 由结论(2) 和结论(4) 有

$$\frac{\overline{X}-\mu}{\sigma/\sqrt{n}}\sim N(0,1),\quad \frac{(n-1)S^2}{\sigma^2}\sim\chi^2(n-1).$$

因为 $\overline{X}$ 与 S^2 相互独立,所以 $\dfrac{\overline{X}-\mu}{\sigma/\sqrt{n}}$ 与 $\dfrac{(n-1)S^2}{\sigma^2}$ 相互独立,于是由 t 分布的定义可得

$$\frac{\dfrac{\overline{X}-\mu}{\sigma/\sqrt{n}}}{\sqrt{\dfrac{(n-1)S^2}{\sigma^2}\Big/(n-1)}}=\frac{\overline{X}-\mu}{S/\sqrt{n}}\sim t(n-1).$$

例 1 设总体 $X\sim N(27,2^2)$,$X_1,X_2,\cdots,X_{16}$ 是来自总体 X 的一个样本,求样本均值 $\overline{X}$ 在 26 和 28 之间的概率.

解 由题意知,$X_i\sim N(27,2^2)(i=1,2,\cdots,16)$. 于是,由定理 5.2(1) 可知 $\overline{X}\sim N\left(27,\dfrac{2^2}{16}\right)$,即 $\overline{X}\sim N\left(27,\dfrac{1}{4}\right)$,因此

$$\begin{aligned}P\{26<\overline{X}<28\}&=P\left\{\frac{26-27}{1/2}<\frac{\overline{X}-27}{1/2}<\frac{28-27}{1/2}\right\}\\&=P\left\{-2<\frac{\overline{X}-27}{1/2}<2\right\}\\&=2\Phi(2)-1=0.954\ 4.\end{aligned}$$

例 2 设 $X_1,X_2,\cdots,X_9$ 是来自正态总体 X 的一个样本,记 $Y_1=\dfrac{1}{6}\sum\limits_{i=1}^{6}X_i$,$Y_2=\dfrac{1}{3}\sum\limits_{i=7}^{9}X_i$,$S^2=\dfrac{1}{2}\sum\limits_{i=7}^{9}(X_i-Y_2)^2$,$Z=\dfrac{\sqrt{2}(Y_1-Y_2)}{S}$,求 Z 所服从的分布.

解 由题意可设总体 $X\sim N(\mu,\sigma^2)$,则 $Y_1\sim N\left(\mu,\dfrac{\sigma^2}{6}\right)$,$Y_2\sim N\left(\mu,\dfrac{\sigma^2}{3}\right)$. 而

$$E(Y_1-Y_2)=E(Y_1)-E(Y_2)=\mu-\mu=0,$$

$$D(Y_1-Y_2)=D(Y_1)+D(Y_2)=\frac{\sigma^2}{6}+\frac{\sigma^2}{3}=\frac{\sigma^2}{2},$$

所以 $Y_1-Y_2\sim N\left(0,\dfrac{\sigma^2}{2}\right)$,将其标准化后得 $\dfrac{Y_1-Y_2}{\sigma/\sqrt{2}}\sim N(0,1)$. 又因为 $\dfrac{2S^2}{\sigma^2}\sim\chi^2(2)$,且 S^2 与 Y_1-Y_2 相互独立,所以

$$Z=\frac{\dfrac{Y_1-Y_2}{\sigma/\sqrt{2}}}{\sqrt{2S^2/(2\sigma^2)}}\sim t(2).$$

下面给出两个正态总体的抽样分布定理.

定理 5.3 设总体 X 与 Y 相互独立,$X\sim N(\mu_1,\sigma_1^2)$,$Y\sim N(\mu_2,\sigma_2^2)$,$X_1,X_2,\cdots,X_{n_1}$ 是来自总体 X 的样本,$\overline{X}$ 和 S_1^2 分别是该样本的样本均值和样本方差;$Y_1,Y_2,\cdots,Y_{n_2}$ 是来自总体 Y 的样本,$\overline{Y}$ 和 S_2^2 分别是该样本的样本均值和样本方差,则

(1) $\dfrac{S_1^2/\sigma_1^2}{S_2^2/\sigma_2^2}\sim F(n_1-1,n_2-1)$.

(2) 统计量

$$U=\frac{(\overline{X}-\overline{Y})-(\mu_1-\mu_2)}{\sqrt{\dfrac{\sigma_1^2}{n_1}+\dfrac{\sigma_2^2}{n_2}}}\sim N(0,1).$$

特别地,当 $\sigma_1^2=\sigma_2^2=\sigma^2$ 时,有

$$\frac{(\overline{X}-\overline{Y})-(\mu_1-\mu_2)}{\sqrt{\dfrac{\sigma^2}{n_1}+\dfrac{\sigma^2}{n_2}}}\sim N(0,1).$$

(3) 当 $\sigma_1^2=\sigma_2^2=\sigma^2$,即 $X\sim N(\mu_1,\sigma^2)$,$Y\sim N(\mu_2,\sigma^2)$ 时,有

$$\frac{(\overline{X}-\overline{Y})-(\mu_1-\mu_2)}{S_W\sqrt{\dfrac{1}{n_1}+\dfrac{1}{n_2}}}\sim t(n_1+n_2-2),$$

其中 $S_W=\sqrt{\dfrac{(n_1-1)S_1^2+(n_2-1)S_2^2}{n_1+n_2-2}}$.

(4) 统计量

$$F=\frac{\sum\limits_{i=1}^{n_1}(X_i-\mu_1)^2\Big/(n_1\sigma_1^2)}{\sum\limits_{j=1}^{n_2}(Y_j-\mu_2)^2\Big/(n_2\sigma_2^2)}\sim F(n_1,n_2).$$

证明 (1) 由定理 5.2(4) 有

$$\frac{(n_1-1)S_1^2}{\sigma_1^2}\sim\chi^2(n_1-1),\quad \frac{(n_2-1)S_2^2}{\sigma_2^2}\sim\chi^2(n_2-1).$$

又因为它们相互独立,所以由 F 分布的定义可得

$$\frac{\dfrac{(n_1-1)S_1^2}{\sigma_1^2}\Big/(n_1-1)}{\dfrac{(n_2-1)S_2^2}{\sigma_2^2}\Big/(n_2-1)}=\frac{S_1^2/\sigma_1^2}{S_2^2/\sigma_2^2}\sim F(n_1-1,n_2-1).$$

(2) 根据定理 5.2(1) 有

$$\overline{X}\sim N\left(\mu_1,\frac{\sigma_1^2}{n_1}\right),\quad \overline{Y}\sim N\left(\mu_2,\frac{\sigma_2^2}{n_2}\right).$$

因为 $\overline{X}$ 与 $\overline{Y}$ 相互独立,所以

$$\overline{X}-\overline{Y}\sim N\left(\mu_1-\mu_2,\frac{\sigma_1^2}{n_1}+\frac{\sigma_2^2}{n_2}\right).$$

将其标准化得

$$\frac{(\overline{X}-\overline{Y})-(\mu_1-\mu_2)}{\sqrt{\frac{\sigma_1^2}{n_1}+\frac{\sigma_2^2}{n_2}}}\sim N(0,1).$$

特别地,当 $\sigma_1^2=\sigma_2^2=\sigma^2$ 时,结果显然成立.

(3) 由定理 5.3(2) 有

$$\frac{(\overline{X}-\overline{Y})-(\mu_1-\mu_2)}{\sqrt{\frac{\sigma^2}{n_1}+\frac{\sigma^2}{n_2}}}\sim N(0,1),$$

又由定理 5.2(4) 有

$$\frac{(n_1-1)S_1^2}{\sigma^2}\sim\chi^2(n_1-1),\quad \frac{(n_2-1)S_2^2}{\sigma^2}\sim\chi^2(n_2-1),$$

且它们相互独立,根据 χ^2 分布的可加性得

$$\frac{(n_1-1)S_1^2+(n_2-1)S_2^2}{\sigma^2}\sim\chi^2(n_1+n_2-2).$$

因此,由 t 分布的定义知

$$\frac{(\overline{X}-\overline{Y})-(\mu_1-\mu_2)}{\sqrt{\frac{\sigma^2}{n_1}+\frac{\sigma^2}{n_2}}}\Bigg/\sqrt{\frac{(n_1-1)S_1^2+(n_2-1)S_2^2}{\sigma^2}\Big/(n_1+n_2-2)}\sim t(n_1+n_2-2),$$

整理后即得结论(3).

(4) 由定理 5.2(3) 有

$$\frac{1}{\sigma_1^2}\sum_{i=1}^{n_1}(X_i-\mu_1)^2\sim\chi^2(n_1),\quad \frac{1}{\sigma_2^2}\sum_{j=1}^{n_2}(Y_j-\mu_2)^2\sim\chi^2(n_2),$$

它们相互独立,于是根据 F 分布的定义可得

$$F=\frac{\sum_{i=1}^{n_1}(X_i-\mu_1)^2\Big/(n_1\sigma_1^2)}{\sum_{j=1}^{n_2}(Y_j-\mu_2)^2\Big/(n_2\sigma_2^2)}\sim F(n_1,n_2).$$

例 3 设正态总体 $X\sim N(\mu_1,\sigma^2)$,$Y\sim N(\mu_2,\sigma^2)$,且 X 与 Y 相互独立,X_1,X_2,X_3,X_4,X_5 和 $Y_1,Y_2,\cdots,Y_9$ 分别是来自总体 X 和 Y 的样本,而 S_1^2,S_2^2 分别是这两个样本的样本方差. (1) 求 $\frac{S_1^2}{S_2^2}$ 所服从的分布;(2) 如果 $P\left\{\frac{S_1^2}{S_2^2}>\lambda\right\}=0.9$,求 λ 的值.

解 (1) 由定理 5.3(1) 知，$\dfrac{S_1^2/\sigma^2}{S_2^2/\sigma^2} \sim F(4,8)$，即

$$\frac{S_1^2}{S_2^2} \sim F(4,8).$$

(2) 由(1)知$\dfrac{S_1^2}{S_2^2} \sim F(4,8)$，要使 $P\left\{\dfrac{S_1^2}{S_2^2} > \lambda\right\} = 0.9$，则由 F 分布的性质可知 $\lambda = F_{0.9}(4,8) = \dfrac{1}{F_{0.1}(8,4)}$. 查附表 6 得 $F_{0.1}(8,4) = 3.95$，因此

$$\lambda = \frac{1}{3.95} \approx 0.25.$$

知识拓展　测试试题

习题五

1. 设 $X_1, X_2, \cdots, X_n$ 是来自总体 X 的一个样本，则 $X_1, X_2, \cdots, X_n$ 必满足(　　).

A. 独立但分布不同　　B. 分布相同但不相互独立

C. 独立且同分布　　D. 不能确定

2. 设 X_1, X_2, X_3, X_4 是来自总体 X 的一个样本，以下(　　)不是统计量.

A. $\dfrac{X_1 + 2X_2 - X_3 + 3X_4}{5}$　　B. $X_1^2 + X_2^2 + X_3 + 2X_4$

C. $a(X_1 - 3X_3)^2 + 4(6X_2 + X_4)^2$　　D. X_4^2

3. 设随机变量 X, Y 都服从标准正态分布，则(　　).

A. $X + Y$ 服从正态分布　　B. $X^2 + Y^2$ 服从 χ^2 分布

C. X^2 和 Y^2 都服从 χ^2 分布　　D. $\dfrac{X^2}{Y^2}$ 服从 F 分布

4. 设总体 $X \sim N(0,1)$，$X_1, X_2, \cdots, X_7$ 是来自总体 X 的一个样本，$\dfrac{a\sum\limits_{i=1}^{4} X_i}{\sqrt{X_5^2 + X_6^2 + X_7^2}} \sim t(n)$，则 a, n 的值分别为(　　).

A. $\sqrt{3}, 3$　　B. $\dfrac{\sqrt{3}}{2}, 3$　　C. $\dfrac{\sqrt{3}}{2}, 4$　　D. $\sqrt{3}, 2$

5. 设总体 $X \sim N(0,1)$，$X_1, X_2, \cdots, X_n$ 是来自总体 X 的一个样本，$\overline{X}$ 和 S^2 分别是样本均值和样本方差，则(　　).

A. $\sqrt{n}\overline{X} \sim t(n-1)$ B. $\overline{X} \sim N(0,1)$

C. $\dfrac{\overline{X}}{S} \sim t(n-1)$ D. $\sum_{i=1}^{n}(X_i-\overline{X})^2 \sim \chi^2(n-1)$

6. 设 $X_1,X_2,\cdots,X_n$ 是来自正态总体 $X \sim N(\mu,\sigma^2)$ 的一个样本，$\overline{X}$ 是样本均值，记

$$S_1^2=\frac{1}{n-1}\sum_{i=1}^{n}(X_i-\overline{X})^2,\quad S_2^2=\frac{1}{n}\sum_{i=1}^{n}(X_i-\overline{X})^2,$$

$$S_3^2=\frac{1}{n-1}\sum_{i=1}^{n}(X_i-\mu)^2,\quad S_4^2=\frac{1}{n}\sum_{i=1}^{n}(X_i-\mu)^2,$$

则服从自由度为 $n-1$ 的 t 分布的随机变量是(　　).

A. $\dfrac{\overline{X}-\mu}{S_1/\sqrt{n-1}}$ B. $\dfrac{\overline{X}-\mu}{S_2/\sqrt{n-1}}$

C. $\dfrac{\overline{X}-\mu}{S_3/\sqrt{n}}$ D. $\dfrac{\overline{X}-\mu}{S_4/\sqrt{n}}$

7. 为了解最近的大学本科毕业生的就业质量，现调查了1 000名2024届本科毕业生实习期满转正后的月薪情况. 问：研究的总体、样本和样本容量分别是什么？

8. 设 $X_1,X_2,\cdots,X_n$ 是来自总体 $X \sim N(\mu,\sigma^2)$ 的一个样本，求 $E\left[\sum_{i=1}^{n}(X_i-\overline{X})^2\right]$.

9. 设总体 $X \sim \chi^2(n)$，$X_1,X_2,\cdots,X_{10}$ 是来自总体 X 的一个样本，求 $E(\overline{X})$，$D(\overline{X})$，$E(S^2)$.

10. 设总体 $X \sim N(0,2^2)$，$X_1,X_2,\cdots,X_{15}$ 是来自总体 X 的一个样本，求

$$Y=\frac{X_1^2+X_2^2+\cdots+X_{10}^2}{2(X_{11}^2+X_{12}^2+X_{13}^2+X_{14}^2+X_{15}^2)}$$

所服从的分布.

11. 设总体 $X \sim N(80,4^2)$，从总体 X 中应抽取至少多大容量的样本，才能使样本均值 $\overline{X}$ 大于 78 的概率不小于 0.975? $[\Phi(1.96)=0.975]$

12. 设 $X_1,X_2,\cdots,X_n(n \geqslant 2)$ 是来自总体 $X \sim N(0,1)$ 的一个样本，证明：

$$\frac{(n-1)X_1^2}{\sum_{i=2}^{n}X_i^2} \sim F(1,n-1).$$

13. 设总体 X 与 Y 相互独立且同服从正态分布 $N(0,4^2)$，而 $X_1,X_2,\cdots,X_{16}$ 和 $Y_1,Y_2,\cdots,Y_{16}$ 分别是来自总体 X 和 Y 的样本，求 $Z=\dfrac{X_1+X_2+\cdots+X_{16}}{\sqrt{Y_1^2+Y_2^2+\cdots+Y_{16}^2}}$ 所服从的分布.

14. 设 X_1,X_2,X_3,X_4,X_5 是来自总体 $X \sim N(0,0.5^2)$ 的一个样本，求 $P\left\{\sum_{i=1}^{5}X_i^2>3.2\right\}$.

15. 设总体 $X \sim N(\mu,4^2)$，$X_1,X_2,\cdots,X_{10}$ 是来自总体 X 的一个样本. 已知 $P\{S^2>a\}=0.1$，求常数 a 的值.

16. 设总体 $X \sim N(21,2^2)$，$X_1,X_2,\cdots,X_{25}$ 是来自总体 X 的一个样本，求：

(1) 样本均值 $\overline{X}$ 的数学期望和方差；

(2) $P\{|\overline{X}-21|\leqslant 0.24\}$.

17. 设总体 $X\sim N(0,1)$，X_1,X_2,X_3,X_4,X_5 是来自总体 X 的一个样本，求 $\dfrac{2X_1}{\sqrt{\sum_{i=2}^{5}X_i}}$ 所服从的分布.

18. 从总体 $X\sim N(20,3)$ 中抽取容量分别为 10，15 的两个独立样本，求其样本均值差的绝对值大于 0.3 的概率.

19. 设 $X_1,X_2,\cdots,X_6$ 是来自正态总体 $X\sim N(0,1)$ 的一个样本，记 $Y=(X_1+X_3+X_5)^2+(X_2+X_4+X_6)^2$，试确定常数 a 的值，使得随机变量 aY 服从 χ^2 分布.

20. 设总体 $X\sim N(\mu,\sigma^2)$，其中 μ,σ^2 均未知. 从总体 X 中抽取容量为 16 的样本，其样本方差为 S^2，求：(1) $P\left\{\dfrac{S^2}{\sigma^2}\leqslant 2.041\right\}$；(2) $D(S^2)$.

21. 设 $X_1,X_2,\cdots,X_n$ 和 $Y_1,Y_2,\cdots,Y_n$ 是分别来自正态总体 $X\sim N(\mu_1,\sigma^2)$ 和 $Y\sim N(\mu_2,\sigma^2)$ 的样本，且 X 与 Y 相互独立，求下列统计量所服从的分布：

(1) $\dfrac{(n-1)(S_1^2+S_2^2)}{\sigma^2}$；

(2) $\dfrac{n[(\overline{X}-\overline{Y})-(\mu_1-\mu_2)]^2}{S_1^2+S_2^2}$.

第六章 参数估计

数理统计的核心内容就是统计推断,即通过来自总体的样本对总体的分布或总体分布中的某些未知参数进行推断.统计推断由两大部分内容组成:一是参数估计,二是假设检验.本章重点讨论参数估计,分为总体参数的点估计和区间估计这两类.

人们在做出某项决策之前,通常要对许多情况做出判断或估计.例如,商人要在某个地方开设一个新的超市,事先要估计该地区居民的消费能力;企业要在电视节目中投放广告,事先要估计该档电视节目的收视率;制药厂研发一种新药,在投放市场之前,肯定要监测分析该药的疗效程度;等等.但受实际条件的限制,人们往往只能得到来自所关心问题(总体)的部分信息(样本).参数估计则提供了一套科学的方法,使我们能从样本中提炼出有用的信息并估计出总体分布中的未知参数.

导学

§6.1 参数的点估计

设总体 X 的分布中含有未知参数 θ，从总体 X 中抽取样本 $X_1,X_2,\cdots,X_n$，相应的样本值为 $x_1,x_2,\cdots,x_n$，点估计问题就是要求出适当的统计量 $\hat{\theta}(X_1,X_2,\cdots,X_n)$，用它的观察值 $\hat{\theta}(x_1,x_2,\cdots,x_n)$ 作为未知参数 θ 的估计值. 习惯上，称 $\hat{\theta}(X_1,X_2,\cdots,X_n)$ 为参数 θ 的**点估计量**，称 $\hat{\theta}(x_1,x_2,\cdots,x_n)$ 为参数 θ 的**点估计值**.

现在介绍两种求未知参数的点估计量（或点估计值）的方法：矩估计法和最大似然估计法.

一、矩估计法

微课视频

设总体 X 的分布中含有未知参数 $\theta_1,\theta_2,\cdots,\theta_m$，假定总体 X 的 $1,2,\cdots,m$ 阶原点矩都存在，则一般来说，它们都是 $\theta_1,\theta_2,\cdots,\theta_m$ 的函数，即

$$\mu_k(X)=E(X^k)=\mu_k(\theta_1,\theta_2,\cdots,\theta_m)\quad (k=1,2,\cdots,m).$$

从总体 X 中抽取样本 $X_1,X_2,\cdots,X_n$，用样本 k 阶原点矩 $\frac{1}{n}\sum\limits_{i=1}^{n}X_i^k$ 作为总体 X 的 k 阶原点矩 $\mu_k(X)$ 的估计量，即

$$\mu_k(X)=\frac{1}{n}\sum_{i=1}^{n}X_i^k\quad (k=1,2,\cdots,m).$$

由此得到方程组

$$\begin{cases}\mu_1(\theta_1,\theta_2,\cdots,\theta_m)=\dfrac{1}{n}\sum\limits_{i=1}^{n}X_i,\\ \mu_2(\theta_1,\theta_2,\cdots,\theta_m)=\dfrac{1}{n}\sum\limits_{i=1}^{n}X_i^2,\\ \cdots\cdots\\ \mu_m(\theta_1,\theta_2,\cdots,\theta_m)=\dfrac{1}{n}\sum\limits_{i=1}^{n}X_i^m,\end{cases}\tag{6.1}$$

解方程组(6.1)得

$$\begin{cases}\hat{\theta}_1=\hat{\theta}_1(X_1,X_2,\cdots,X_n),\\ \hat{\theta}_2=\hat{\theta}_2(X_1,X_2,\cdots,X_n),\\ \cdots\cdots\\ \hat{\theta}_m=\hat{\theta}_m(X_1,X_2,\cdots,X_n).\end{cases}$$

它们分别是未知参数 $\theta_1,\theta_2,\cdots,\theta_m$ 的估计量，称为**矩估计量**. 如果已知样本值为 $x_1,x_2,\cdots,x_n$，则称矩估计量的观察值

$$\begin{cases}\hat{\theta}_1=\hat{\theta}_1(x_1,x_2,\cdots,x_n),\\ \hat{\theta}_2=\hat{\theta}_2(x_1,x_2,\cdots,x_n),\\ \quad\cdots\cdots\\ \hat{\theta}_m=\hat{\theta}_m(x_1,x_2,\cdots,x_n)\end{cases}$$

分别为未知参数 $\theta_1,\theta_2,\cdots,\theta_m$ 的**矩估计值**. 这种求未知参数的点估计的方法称为**矩估计法**.

例 1 设总体 $X\sim E(\lambda)$，其概率密度为

$$f(x,\lambda)=\begin{cases}\lambda \mathrm{e}^{-\lambda x}, & x>0,\\ 0, & x\leqslant 0,\end{cases}$$

其中 $\lambda>0$ 为未知参数. 如果取得样本值为 $x_1,x_2,\cdots,x_n$，求 λ 的矩估计值.

解 总体 X 的概率密度中只有一个未知参数，只需要用样本一阶原点矩 $\overline{X}$ 作为总体一阶原点矩的估计量，于是

$$E(X)=\int_0^{+\infty}x\cdot\lambda \mathrm{e}^{-\lambda x}\,\mathrm{d}x=\frac{1}{\lambda},\quad \frac{1}{\lambda}=\frac{1}{n}\sum_{i=1}^{n}X_i=\overline{X}.$$

由此解得 λ 的矩估计量为

$$\hat{\lambda}=\frac{1}{\overline{X}},$$

λ 的矩估计值为

$$\hat{\lambda}=\frac{n}{\sum\limits_{i=1}^{n}x_i}.$$

例 2 设总体 $X\sim N(\mu,\sigma^2)$，其中 μ,σ^2 均为未知参数. 如果取得样本值为 $x_1,x_2,\cdots,x_n$，求 μ 与 σ^2 的矩估计值.

解 因为总体 X 的分布中含有两个未知参数，所以考虑用样本一阶、二阶原点矩作为总体一阶、二阶原点矩的估计量. 又 $E(X)=\mu$，$E(X^2)=D(X)+[E(X)]^2=\sigma^2+\mu^2$，按矩估计法可得方程组

$$\begin{cases}\mu=\dfrac{1}{n}\sum\limits_{i=1}^{n}X_i,\\ \sigma^2+\mu^2=\dfrac{1}{n}\sum\limits_{i=1}^{n}X_i^2,\end{cases}$$

解得 μ 与 σ^2 的矩估计量分别为

$$\begin{cases}\hat{\mu}=\dfrac{1}{n}\sum\limits_{i=1}^{n}X_i=\overline{X},\\ \hat{\sigma}^2=\dfrac{1}{n}\sum\limits_{i=1}^{n}X_i^2-\overline{X}^2=\dfrac{1}{n}\sum\limits_{i=1}^{n}(X_i-\overline{X})^2,\end{cases}$$

因此 μ 与 σ^2 的矩估计值分别为

$$\begin{cases}\hat{\mu}=\dfrac{1}{n}\sum\limits_{i=1}^{n}x_i=\overline{x},\\ \hat{\sigma}^2=\dfrac{1}{n}\sum\limits_{i=1}^{n}(x_i-\overline{x})^2.\end{cases}$$

由此可见,总体均值 $E(X)$ 的矩估计值是样本均值 $\overline{x}$,总体方差 $D(X)$ 的矩估计值是样本二阶中心矩 $\dfrac{1}{n}\sum\limits_{i=1}^{n}(x_i-\overline{x})^2$.

从例 2 的解题过程易知,这个结论不仅对正态总体成立,无论总体 X 服从什么分布,只要总体的均值与方差存在,上述结论都是成立的.

例 3 设总体 X 的分布律如表 6-1 所示,其中 θ 为未知参数. 现抽取一个样本,样本值为 $x_1=2,x_2=2,x_3=3$,求 θ 的矩估计值.

表 6-1

X	1	2	3
P	θ^2	$2\theta(1-\theta)$	$(1-\theta)^2$

解 由题意知,总体 X 的一阶原点矩为

$$E(X)=1\times\theta^2+2\times2\theta(1-\theta)+3\times(1-\theta)^2=3-2\theta,$$

样本一阶原点矩为

$$\overline{x}=\frac{1}{3}(2+2+3)=\frac{7}{3}.$$

由 $E(X)=\overline{x}$,得 $3-2\theta=\dfrac{7}{3}$,解得 $\theta=\dfrac{1}{3}$,即 θ 的矩估计值为 $\hat{\theta}=\dfrac{1}{3}$.

矩估计法的优点是计算起来直观简便,对总体的均值与方差进行估计时,并不需要知道总体服从什么分布,只要知道总体矩即可. 但是,对于那些原点矩不存在的总体,矩估计法就不再适用了.

二、最大似然估计法

最大似然估计法的基本思想是在已经得到试验结果的情况下,寻找使得这个结果出现的可能性最大的那个 θ 值,将其作为 θ 的估计值 $\hat{\theta}$.

注 最大似然估计法首先由德国数学家高斯于 1821 年提出,英国统计学家费希尔(Fisher) 于 1912 年重新提出并做了进一步的研究.

下面分别就离散型总体和连续型总体两种情形做具体讨论.

(1) 设总体 X 是离散型随机变量,分布律为 $P\{X=x\}=p(x,\theta)$,其中 θ 是未知参数. 从总体 X 中抽取样本 $X_1,X_2,\cdots,X_n$,如果得到样本值为 $x_1,x_2,\cdots,x_n$,则表明随机事件 $\{X_1=x_1\},\{X_2=x_2\},\cdots,\{X_n=x_n\}$ 发生了. 因为随机变量 $X_1,X_2,\cdots,X_n$ 相互独立且与总体 X 有相同的分布律,所以上述 n 个随机事件同时发生的概率为

微课视频

$$P\left\{\bigcap_{i=1}^{n}\{X_i=x_i\}\right\}=\prod_{i=1}^{n}P\{X_i=x_i\}=\prod_{i=1}^{n}p(x_i,\theta).$$

设

$$L(\theta)=\prod_{i=1}^{n}p(x_i,\theta), \tag{6.2}$$

称函数 $L(\theta)$ 为**似然函数**,对于确定的样本值 $x_1,x_2,\cdots,x_n$,它是未知参数 θ 的函数. 似然函数 $L(\theta)$ 的值的大小意味着该样本值出现的可能性大小.

最大似然估计就是:如果已经得到样本值 $x_1,x_2,\cdots,x_n$,则我们应当选取使得似然函数 $L(\theta)$ 达到最大值的参数 θ 的值作为参数 θ 的估计值 $\hat{\theta}$. 利用最大似然估计法求得的参数估计值称为**最大似然估计值**. 求未知参数 θ 的最大似然估计值的问题,就是求似然函数 $L(\theta)$ 的最大值点的问题,当似然函数 $L(\theta)$ 可导时,这个问题可以转化为求解方程

$$\frac{\mathrm{d}L(\theta)}{\mathrm{d}\theta}=0. \tag{6.3}$$

因为 $\ln L(\theta)$ 是 $L(\theta)$ 的单调增加函数,所以 $\ln L(\theta)$ 与 $L(\theta)$ 在 θ 的同一点处取得最大值. 因此,可以将求解方程(6.3)转化为求解方程

$$\frac{\mathrm{d}\ln L(\theta)}{\mathrm{d}\theta}=0. \tag{6.4}$$

解方程(6.4)就可以得到参数 θ 的最大似然估计值.

例 4 设总体 $X\sim P(\lambda)$,其中 $\lambda>0$ 为未知参数. 如果取得样本值为 $x_1,x_2,\cdots,x_n$,求参数 λ 的最大似然估计值.

解 总体 X 的分布律为

$$P\{X=x\}=\frac{\lambda^x}{x!}\mathrm{e}^{-\lambda}\quad(x=0,1,2,\cdots),$$

则似然函数为

$$L(\lambda)=\prod_{i=1}^{n}\left(\frac{\lambda^{x_i}}{x_i!}\mathrm{e}^{-\lambda}\right)=\frac{\lambda^{\sum\limits_{i=1}^{n}x_i}\mathrm{e}^{-n\lambda}}{\prod\limits_{i=1}^{n}(x_i!)}.$$

对上式取对数得

$$\ln L(\lambda)=\left(\sum_{i=1}^{n}x_i\right)\ln\lambda-\sum_{i=1}^{n}\ln(x_i!)-n\lambda,$$

于是

$$\frac{\mathrm{d}\ln L(\lambda)}{\mathrm{d}\lambda}=\frac{1}{\lambda}\sum_{i=1}^{n}x_i-n=0.$$

由此解得 λ 的最大似然估计值为

$$\hat{\lambda}=\frac{1}{n}\sum_{i=1}^{n}x_i=\overline{x}.$$

(2) 设总体 X 是连续型随机变量,概率密度为 $f(x,\theta)$,其中 θ 是未知参数. 从总体 X 中抽取样本 $X_1,X_2,\cdots,X_n$,如果得到样本值为 $x_1,x_2,\cdots,x_n$,则随机变量 X_i 落在点 x_i 的邻域(设其长度为 Δx_i)内的概率近似等于 $f(x_i,\theta)\Delta x_i(i=1,2,\cdots,n)$. 因为这 n 个随机事件相互独立,所以它们同时发生的概率近似等于 $\prod\limits_{i=1}^{n}f(x_i,\theta)\Delta x_i$. 根据最大似然估计法,应该选择使得概率 $\prod\limits_{i=1}^{n}f(x_i,\theta)\Delta x_i$ 达到最大值的参数 θ 的值. 因为 $\Delta x_i(i=1,2,\cdots,n)$ 与 θ 无关,我们取似然函数为

$$L(\theta)=\prod_{i=1}^{n}f(x_i,\theta). \tag{6.5}$$

类似于离散型总体,可以求出参数 θ 的最大似然估计值.

例 5 设总体 X 在区间 $(0,\theta)$ 上服从均匀分布,其中 $\theta>0$ 是未知参数. 如果取得样本值为 $x_1,x_2,\cdots,x_n$,求参数 θ 的最大似然估计值.

解 总体 X 的概率密度为

$$f(x,\theta)=\begin{cases}\dfrac{1}{\theta}, & 0<x<\theta,\\ 0, & \text{其他},\end{cases}$$

则似然函数为

$$L(\theta)=\prod_{i=1}^{n}\frac{1}{\theta}=\theta^{-n}.$$

对上式取对数得

$$\ln L(\theta)=-n\ln\theta,$$

于是

$$\frac{\mathrm{d}\ln L(\theta)}{\mathrm{d}\theta}=-\frac{n}{\theta}<0.$$

似然函数单调减少,则 θ 的最大似然估计值应尽可能地小,但不能小于样本值 $x_1,x_2,\cdots,x_n$,所以参数 θ 的最大似然估计值为

$$\hat{\theta}=\max\{x_i\}.$$

当总体 X 的分布中含有多个未知参数 $\theta_1,\theta_2,\cdots,\theta_m$ 时,似然函数 L 是这些

参数的多元函数 $L(\theta_1,\theta_2,\cdots,\theta_m)$，为了求似然函数 L 的最大值，有下列方程组

$$\frac{\partial \ln L}{\partial \theta_i}=0 \quad (i=1,2,\cdots,m). \tag{6.6}$$

解方程组(6.6)，就可以得到参数 $\theta_1,\theta_2,\cdots,\theta_m$ 的最大似然估计值.

例 6 设总体 $X\sim N(\mu,\sigma^2)$，其中 μ 与 $\sigma^2>0$ 都是未知参数. 如果取得样本值为 $x_1,x_2,\cdots,x_n$，求参数 μ 与 σ^2 的最大似然估计值.

解 似然函数为

$$L(\mu,\sigma^2)=\prod_{i=1}^{n}\left(\frac{1}{\sqrt{2\pi}\sigma}\mathrm{e}^{-\frac{(x_i-\mu)^2}{2\sigma^2}}\right)=(\sqrt{2\pi})^{-n}(\sigma^2)^{-\frac{n}{2}}\mathrm{e}^{-\frac{1}{2\sigma^2}\sum_{i=1}^{n}(x_i-\mu)^2},$$

对上式取对数得

$$\ln L(\mu,\sigma^2)=-n\ln\sqrt{2\pi}-\frac{n}{2}\ln\sigma^2-\frac{1}{2\sigma^2}\sum_{i=1}^{n}(x_i-\mu)^2.$$

因此，由

$$\begin{cases}\dfrac{\partial \ln L(\mu,\sigma^2)}{\partial \mu}=\dfrac{1}{\sigma^2}\displaystyle\sum_{i=1}^{n}(x_i-\mu)=0,\\ \dfrac{\partial \ln L(\mu,\sigma^2)}{\partial \sigma^2}=\dfrac{1}{2\sigma^4}\displaystyle\sum_{i=1}^{n}(x_i-\mu)^2-\dfrac{n}{2\sigma^2}=0,\end{cases}$$

可得参数 μ 和 σ^2 的最大似然估计值分别为

$$\hat{\mu}=\frac{1}{n}\sum_{i=1}^{n}x_i=\bar{x}, \quad \hat{\sigma}^2=\frac{1}{n}\sum_{i=1}^{n}(x_i-\bar{x})^2.$$

与例 2 进行比较，我们发现正态总体的均值及方差的最大似然估计值与矩估计值是相同的. 最大似然估计具有以下性质：设参数 θ 的函数 $\varphi=\varphi(\theta)$ 具有单值反函数，如果 $\hat{\theta}$ 是 θ 的最大似然估计，则 $\hat{\varphi}=\varphi(\hat{\theta})$ 是 $\varphi(\theta)$ 的最大似然估计.

§ 6.2 衡量点估计量好坏的标准

§ 6.1 中介绍了两种求总体分布中未知参数的点估计的方法. 对于同一个未知参数，用不同的估计法得到的点估计量可能不同，那么究竟用哪种估计法好呢？为此，应当建立衡量点估计量好坏的标准，参数 θ 的所谓“最佳估计量” $\hat{\theta}(X_1,X_2,\cdots,X_n)$ 应当是某种意义下最接近于 θ 的，因此一般认为好的估计量应当符合以下标准.

微课视频

一、无偏性

定义 6.1 设参数θ的估计量$\hat{\theta}=\hat{\theta}(X_1,X_2,\cdots,X_n)$的数学期望存在且等于$\theta$,即

$$E(\hat{\theta})=\theta,$$

则称$\hat{\theta}$为θ的**无偏估计量**. 如果样本值为$x_1,x_2,\cdots,x_n$,则称$\hat{\theta}(x_1,x_2,\cdots,x_n)$为$\theta$的**无偏估计值**.

显然,用参数θ的无偏估计量$\hat{\theta}$代替参数θ时所产生的误差的数学期望为0,即不含有系统误差.

现在证明两个重要结论:设总体X的均值$E(X)=\mu$,方差$D(X)=\sigma^2$,则

(1) 样本均值$\overline{X}=\frac{1}{n}\sum_{i=1}^{n}X_i$是总体均值$\mu$的无偏估计量;

(2) 样本方差$S^2=\frac{1}{n-1}\sum_{i=1}^{n}(X_i-\overline{X})^2$是总体方差$\sigma^2$的无偏估计量.

证明 因为样本$X_1,X_2,\cdots,X_n$相互独立,且与总体X服从相同的分布,所以有

$$E(X_i)=\mu,\quad D(X_i)=\sigma^2\quad(i=1,2,\cdots,n).$$

$$(1)\ E(\overline{X})=E\left(\frac{1}{n}\sum_{i=1}^{n}X_i\right)=\frac{1}{n}\sum_{i=1}^{n}E(X_i)=\frac{1}{n}\cdot n\mu=\mu,$$

所以$\overline{X}$是μ的无偏估计量.

$$(2)\ S^2=\frac{1}{n-1}\sum_{i=1}^{n}(X_i-\overline{X})^2=\frac{1}{n-1}\left(\sum_{i=1}^{n}X_i^2-n\overline{X}^2\right),$$

$$E(X_i^2)=D(X_i)+[E(X_i)]^2=\sigma^2+\mu^2,$$

$$E(\overline{X}^2)=D(\overline{X})+[E(\overline{X})]^2=\frac{\sigma^2}{n}+\mu^2,$$

所以

$$E(S^2)=E\left[\frac{1}{n-1}\left(\sum_{i=1}^{n}X_i^2-n\overline{X}^2\right)\right]=\frac{1}{n-1}\left[\sum_{i=1}^{n}E(X_i^2)-nE(\overline{X}^2)\right]$$

$$=\frac{1}{n-1}\left[n(\sigma^2+\mu^2)-n\left(\frac{\sigma^2}{n}+\mu^2\right)\right]=\sigma^2,$$

则S^2是σ^2的无偏估计量.

注 如果$\hat{\theta}$是θ的无偏估计量,$g(\theta)$是θ的函数,未必能推出$g(\hat{\theta})$是$g(\theta)$的无偏估计量. 例如,总体$X\sim N(\mu,\sigma^2)$,$\overline{X}$是μ的无偏估计量,但$\overline{X}^2$却不是μ^2的无偏估计量. 因为$E(\overline{X}^2)=D(\overline{X})+[E(\overline{X})]^2=\frac{\sigma^2}{n}+\mu^2$,而$\sigma^2>0$,所以$E(\overline{X}^2)\neq\mu^2$.

例 1 设总体 $X\sim N(0,\sigma^2)$，$X_1,X_2,\cdots,X_n$ 是来自这一总体的样本.

(1) 证明：$\hat{\sigma}^2=\frac{1}{n}\sum_{i=1}^{n}X_i^2$ 是 σ^2 的无偏估计量；

(2) 求 $D(\hat{\sigma}^2)$.

证明 (1)
$$E(\hat{\sigma}^2)=E\left(\frac{1}{n}\sum_{i=1}^{n}X_i^2\right)=\frac{1}{n}\sum_{i=1}^{n}E(X_i^2)$$
$$=\frac{1}{n}\sum_{i=1}^{n}\{D(X_i)+[E(X_i)]^2\}=\frac{1}{n}\cdot n\sigma^2$$
$$=\sigma^2,$$
所以 $\hat{\sigma}^2$ 是 σ^2 的无偏估计量.

(2) 因为 $\frac{X_i}{\sigma}\sim N(0,1)(i=1,2,\cdots,n)$，则 $\sum_{i=1}^{n}\left(\frac{X_i}{\sigma}\right)^2\sim\chi^2(n)$，$D\left[\sum_{i=1}^{n}\left(\frac{X_i}{\sigma}\right)^2\right]=2n$，所以
$$D(\hat{\sigma}^2)=D\left(\frac{1}{n}\sum_{i=1}^{n}X_i^2\right)=\frac{\sigma^4}{n^2}D\left[\sum_{i=1}^{n}\left(\frac{X_i}{\sigma}\right)^2\right]=\frac{\sigma^4}{n^2}\cdot 2n=\frac{2\sigma^4}{n}.$$

二、有效性

对一个参数 θ 而言，常有多个无偏估计量，我们自然要选用对 θ 的偏离程度较小的估计量，即一个好的估计量应该有尽可能小的方差. 由此引入衡量估计量的另一标准 —— 有效性.

定义 6.2 设 $\hat{\theta}_1=\hat{\theta}_1(X_1,X_2,\cdots,X_n)$ 和 $\hat{\theta}_2=\hat{\theta}_2(X_1,X_2,\cdots,X_n)$ 都是参数 θ 的无偏估计量. 若 $D(\hat{\theta}_1)<D(\hat{\theta}_2)$，则称 $\hat{\theta}_1$ 比 $\hat{\theta}_2$ **有效**.

注 在数理统计中常用到最小方差无偏估计量，其定义如下.

设 $X_1,X_2,\cdots,X_n$ 是来自总体 X 的一个样本，$\hat{\theta}(X_1,X_2,\cdots,X_n)$ 是未知参数 θ 的一个估计量. 若 $\hat{\theta}$ 满足：

(1) $E(\hat{\theta})=\theta$，即 $\hat{\theta}$ 为 θ 的无偏估计量，

(2) $D(\hat{\theta})\leqslant D(\hat{\theta}^*)$，其中 $\hat{\theta}^*$ 是 θ 的任一无偏估计量，

则称 $\hat{\theta}$ 为 θ 的**最小方差无偏估计量**(也称**最佳无偏估计量**).

例 2 设 $X_1,X_2,\cdots,X_n$ 是来自均值为 μ、方差为 σ^2 的总体 X 的样本，$\overline{X}$，$X_i(i=1,2,\cdots,n)$ 均为总体均值 $E(X)=\mu$ 的无偏估计量，问：哪一个估计量更有效？

解 由于 $\overline{X}$，$X_i(i=1,2,\cdots,n)$ 均为 μ 的无偏估计量，因此

$$E(X_i)=\mu,\quad E(\overline{X})=\mu,$$

$$D(X_i)=\sigma^2,\quad D(\overline{X})=\frac{\sigma^2}{n},$$

从而 $\overline{X}$ 比 $X_i(i=1,2,\cdots,n)$ 更有效.

例 3 分别从总体 $N(\mu_1,\sigma^2)$ 和 $N(\mu_2,\sigma^2)$ 中抽取容量为 n_1,n_2 的两个独立样本,其样本方差分别为 S_1^2,S_2^2,证明:对于任意常数 $a,b(a+b=1)$, $Z=aS_1^2+bS_2^2$ 都是 σ^2 的无偏估计量,并确定常数 a,b 的值,使得 $D(Z)$ 达到最小.

证明 由于 $E(S_1^2)=\sigma^2,E(S_2^2)=\sigma^2$,因此当 $a+b=1$ 时,有

$$E(Z)=aE(S_1^2)+bE(S_2^2)=a\sigma^2+b\sigma^2=\sigma^2,$$

即 Z 是 σ^2 的无偏估计量.

由定理 5.2(4) 可知

$$\frac{(n_1-1)}{\sigma^2}S_1^2\sim\chi^2(n_1-1),\quad \frac{(n_2-1)}{\sigma^2}S_2^2\sim\chi^2(n_2-1),$$

则

$$D(S_1^2)=\frac{2\sigma^4}{n_1-1},\quad D(S_2^2)=\frac{2\sigma^4}{n_2-1}.$$

又 S_1^2 与 S_2^2 相互独立,所以

$$D(Z)=D(aS_1^2+bS_2^2)=a^2\frac{2\sigma^4}{n_1-1}+b^2\frac{2\sigma^4}{n_2-1}=\left[\frac{a^2}{n_1-1}+\frac{(1-a)^2}{n_2-1}\right]\cdot 2\sigma^4.$$

令

$$\frac{\mathrm{d}D(Z)}{\mathrm{d}a}=2\sigma^4\left[\frac{2a}{n_1-1}-\frac{2(1-a)}{n_2-1}\right]=0,$$

解得 $a=\dfrac{n_1-1}{n_1+n_2-2}$,从而 $b=\dfrac{n_2-1}{n_1+n_2-2}$. 又

$$\frac{\mathrm{d}^2D(Z)}{\mathrm{d}a^2}=2\sigma^4\left(\frac{2}{n_1-1}+\frac{2}{n_2-1}\right)>0,$$

所以 $a=\dfrac{n_1-1}{n_1+n_2-2}$ 为唯一极小值点. 故当 $a=\dfrac{n_1-1}{n_1+n_2-2},b=\dfrac{n_2-1}{n_1+n_2-2}$ 时,

$$Z=\frac{1}{n_1+n_2-2}[(n_1-1)S_1^2+(n_2-1)S_2^2]=S_W^2$$

具有最小方差.

注 对于方差相等的双正态总体,统计量 S_W^2 是方差 σ^2 的最佳无偏估计量.

三、相合性

我们不仅希望一个估计量是无偏的，且具有最小方差，还希望当样本容量无限增大时，估计量能在某种意义下任意接近未知参数的真值. 由此引入相合性的衡量标准.

定义 6.3 设 $\hat{\theta}=\hat{\theta}(X_1,X_2,\cdots,X_n)$ 为未知参数 θ 的估计量. 若 $\hat{\theta}$ 依概率收敛于 θ，即对于任意的 $\varepsilon>0$，有

$$\lim_{n\to\infty}P\{|\hat{\theta}-\theta|<\varepsilon\}=1 \quad 或 \quad \lim_{n\to\infty}P\{|\hat{\theta}-\theta|\geqslant\varepsilon\}=0,$$

则称 $\hat{\theta}$ 为 θ 的**相合估计量**.

例 4 设 $X_1,X_2,\cdots,X_n$ 是来自总体 X 的一个样本，且 $E(X^k)$ 存在，k 为正整数，证明：$\frac{1}{n}\sum_{i=1}^{n}X_i^k$ 为 $E(X^k)$ 的相合估计量.

证明 对于指定的 k，令 $Y=X^k$，$Y_i=X_i^k$，则 $Y_1,Y_2,\cdots,Y_n$ 相互独立且与 Y 同分布，则 $E(Y_i)=E(Y)=E(X^k)$. 于是，由大数定律知，对于任意的 $\varepsilon>0$，有

$$\lim_{n\to\infty}P\left\{\left|\frac{1}{n}\sum_{i=1}^{n}Y_i-E(Y)\right|<\varepsilon\right\}=\lim_{n\to\infty}P\left\{\left|\frac{1}{n}\sum_{i=1}^{n}X_i^k-E(X^k)\right|<\varepsilon\right\}=1,$$

从而 $\frac{1}{n}\sum_{i=1}^{n}X_i^k$ 是 $E(X^k)$ 的相合估计量.

特别地，样本均值 $\overline{X}$ 是总体均值 $E(X)$ 的相合估计量.

例 5 设总体 $X\sim N(\mu,\sigma^2)$，$X_1,X_2,\cdots,X_n$ 为其样本，证明：样本方差 S^2 是 σ^2 的相合估计量.

证明 因为

$$E(S^2)=\sigma^2,\quad \frac{(n-1)S^2}{\sigma^2}\sim\chi^2(n-1),\quad D\left[\frac{(n-1)S^2}{\sigma^2}\right]=2(n-1),$$

所以 $D(S^2)=\frac{2\sigma^4}{n-1}$. 由切比雪夫不等式可得

$$0\leqslant P\{|S^2-E(S^2)|\geqslant\varepsilon\}=P\{|S^2-\sigma^2|\geqslant\varepsilon\}\leqslant\frac{D(S^2)}{\varepsilon^2}=\frac{2\sigma^4}{\varepsilon^2(n-1)},$$

当 $n\to\infty$ 时，上式左、右两端均趋于 0，故由相合性的定义可知，S^2 是 σ^2 的相合估计量.

综上所述，可知样本均值 $\overline{X}$ 与样本方差 S^2 分别是总体均值 μ 与总体方差 σ^2 的无偏、相合估计量.

例 6 设总体 $X \sim U(0,\theta)$,$X_1,X_2,\cdots,X_n$ 是来自总体 X 的一个样本,证明:$\hat{\theta}=2\overline{X}$ 为 θ 的相合估计量.

证明 由已知,

$$E(\hat{\theta})=E(2\overline{X})=2E(\overline{X})=2E(X)=2\cdot\frac{\theta+0}{2}=\theta,$$

$$D(\hat{\theta})=D(2\overline{X})=4D(\overline{X})=4\cdot\frac{1}{n}D(X)=\frac{4}{n}\cdot\frac{(\theta-0)^2}{12}=\frac{\theta^2}{3n},$$

则由切比雪夫不等式有

$$0\leqslant P\{|\hat{\theta}-E(\hat{\theta})|\geqslant\varepsilon\}=P\{|\hat{\theta}-\theta|\geqslant\varepsilon\}\leqslant\frac{D(\hat{\theta})}{\varepsilon^2}=\frac{\theta^2}{3n\varepsilon^2}.$$

当 $n\to\infty$ 时,上式左、右两端均趋于 0,由相合性的定义可知,$\hat{\theta}=2\overline{X}$ 是 θ 的相合估计量.

§ 6.3 区间估计

前面讨论了参数的点估计,它是根据样本算得的一个值去估计未知参数,即点估计值仅仅是未知参数的一个近似值,我们并不知道这个近似值的误差范围.如果能得到一个估计区间,让我们可以较大把握地相信未知参数的真值包含在这个区间内,这样的估计显然更有实用价值.

微课视频

为此,本节将引入区间估计,在区间估计的理论中,置信区间是应用最广泛的一种类型,它是由奈曼(Neyman)于 1934 年提出的.

一、置信区间的概念

定义 6.4 设总体 X 的分布中含有未知参数 θ.如果对于给定的概率 $1-\alpha(0<\alpha<1)$,存在两个统计量 $\hat{\theta}_1=\hat{\theta}_1(X_1,X_2,\cdots,X_n)$ 与 $\hat{\theta}_2=\hat{\theta}_2(X_1,X_2,\cdots,X_n)$,使得

$$P\{\hat{\theta}_1<\theta<\hat{\theta}_2\}=1-\alpha, \tag{6.7}$$

则称随机区间 $(\hat{\theta}_1,\hat{\theta}_2)$ 为参数 θ 的置信水平是 $1-\alpha$ 的**置信区间**,其中 $\hat{\theta}_1$ 与 $\hat{\theta}_2$ 分别称为**置信下限**与**置信上限**,$1-\alpha$ 称为**置信水平**.

置信区间的意义可以解释如下.

(1) $(\hat{\theta}_1,\hat{\theta}_2)$ 是随机区间,式(6.7)的含义是随机区间 $(\hat{\theta}_1,\hat{\theta}_2)$ 包含 θ 的概率为 $1-\alpha$.例如,当取 $\alpha=0.05$ 时,如果取 100 个容量为 n 的样本值,可以得到

100 个置信区间，那么其中大约有 95 个置信区间是包含 θ 的. 所以，如果只抽取一个容量为 n 的样本，得到一个具体的置信区间 $(\hat{\theta}_1,\hat{\theta}_2)$，就认为它包含 θ，这样的判断可能是错误的，但只要 α 很小，判断错了的可能性就很小.

(2) 置信水平与估计精度是一对矛盾. 置信水平 $1-\alpha$ 越大，置信区间 $(\hat{\theta}_1,\hat{\theta}_2)$ 包含 θ 的真值的概率就越大，区间 $(\hat{\theta}_1,\hat{\theta}_2)$ 的长度也就越大，对未知参数 θ 的估计精度就越低；反之，对参数 θ 的估计精度越高，置信区间 $(\hat{\theta}_1,\hat{\theta}_2)$ 的长度就越小，$(\hat{\theta}_1,\hat{\theta}_2)$ 包含 θ 的真值的概率就越小，置信水平 $1-\alpha$ 就越小. 一般准则是：在保证置信水平的条件下尽可能提高估计精度.

构造置信区间的一般方法如下：

(1) 构造一个含有未知参数 θ 而不含其他未知参数的样本函数 $T(X_1,X_2,\cdots,X_n;\theta)$，使得其分布已知且与 θ 无关.

(2) 对于给定的置信水平 $1-\alpha$，根据 T 的分布找出两个临界值 c 与 d，使得 $P\{c<T(X_1,X_2,\cdots,X_n;\theta)<d\}=1-\alpha$.

(3) 将不等式 $c<T<d$ 转换为等价形式 $\hat{\theta}_1<\theta<\hat{\theta}_2$，则有 $P\{\hat{\theta}_1<\theta<\hat{\theta}_2\}=1-\alpha$. 于是，$(\hat{\theta}_1,\hat{\theta}_2)$ 即为 θ 的置信水平为 $1-\alpha$ 的置信区间.

关于区间估计的问题，如果已知样本函数的分布，则问题不难解决. 前面已经讨论了正态总体的某些样本函数的分布，所以现在我们先来讨论正态总体中的未知参数的区间估计问题.

设总体 X 服从正态分布 $N(\mu,\sigma^2)$，从中抽取容量为 n 的样本，得到样本值为 $x_1,x_2,\cdots,x_n$，下面来求总体均值 μ 或方差 σ^2 的置信水平为 $1-\alpha$ 的置信区间.

二、单个正态总体参数的区间估计

1. 单个正态总体均值 μ 的区间估计

(1) 设总体 $X\sim N(\mu,\sigma^2)$，假定 $\sigma^2=\sigma_0^2$，求未知参数 μ 的置信水平为 $1-\alpha$ 的置信区间.

构造样本函数

$$U=\frac{\overline{X}-\mu}{\sigma_0/\sqrt{n}}\sim N(0,1).$$

为了求 μ 的置信区间，我们引入临界值 u_α，对于给定的 α，数 u_α 由等式

$$P\{U\geqslant u_\alpha\}=\frac{1}{\sqrt{2\pi}}\int_{u_\alpha}^{+\infty}\mathrm{e}^{-\frac{x^2}{2}}\mathrm{d}x=\alpha$$

确定.

考虑到置信区间的长度表示估计的精确程度，置信区间越短，估计就越精确. 因为标准正态分布的分布曲线关于纵坐标轴对称，不难看出对称于原点的置信区间是最短的，所以对于已给的置信水平 $1-\alpha$，选取对称于原点的区间 $(-u_{\frac{\alpha}{2}},u_{\frac{\alpha}{2}})$（见图 6-1），使得

$$P\{-u_{\frac{\alpha}{2}}<U<u_{\frac{\alpha}{2}}\}=1-\alpha,$$

即

$$P\left\{-u_{\frac{\alpha}{2}}<\frac{\overline{X}-\mu}{\sigma_0/\sqrt{n}}<u_{\frac{\alpha}{2}}\right\}=1-\alpha,$$

$$P\left\{\overline{X}-\frac{\sigma_0}{\sqrt{n}}u_{\frac{\alpha}{2}}<\mu<\overline{X}+\frac{\sigma_0}{\sqrt{n}}u_{\frac{\alpha}{2}}\right\}=1-\alpha.$$

所以,总体均值 μ 的置信水平为 $1-\alpha$ 的置信区间是

$$\left(\overline{X}-\frac{\sigma_0}{\sqrt{n}}u_{\frac{\alpha}{2}},\overline{X}+\frac{\sigma_0}{\sqrt{n}}u_{\frac{\alpha}{2}}\right).\tag{6.8}$$

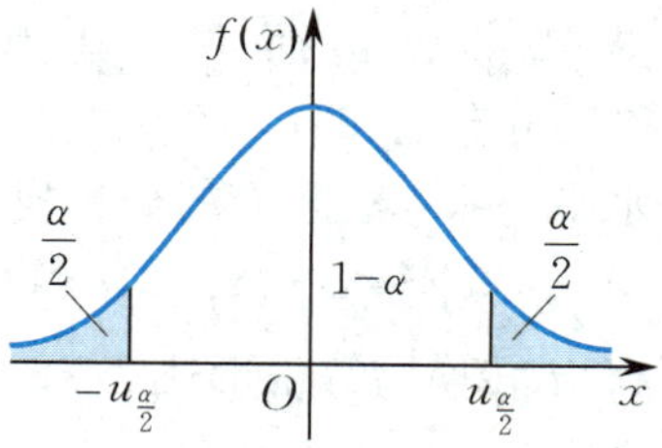

图 6-1

例 1 从一批球形小钢珠中抽取 9 个小钢珠,测得其直径(单位:mm)为

20.0, 19.9, 20.2, 20.3, 19.7, 20.1, 19.8, 19.9, 20.2.

设小钢珠的直径 X 服从正态分布 $N(\mu,\sigma^2)$,且已知 $\sigma=0.21$,求这批小钢珠直径的均值 μ 的置信水平分别为 0.95 与 0.99 的置信区间.

解 经计算 $\overline{x}=20.01$.

当置信水平 $1-\alpha=0.95$ 时,$\alpha=0.05$,查附表 2 可得 $u_{\frac{\alpha}{2}}=u_{0.025}=1.96$,则

$$\frac{\sigma_0}{\sqrt{n}}u_{\frac{\alpha}{2}}=\frac{0.21}{\sqrt{9}}\times1.96\approx0.14.$$

所以,由式(6.8)可得所求置信区间为(19.87,20.15).

当置信水平 $1-\alpha=0.99$ 时,$\alpha=0.01$,$u_{\frac{\alpha}{2}}=u_{0.005}=2.575$,则

$$\frac{\sigma_0}{\sqrt{n}}u_{\frac{\alpha}{2}}=\frac{0.21}{\sqrt{9}}\times2.575\approx0.18.$$

所以,置信区间为(19.83,20.19).

(2) 设总体 $X\sim N(\mu,\sigma^2)$,假定 σ^2 未知,求未知参数 μ 的置信水平为 $1-\alpha$ 的置信区间.

此时不能再使用(1)中的样本函数了,因为(1)中的样本函数含有未知参数 σ. 考虑到 S^2 是 σ^2 的无偏估计量,因此构造样本函数

$$T=\frac{\overline{X}-\mu}{S/\sqrt{n}}\sim t(n-1).$$

因为 t 分布的分布曲线关于纵坐标轴对称,所以对于已给的置信水平 $1-\alpha$,选

取对称于原点的区间$(-t_{\frac{\alpha}{2}}(n-1),t_{\frac{\alpha}{2}}(n-1))$(见图 6-2),使得

$$P\{-t_{\frac{\alpha}{2}}(n-1)<T<t_{\frac{\alpha}{2}}(n-1)\}=1-\alpha,$$

即

$$P\left\{-t_{\frac{\alpha}{2}}(n-1)<\frac{\overline{X}-\mu}{S/\sqrt{n}}<t_{\frac{\alpha}{2}}(n-1)\right\}=1-\alpha,$$

$$P\left\{\overline{X}-\frac{S}{\sqrt{n}}t_{\frac{\alpha}{2}}(n-1)<\mu<\overline{X}+\frac{S}{\sqrt{n}}t_{\frac{\alpha}{2}}(n-1)\right\}=1-\alpha.$$

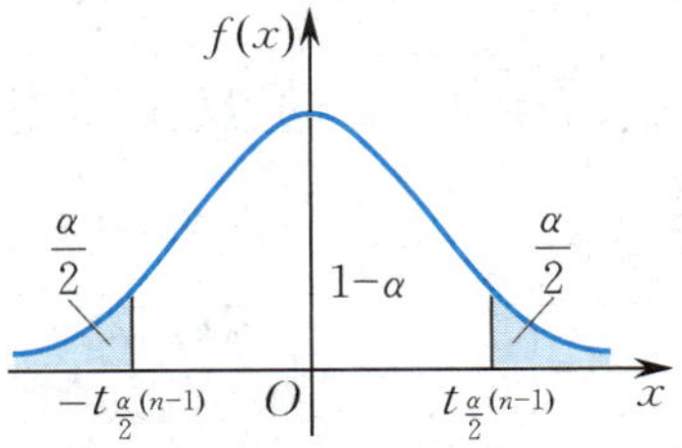

图 6-2

所以,总体均值μ的置信水平为$1-\alpha$的置信区间是

$$\left(\overline{X}-\frac{S}{\sqrt{n}}t_{\frac{\alpha}{2}}(n-1),\overline{X}+\frac{S}{\sqrt{n}}t_{\frac{\alpha}{2}}(n-1)\right). \tag{6.9}$$

例 2 设有一批化学药品,成袋包装,每袋净重(单位:g)X服从正态分布$N(\mu,\sigma^2)$,任取 8 袋测得净重为 12.3,11.9,12.1,12.4,12.1,11.9,12.4,12.1,试求μ的置信区间(置信水平为 0.99).

解 经计算$\overline{x}=12.15,s=0.2,n=8$. 当置信区间$1-\alpha=0.99$时,$\alpha=0.01$,查附表 5 可得$t_{\frac{\alpha}{2}}(n-1)=t_{0.005}(7)=3.4995$,所以

$$\frac{s}{\sqrt{n}}t_{\frac{\alpha}{2}}(n-1)=\frac{0.2}{\sqrt{8}}\times 3.4995\approx 0.25.$$

所以,由式(6.9)可得μ的置信水平为 0.99 的置信区间为(11.90,12.40).

2. 单个正态总体方差σ^2的区间估计

(1) 设总体$X\sim N(\mu,\sigma^2)$,假定$\mu=\mu_0$,求未知参数σ^2的置信水平为$1-\alpha$的置信区间.

构造样本函数

$$\chi^2=\frac{1}{\sigma^2}\sum_{i=1}^{n}(X_i-\mu_0)^2\sim\chi^2(n).$$

χ^2分布的分布曲线是不对称的,对于已给的置信水平$1-\alpha$,要想找到最短的置信区间很困难,因此仿照分布曲线对称的情形,我们选取这样的区间$(\chi^2_{1-\frac{\alpha}{2}}(n),\chi^2_{\frac{\alpha}{2}}(n))$,使得

$$P\{\chi^2\geqslant\chi^2_{1-\frac{\alpha}{2}}(n)\}=1-\frac{\alpha}{2},\quad P\{\chi^2\geqslant\chi^2_{\frac{\alpha}{2}}(n)\}=\frac{\alpha}{2},$$

于是有

$$P\left\{\chi^2_{1-\frac{\alpha}{2}}(n) < \chi^2 < \chi^2_{\frac{\alpha}{2}}(n)\right\} = 1-\alpha,$$

即

$$P\left\{\chi^2_{1-\frac{\alpha}{2}}(n) < \frac{1}{\sigma^2}\sum_{i=1}^{n}(X_i-\mu_0)^2 < \chi^2_{\frac{\alpha}{2}}(n)\right\} = 1-\alpha,$$

$$P\left\{\frac{\sum_{i=1}^{n}(X_i-\mu_0)^2}{\chi^2_{\frac{\alpha}{2}}(n)} < \sigma^2 < \frac{\sum_{i=1}^{n}(X_i-\mu_0)^2}{\chi^2_{1-\frac{\alpha}{2}}(n)}\right\} = 1-\alpha.$$

所以,总体方差 σ^2 的置信水平为 $1-\alpha$ 的置信区间是

$$\left(\frac{\sum_{i=1}^{n}(X_i-\mu_0)^2}{\chi^2_{\frac{\alpha}{2}}(n)}, \frac{\sum_{i=1}^{n}(X_i-\mu_0)^2}{\chi^2_{1-\frac{\alpha}{2}}(n)}\right). \tag{6.10}$$

(2) 设总体 $X \sim N(\mu,\sigma^2)$,假定 μ 未知,求未知参数 σ^2 的置信水平为 $1-\alpha$ 的置信区间.

由于 S^2 是 σ^2 的无偏估计量,因此构造样本函数

$$\chi^2 = \frac{(n-1)S^2}{\sigma^2} \sim \chi^2(n-1).$$

类似地,对于已给的置信水平 $1-\alpha$,有

$$P\left\{\chi^2_{1-\frac{\alpha}{2}}(n-1) < \frac{(n-1)S^2}{\sigma^2} < \chi^2_{\frac{\alpha}{2}}(n-1)\right\} = 1-\alpha,$$

$$P\left\{\frac{(n-1)S^2}{\chi^2_{\frac{\alpha}{2}}(n-1)} < \sigma^2 < \frac{(n-1)S^2}{\chi^2_{1-\frac{\alpha}{2}}(n-1)}\right\} = 1-\alpha.$$

所以,总体方差 σ^2 的置信水平为 $1-\alpha$ 的置信区间是

$$\left(\frac{(n-1)S^2}{\chi^2_{\frac{\alpha}{2}}(n-1)}, \frac{(n-1)S^2}{\chi^2_{1-\frac{\alpha}{2}}(n-1)}\right). \tag{6.11}$$

例 3 在例 1 中,求小钢珠直径(单位:mm)的方差 σ^2 的置信水平为 0.95 的置信区间,如果

(1) 已知小钢珠直径的均值为 $\mu=20$;

(2) μ 未知.

解 (1) 已知 $\mu=20$,可计算出 $\sum_{i=1}^{9}(x_i-20)^2=0.33$,又置信水平 $1-\alpha=0.95$,则 $\alpha=0.05$,$n=9$,查附表 4 可得

$$\chi^2_{1-\frac{\alpha}{2}}(n)=\chi^2_{0.975}(9)=2.700,\quad \chi^2_{\frac{\alpha}{2}}(n)=\chi^2_{0.025}(9)=19.023.$$

因此,由式(6.10)可得 σ^2 的置信区间为 $\left(\frac{0.33}{19.023},\frac{0.33}{2.700}\right)$,即(0.017 3,0.122 2).

(2) μ 未知,可计算出 $s^2=0.041\,1$,又置信水平 $1-\alpha=0.95$,则 $\alpha=0.05$,$n=9$,查附表 4 可得

$$\chi^2_{1-\frac{\alpha}{2}}(n-1)=\chi^2_{0.975}(8)=2.180,\quad \chi^2_{\frac{\alpha}{2}}(n-1)=\chi^2_{0.025}(8)=17.535.$$

因此，由式(6.11)可得 σ^2 的置信区间为 $\left(\frac{8\times 0.0411}{17.535},\frac{8\times 0.0411}{2.180}\right)$，即 $(0.0188,0.1508)$.

三、两个正态总体均值差及方差比的区间估计

设总体 X 服从正态分布 $N(\mu_1,\sigma_1^2)$，从中抽取样本容量为 n_1 的样本，得到样本值为 $x_1,x_2,\cdots,x_{n_1}$；又设总体 Y 服从正态分布 $N(\mu_2,\sigma_2^2)$，从中抽取样本容量为 n_2 的样本，得到样本值为 $y_1,y_2,\cdots,y_{n_2}$. 已知两个总体相互独立，下面求两个总体均值差 $\mu_1-\mu_2$ 与方差比 $\frac{\sigma_1^2}{\sigma_2^2}$ 的置信水平为 $1-\alpha$ 的置信区间.

1. 两个正态总体均值差 $\mu_1-\mu_2$ 的区间估计

(1) 设总体 $X\sim N(\mu_1,\sigma_1^2)$，$Y\sim N(\mu_2,\sigma_2^2)$，两个总体相互独立，假定 σ_1^2 与 σ_2^2 已知，求 $\mu_1-\mu_2$ 的置信水平为 $1-\alpha$ 的置信区间(μ_1 与 μ_2 都是未知参数).

根据定理 5.3(2)，构造样本函数

$$U=\frac{(\overline{X}-\overline{Y})-(\mu_1-\mu_2)}{\sqrt{\frac{\sigma_1^2}{n_1}+\frac{\sigma_2^2}{n_2}}}\sim N(0,1).$$

对于已给的置信水平 $1-\alpha$，根据标准正态分布的对称性，有

$$P\left\{-u_{\frac{\alpha}{2}}<U<u_{\frac{\alpha}{2}}\right\}=1-\alpha,$$

即

$$P\left\{-u_{\frac{\alpha}{2}}<\frac{(\overline{X}-\overline{Y})-(\mu_1-\mu_2)}{\sqrt{\frac{\sigma_1^2}{n_1}+\frac{\sigma_2^2}{n_2}}}<u_{\frac{\alpha}{2}}\right\}=1-\alpha,$$

$$P\left\{\overline{X}-\overline{Y}-\sqrt{\frac{\sigma_1^2}{n_1}+\frac{\sigma_2^2}{n_2}}u_{\frac{\alpha}{2}}<\mu_1-\mu_2<\overline{X}-\overline{Y}+\sqrt{\frac{\sigma_1^2}{n_1}+\frac{\sigma_2^2}{n_2}}u_{\frac{\alpha}{2}}\right\}=1-\alpha.$$

所以，两个总体均值差 $\mu_1-\mu_2$ 的置信水平为 $1-\alpha$ 的置信区间是

$$\left(\overline{X}-\overline{Y}-\sqrt{\frac{\sigma_1^2}{n_1}+\frac{\sigma_2^2}{n_2}}u_{\frac{\alpha}{2}},\overline{X}-\overline{Y}+\sqrt{\frac{\sigma_1^2}{n_1}+\frac{\sigma_2^2}{n_2}}u_{\frac{\alpha}{2}}\right).\tag{6.12}$$

(2) 设总体 $X\sim N(\mu_1,\sigma_1^2)$，$Y\sim N(\mu_2,\sigma_2^2)$，两个总体相互独立，假定 σ_1^2，σ_2^2 均未知，但 $\sigma_1^2=\sigma_2^2$，求 $\mu_1-\mu_2$ 的置信水平为 $1-\alpha$ 的置信区间(μ_1 与 μ_2 都是未知参数).

根据定理 5.3(3)，构造样本函数

$$T=\frac{(\overline{X}-\overline{Y})-(\mu_1-\mu_2)}{S_W\sqrt{\frac{1}{n_1}+\frac{1}{n_2}}}\sim t(n_1+n_2-2),$$

其中 $S_W=\sqrt{\frac{(n_1-1)S_1^2+(n_2-1)S_2^2}{n_1+n_2-2}}$.

对于已给的置信水平 $1-\alpha$,根据 t 分布的对称性,有

$$P\left\{-t_{\frac{\alpha}{2}}(n_1+n_2-2)<T<t_{\frac{\alpha}{2}}(n_1+n_2-2)\right\}=1-\alpha,$$

即

$$P\left\{-t_{\frac{\alpha}{2}}(n_1+n_2-2)<\frac{(\overline{X}-\overline{Y})-(\mu_1-\mu_2)}{S_W\sqrt{\frac{1}{n_1}+\frac{1}{n_2}}}<t_{\frac{\alpha}{2}}(n_1+n_2-2)\right\}=1-\alpha,$$

$$P\left\{\overline{X}-\overline{Y}-S_W\sqrt{\frac{1}{n_1}+\frac{1}{n_2}}t_{\frac{\alpha}{2}}(n_1+n_2-2)<\mu_1-\mu_2\right.$$
$$\left.<\overline{X}-\overline{Y}+S_W\sqrt{\frac{1}{n_1}+\frac{1}{n_2}}t_{\frac{\alpha}{2}}(n_1+n_2-2)\right\}=1-\alpha.$$

所以,两个总体均值差 $\mu_1-\mu_2$ 的置信水平为 $1-\alpha$ 的置信区间是

$$\left(\overline{X}-\overline{Y}-S_W\sqrt{\frac{1}{n_1}+\frac{1}{n_2}}t_{\frac{\alpha}{2}}(n_1+n_2-2),\overline{X}-\overline{Y}+S_W\sqrt{\frac{1}{n_1}+\frac{1}{n_2}}t_{\frac{\alpha}{2}}(n_1+n_2-2)\right).\tag{6.13}$$

注意,如果按照式(6.12)或式(6.13)求得 $\mu_1-\mu_2$ 的置信区间的下限大于 0,则有 $100(1-\alpha)\%$ 的可靠性可以认为 $\mu_1>\mu_2$;反之,如果置信区间的上限小于 0,则有 $100(1-\alpha)\%$ 的可靠性可以认为 $\mu_1<\mu_2$.

例 4 甲、乙两台机床生产同一型号的零件,从甲机床生产的零件中抽取 8 个,从乙机床生产的零件中抽取 9 个,测得这些零件的直径(单位:mm)如表 6-2 所示.

表 6-2

甲机床	15.4	14.9	15.1	15.2	15.0	14.8	15.2	14.8	
乙机床	15.0	14.6	14.8	15.1	14.5	15.2	15.0	14.8	15.1

设两台机床生产的零件直径 X,Y 均服从正态分布,求两台机床生产的零件直径均值差 $\mu_1-\mu_2$ 的置信水平为 0.90 的置信区间,如果

(1) 已知两台机床生产的零件直径的标准差分别是 $\sigma_1=0.18$ 与 $\sigma_2=0.24$;

(2) σ_1 与 σ_2 未知,但假定 $\sigma_1=\sigma_2$.

解 $n_1=8,\quad \overline{x}=15.05,\quad s_1^2=0.0457,$

$n_2=9,\quad \overline{y}=14.9,\quad s_2^2=0.0575.$

(1) 置信水平 $1-\alpha=0.90$，则 $\alpha=0.10$，查附表2可得 $u_{\frac{\alpha}{2}}=u_{0.05}=1.645$，于是

$$\sqrt{\frac{\sigma_1^2}{n_1}+\frac{\sigma_2^2}{n_2}}u_{\frac{\alpha}{2}}=\sqrt{\frac{0.18^2}{8}+\frac{0.24^2}{9}}\times 1.645\approx 0.168.$$

因此，由式(6.12)可得所求置信区间为

$$(15.05-14.9-0.168,15.05-14.9+0.168),$$

即 $(-0.018,0.318)$.

(2) 经计算得

$$s_W=\sqrt{\frac{7\times 0.0457+8\times 0.0575}{8+9-2}}\approx 0.228.$$

置信水平 $1-\alpha=0.90$，则 $\alpha=0.10$，自由度为 $8+9-2=15$，查附表5可得 $t_{\frac{\alpha}{2}}(n_1+n_2-2)=t_{0.05}(15)=1.7531$，于是

$$s_W\sqrt{\frac{1}{n_1}+\frac{1}{n_2}}t_{\frac{\alpha}{2}}(n_1+n_2-2)=0.228\times\sqrt{\frac{1}{8}+\frac{1}{9}}\times 1.7531\approx 0.194.$$

因此，由式(6.13)可得所求置信区间为

$$(15.05-14.9-0.194,15.05-14.9+0.194),$$

即 $(-0.044,0.344)$.

2. 两个正态总体方差比 $\frac{\sigma_1^2}{\sigma_2^2}$ 的区间估计

(1) 设总体 $X\sim N(\mu_1,\sigma_1^2)$，$Y\sim N(\mu_2,\sigma_2^2)$，两个总体相互独立，假定 μ_1 与 μ_2 已知，求 $\frac{\sigma_1^2}{\sigma_2^2}$ 的置信水平为 $1-\alpha$ 的置信区间(σ_1 与 σ_2 都是未知参数).

根据定理5.3(4)，构造样本函数

$$F=\frac{\sum_{i=1}^{n_1}(X_i-\mu_1)^2/(n_1\sigma_1^2)}{\sum_{j=1}^{n_2}(Y_j-\mu_2)^2/(n_2\sigma_2^2)}\sim F(n_1,n_2).$$

F 分布的分布曲线是不对称的，与 χ^2 分布的情形类似，对于已给的置信水平 $1-\alpha$，选取区间 $\left(F_{1-\frac{\alpha}{2}}(n_1,n_2),F_{\frac{\alpha}{2}}(n_1,n_2)\right)$，使得

$$P\left\{F\geqslant F_{1-\frac{\alpha}{2}}(n_1,n_2)\right\}=1-\frac{\alpha}{2},\quad P\left\{F\geqslant F_{\frac{\alpha}{2}}(n_1,n_2)\right\}=\frac{\alpha}{2},$$

于是有

$$P\left\{F_{1-\frac{\alpha}{2}}(n_1,n_2)<F<F_{\frac{\alpha}{2}}(n_1,n_2)\right\}=1-\alpha,$$

即

$$P\left\{F_{1-\frac{\alpha}{2}}(n_1,n_2)<\frac{\sum_{i=1}^{n_1}(X_i-\mu_1)^2/(n_1\sigma_1^2)}{\sum_{j=1}^{n_2}(Y_j-\mu_2)^2/(n_2\sigma_2^2)}<F_{\frac{\alpha}{2}}(n_1,n_2)\right\}=1-\alpha,$$

$$P\left\{\frac{\sum_{i=1}^{n_1}(X_i-\mu_1)^2/n_1}{F_{\frac{\alpha}{2}}(n_1,n_2)\sum_{j=1}^{n_2}(Y_j-\mu_2)^2/n_2}<\frac{\sigma_1^2}{\sigma_2^2}<\frac{\sum_{i=1}^{n_1}(X_i-\mu_1)^2/n_1}{F_{1-\frac{\alpha}{2}}(n_1,n_2)\sum_{j=1}^{n_2}(Y_j-\mu_2)^2/n_2}\right\}=1-\alpha.$$

所以,两个总体方差比 $\frac{\sigma_1^2}{\sigma_2^2}$ 的置信水平为 $1-\alpha$ 的置信区间是

$$\left(\frac{\sum_{i=1}^{n_1}(X_i-\mu_1)^2/n_1}{F_{\frac{\alpha}{2}}(n_1,n_2)\sum_{j=1}^{n_2}(Y_j-\mu_2)^2/n_2},\frac{\sum_{i=1}^{n_1}(X_i-\mu_1)^2/n_1}{F_{1-\frac{\alpha}{2}}(n_1,n_2)\sum_{j=1}^{n_2}(Y_j-\mu_2)^2/n_2}\right).\tag{6.14}$$

(2) 设总体 $X\sim N(\mu_1,\sigma_1^2)$,$Y\sim N(\mu_2,\sigma_2^2)$,两个总体相互独立,假定 μ_1 与 μ_2 未知,求 $\frac{\sigma_1^2}{\sigma_2^2}$ 的置信水平为 $1-\alpha$ 的置信区间(σ_1 与 σ_2 都是未知参数).

根据定理 5.3(1),构造样本函数

$$F=\frac{S_1^2/\sigma_1^2}{S_2^2/\sigma_2^2}\sim F(n_1-1,n_2-1).$$

与(1)类似,对于已给的置信水平 $1-\alpha$,有

$$P\left\{F_{1-\frac{\alpha}{2}}(n_1-1,n_2-1)<F<F_{\frac{\alpha}{2}}(n_1-1,n_2-1)\right\}=1-\alpha,$$

即

$$P\left\{F_{1-\frac{\alpha}{2}}(n_1-1,n_2-1)<\frac{S_1^2/\sigma_1^2}{S_2^2/\sigma_2^2}<F_{\frac{\alpha}{2}}(n_1-1,n_2-1)\right\}=1-\alpha,$$

$$P\left\{\frac{S_1^2}{S_2^2F_{\frac{\alpha}{2}}(n_1-1,n_2-1)}<\frac{\sigma_1^2}{\sigma_2^2}<\frac{S_1^2}{S_2^2F_{1-\frac{\alpha}{2}}(n_1-1,n_2-1)}\right\}=1-\alpha.$$

所以,两个总体方差比 $\frac{\sigma_1^2}{\sigma_2^2}$ 的置信水平为 $1-\alpha$ 的置信区间是

$$\left(\frac{S_1^2}{S_2^2F_{\frac{\alpha}{2}}(n_1-1,n_2-1)},\frac{S_1^2}{S_2^2F_{1-\frac{\alpha}{2}}(n_1-1,n_2-1)}\right).\tag{6.15}$$

如果按照式(6.14)或式(6.15)求得 $\frac{\sigma_1^2}{\sigma_2^2}$ 的置信区间的下限大于 1,则有 $100(1-\alpha)\%$ 的可靠性可以认为 $\sigma_1^2>\sigma_2^2$;反之,如果置信区间的上限小于 1,则

有 $100(1-\alpha)\%$ 的可靠性可以认为 $\sigma_1^2<\sigma_2^2$.

例 5 在例 4 中,求两台机床生产的零件直径(单位:mm)方差比 $\dfrac{\sigma_1^2}{\sigma_2^2}$ 的置信水平为 0.90 的置信区间,如果

(1) 已知两台机床生产的零件直径的均值分别为 $\mu_1=15.0$ 与 $\mu_2=14.9$;

(2) μ_1 与 μ_2 未知.

解 (1) 经计算得

$$\sum_{i=1}^{8}(x_i-\mu_1)^2=0.34,\quad \sum_{j=1}^{9}(y_j-\mu_2)^2=0.46.$$

置信水平 $1-\alpha=0.90$,则 $\alpha=0.10,n_1=8,n_2=9$,查附表 6 可得

$$F_{\frac{\alpha}{2}}(n_1,n_2)=F_{0.05}(8,9)=3.23,$$

$$F_{1-\frac{\alpha}{2}}(n_1,n_2)=F_{0.95}(8,9)=\frac{1}{F_{0.05}(9,8)}=\frac{1}{3.39}\approx 0.295.$$

因此,由式(6.14)可得所求置信区间为

$$\left(\frac{0.34/8}{3.23\times 0.46/9},\frac{0.34/8}{0.295\times 0.46/9}\right),$$

即(0.257,2.819).

(2) 由例 4 可知 $s_1^2=0.0457,s_2^2=0.0575$. 置信水平 $1-\alpha=0.90$,则 $\alpha=0.10,n_1=8,n_2=9$,查附表 6 可得

$$F_{\frac{\alpha}{2}}(n_1-1,n_2-1)=F_{0.05}(7,8)=3.50,$$

$$F_{1-\frac{\alpha}{2}}(n_1-1,n_2-1)=F_{0.95}(7,8)=\frac{1}{F_{0.05}(8,7)}=\frac{1}{3.73}\approx 0.268.$$

因此,由式(6.15)可得所求置信区间为

$$\left(\frac{0.0457}{0.0575\times 3.50},\frac{0.0457}{0.0575\times 0.268}\right),$$

即(0.227,2.966).

四、非正态总体参数的区间估计

在正态总体的前提下,无论样本容量 n 多大,构造置信区间时前面讲的方法都是适用的,因为正态分布的精确分布已知. 而对于非正态总体,其精确分布通常很难找到,为了对未知参数进行区间估计,我们只好利用中心极限定理来处理,这就要求样本容量 n 充分大.

1. 一般总体均值的区间估计

设总体 X 的均值为 μ,方差 σ^2 已知,从总体 X 中不断抽取样本,随着样本容量增大,得到一个独立同分布的随机变量序列 $X_1,X_2,\cdots,X_n,\cdots$,由中心极限定理可知,对于任意实数 x,有

$$\lim_{n\to\infty} P\left\{\frac{\sum_{i=1}^{n} X_i - n\mu}{\sqrt{n}\sigma} \leqslant x\right\} = \int_{-\infty}^{x} \frac{1}{\sqrt{2\pi}} e^{-\frac{t^2}{2}} dt,$$

即当 n 充分大时,$U=\dfrac{\overline{X}-\mu}{\sigma/\sqrt{n}}$ 近似服从标准正态分布 $N(0,1)$.

对于给定的 α,有

$$P\{-u_{\frac{\alpha}{2}} < U < u_{\frac{\alpha}{2}}\} \approx 1-\alpha,$$

即

$$P\left\{-u_{\frac{\alpha}{2}} < \frac{\overline{X}-\mu}{\sigma/\sqrt{n}} < u_{\frac{\alpha}{2}}\right\} \approx 1-\alpha,$$

$$P\left\{\overline{X}-\frac{\sigma}{\sqrt{n}}u_{\frac{\alpha}{2}} < \mu < \overline{X}+\frac{\sigma}{\sqrt{n}}u_{\frac{\alpha}{2}}\right\} \approx 1-\alpha.$$

所以,一般总体均值 μ 的置信水平为 $1-\alpha$ 的置信区间近似为

$$\left(\overline{X}-\frac{\sigma}{\sqrt{n}}u_{\frac{\alpha}{2}}, \overline{X}+\frac{\sigma}{\sqrt{n}}u_{\frac{\alpha}{2}}\right).$$

如果 σ 未知,可用样本标准差 S 代替 σ 而得到 μ 的置信区间. 实际上,可以证明,当 n 充分大时,$U=\dfrac{\overline{X}-\mu}{S/\sqrt{n}}$ 近似服从标准正态分布 $N(0,1)$,故 μ 的置信水平为 $1-\alpha$ 的置信区间近似为

$$\left(\overline{X}-\frac{S}{\sqrt{n}}u_{\frac{\alpha}{2}}, \overline{X}+\frac{S}{\sqrt{n}}u_{\frac{\alpha}{2}}\right).$$

2. (0-1) 分布参数的区间估计

设总体 $X \sim B(1,p)(0<p<1)$,显然 $\mu=p,\sigma^2=p(1-p)$. 为估计 p,取容量 n 充分大的样本 $X_1,X_2,\cdots,X_n$,由中心极限定理可知

$$U=\frac{\overline{X}-\mu}{\sigma/\sqrt{n}}=\frac{\overline{X}-p}{\sqrt{p(1-p)/n}}$$

近似服从标准正态分布 $N(0,1)$. 因此,对于给定的 α,有

$$P\{|U|<u_{\frac{\alpha}{2}}\} \approx 1-\alpha.$$

易知不等式 $\dfrac{|\overline{X}-p|}{\sqrt{p(1-p)/n}}<u_{\frac{\alpha}{2}}$,即 $\dfrac{(\overline{X}-p)^2}{p(1-p)/n}<u_{\frac{\alpha}{2}}^2$,于是

$$(n+u_{\frac{\alpha}{2}}^2)p^2-(2n\overline{X}+u_{\frac{\alpha}{2}}^2)p+n\overline{X}^2<0.$$

令 $a=n+u_{\frac{\alpha}{2}}^2, b=-(2n\overline{X}+u_{\frac{\alpha}{2}}^2), c=n\overline{X}^2$,考虑到 $X_i=0$ 或 $1(i=1,2,\cdots,n)$,从而 $0\leqslant\overline{X}\leqslant 1$,于是

$$b^2-4ac=4n\overline{X}u_{\frac{\alpha}{2}}^2(1-\overline{X})+u_{\frac{\alpha}{2}}^4>0,$$

故 $ap^2+bp+c=0$ 有两个不相等的实根

$$\hat{p}_1=\frac{-b-\sqrt{b^2-4ac}}{2a},\quad \hat{p}_2=\frac{-b+\sqrt{b^2-4ac}}{2a}.$$

因此,上述关于 p 的二次不等式的解为

$$\hat{p}_1<p<\hat{p}_2,$$

于是

$$P\{\hat{p}_1<p<\hat{p}_2\}\approx 1-\alpha.$$

所以,未知参数 p 的置信水平为 $1-\alpha$ 的置信区间近似为$(\hat{p}_1,\hat{p}_2)$.

例 6 为估计一批机械零件的一级品率 p,从中抽取 100 个进行检验,发现有 60 个一级品.若取 $\alpha=0.05$,试求 p 的置信区间.

解 $n=100$, $\overline{x}=0.6$, $\dfrac{\alpha}{2}=0.025$, $u_{\frac{\alpha}{2}}=1.96$, $u_{\frac{\alpha}{2}}^2=3.8416$,

$a=103.8416$, $b=-123.8416$, $c=36$, $\hat{p}_1=0.502$, $\hat{p}_2=0.691$,

所以 p 的置信区间近似为$(0.502,0.691)$.

五、单侧置信限

在前面的讨论中,我们所求的未知参数 θ 的置信区间$(\hat{\theta}_1,\hat{\theta}_2)$都是双侧的.但在许多实际问题中,有时只要讨论某些参数的置信上限或置信下限就可以了.例如,对于电器的使用寿命,我们希望越长越好,因而关心的是一批电器的平均寿命 μ 的下限;对于产品的次品率,我们希望次品率越低越好,因而关心的是一批产品的次品率 p 的上限.

定义 6.5 设总体 X 的分布中含有未知参数 θ.从总体 X 中抽取样本 $X_1,X_2,\cdots,X_n$,对于给定的概率 $1-\alpha(0<\alpha<1)$,如果存在统计量 $\hat{\theta}_l=\hat{\theta}_l(X_1,X_2,\cdots,X_n)$,使得

$$P\{\theta>\hat{\theta}_l\}=1-\alpha,$$

则称 $\hat{\theta}_l$ 为参数 θ 的置信水平为 $1-\alpha$ 的**单侧置信下限**.

如果存在统计量 $\hat{\theta}_u=\hat{\theta}_u(X_1,X_2,\cdots,X_n)$,使得

$$P\{\theta<\hat{\theta}_u\}=1-\alpha,$$

则称 $\hat{\theta}_u$ 为参数 θ 的置信水平为 $1-\alpha$ 的**单侧置信上限**.

例 7 从一批二极管中随机抽取 6 只测试其使用寿命(单位:kh),得到样本值为

16.0, 14.8, 15.3, 15.6, 14.9, 15.5.

若该二极管的使用寿命 X 服从正态分布 $N(\mu,\sigma^2)$,其中 μ 和 σ^2 都是未知参数,求:

(1) 使用寿命均值 μ 的置信水平为 0.95 的单侧置信下限；

(2) 使用寿命方差 σ^2 的置信水平为 0.90 的单侧置信上限.

解 (1) 构造样本函数

$$T=\frac{\overline{X}-\mu}{S/\sqrt{n}}\sim t(n-1),$$

于是有 $P\{T<t_\alpha(n-1)\}=1-\alpha$，即

$$P\left\{\frac{\overline{X}-\mu}{S/\sqrt{n}}<t_\alpha(n-1)\right\}=1-\alpha,$$

$$P\left\{\mu>\overline{X}-\frac{S}{\sqrt{n}}t_\alpha(n-1)\right\}=1-\alpha,$$

所以，μ 的置信水平为 $1-\alpha$ 的单侧置信下限为

$$\hat{\mu}_l=\overline{X}-\frac{S}{\sqrt{n}}t_\alpha(n-1).$$

经计算得 $\overline{x}=15.35$，$s^2=0.203$，又置信水平 $1-\alpha=0.95$，则 $\alpha=0.05$，查附表 5 可得 $t_\alpha(n-1)=t_{0.05}(5)=2.0150$，于是

$$\hat{\mu}_l=15.35-\frac{\sqrt{0.203}}{\sqrt{6}}\times 2.0150\approx 14.979.$$

所以，使用寿命均值 μ 的置信水平为 0.95 的单侧置信下限为 14.979.

(2) 构造样本函数

$$\chi^2=\frac{(n-1)S^2}{\sigma^2}\sim\chi^2(n-1),$$

于是有 $P\{\chi^2>\chi^2_{1-\alpha}(n-1)\}=1-\alpha$，即

$$P\left\{\frac{(n-1)S^2}{\sigma^2}>\chi^2_{1-\alpha}(n-1)\right\}=1-\alpha,$$

$$P\left\{\sigma^2<\frac{(n-1)S^2}{\chi^2_{1-\alpha}(n-1)}\right\}=1-\alpha.$$

所以，σ^2 的置信水平为 $1-\alpha$ 的单侧置信上限为

$$\hat{\sigma}_u^2=\frac{(n-1)S^2}{\chi^2_{1-\alpha}(n-1)}.$$

又置信水平 $1-\alpha=0.90$，$\chi^2_{1-\alpha}(n-1)=\chi^2_{0.90}(5)=1.610$，于是

$$\hat{\sigma}_u^2=\frac{5\times 0.203}{1.610}\approx 0.630.$$

所以，使用寿命方差 σ^2 的置信水平为 0.90 的单侧置信上限为 0.630.

知识拓展　　测试试题

习题六

1. 设总体 X 的分布律如表 6-3 所示，其中 θ 是未知参数. 利用来自该总体的一组样本值 3,1,0,3,3,1,2,3，求 θ 的矩估计值.

表 6-3

X	0	1	2	3
P	θ^2	$2\theta(1-\theta)$	θ^2	$1-2\theta$

2. 设总体 X 服从二项分布 $B(\hat{n},\hat{p})$，$X_1,X_2,\cdots,X_n$ 是来自总体 X 的一个样本，求参数 $\hat{n}$ 和 $\hat{p}$ 的矩估计量.

3. 设总体 X 服从均匀分布 $U(0,\theta)$，$X_1,X_2,\cdots,X_n$ 是来自总体 X 的一个样本，总体的概率密度为

$$f(x,\theta)=\begin{cases}\dfrac{1}{\theta}, & 0<x<\theta,\\ 0, & \text{其他}.\end{cases}$$

(1) 求未知参数 θ 的矩估计量；

(2) 当样本值为 0.3,0.8,0.27,0.35,0.62,0.55 时，求未知参数 θ 的矩估计值.

4. 设总体 X 的概率密度为

$$f(x,\lambda)=\begin{cases}(\lambda+1)x^{\lambda}, & 0<x<1,\\ 0, & \text{其他},\end{cases}$$

其中 $\lambda>-1$ 为未知参数，$X_1,X_2,\cdots,X_n$ 是来自总体 X 的一个样本，求参数 λ 的矩估计量和最大似然估计值.

5. 设总体 X 服从拉普拉斯分布，概率密度为

$$f(x,\theta)=\frac{1}{2\theta}e^{-\frac{|x|}{\theta}}\quad(-\infty<x<+\infty),$$

其中 $\theta>0$. 如果取得样本值为 $x_1,x_2,\cdots,x_n$，求未知参数 θ 的矩估计值和最大似然估计值.

6. 设总体 X 服从指数分布，概率密度为

$$f(x,\lambda)=\begin{cases}e^{-(x-\lambda)}, & x\geqslant\lambda,\\ 0, & \text{其他}.\end{cases}$$

利用样本值 $x_1,x_2,\cdots,x_n$ 求未知参数 λ 的最大似然估计值.

7. 已知总体 X 的均值为 μ，方差为 σ^2，证明：$\hat{\sigma}^2=\dfrac{1}{n}\sum\limits_{i=1}^{n}(X_i-\mu)^2$ 为总体方差的无偏估计量，其中 $X_1,X_2,\cdots,X_n$ 是来自总体 X 的一个样本.

8. 设总体 X 服从正态分布 $N(\mu,\sigma^2)$，$X_1,X_2,\cdots,X_n$ 是来自总体 X 的一个样本，求 c 的值，使得：

(1) $c\sum\limits_{i=1}^{n-1}(X_{i+1}-X_i)^2$ 为 σ^2 的无偏估计量；

(2) $\overline{X}^2-cS^2$ 为 μ^2 的无偏估计量.

9. 从总体 X 中抽取样本 X_1, X_2, X_3，证明：下列三个统计量

$$T_1=\frac{X_1+2X_2}{3},\quad T_2=\frac{X_1}{2}+\frac{X_2}{3}+\frac{X_3}{6},\quad T_3=\frac{X_1+X_2+X_3}{3}$$

都是总体均值 μ 的无偏估计量，并说明哪个估计量更有效.

10. 从总体 X 中抽取样本 $X_1, X_2, \cdots, X_n$，设 $c_1, c_2, \cdots, c_n$ 为常数，且 $\sum_{i=1}^{n} c_i=1$，证明：

(1) $\hat{\mu}=\sum_{i=1}^{n} c_i X_i$ 是总体均值 μ 的无偏估计量；

(2) 在所有这些无偏估计量 $\hat{\mu}=\sum_{i=1}^{n} c_i X_i$ 中，样本均值 $\overline{X}=\frac{1}{n}\sum_{i=1}^{n} X_i$ 的方差最小.

11. 设总体 X 的概率密度为

$$f(x,\theta)=\begin{cases}\frac{6x}{\theta^3}(\theta-x), & 0<x<\theta, \\ 0, & \text{其他}, \end{cases}$$

$X_1, X_2, \cdots, X_n$ 是来自总体 X 的一个样本.

(1) 求 θ 的矩估计量 $\hat{\theta}$；

(2) 求 $\hat{\theta}$ 的方差 $D(\hat{\theta})$；

(3) 衡量 $\hat{\theta}$ 的无偏性和相合性.

12. 从一批电子管中抽取 100 只电子管，若抽取的电子管的平均寿命为 1 000 h，标准差为 40 h，求整批电子管的平均寿命的置信水平为 0.95 的置信区间.

13. 从某批球形钢珠中随机抽取 9 个，测得其直径(单位：mm) 为

14.6， 14.7， 15.1， 14.9， 14.8， 15.0， 15.1， 15.2， 14.8.

设钢珠直径服从正态分布 $N(\mu,\sigma^2)$，求直径均值 μ 的置信水平为 0.95 的置信区间，如果

(1) 已知直径标准差 $\sigma=0.15$；

(2) σ 未知.

14. 生产一个零件所需时间(单位：s) $X\sim N(\mu,\sigma^2)$，观测 25 个零件的生产时间得 $\overline{x}=5.5$，$s=1.73$，求以 0.95 为置信水平的 μ 和 σ^2 的置信区间.

15. 测得 16 个机械零件的长度(单位：mm) 为

12.01， 12.08， 12.09， 12.16， 12.15， 12.12， 12.03， 12.01，
12.01， 12.03， 12.06， 12.06， 12.13， 12.07， 12.11， 12.08.

设机械零件的长度服从正态分布 $N(\mu,\sigma^2)$，求机械零件长度的方差 σ^2 的置信水平为 0.99 的置信区间，如果

(1) 已知机械零件长度的均值 $\mu=12.08$；

(2) μ 未知.

16. 设直升机高度表的误差(单位：m) X 服从正态分布 $N(0,\sigma^2)$，已知高度表的误差的标准差 $\sigma=15$，问：直升机上应该有多少个这样的仪器，才能使得以概率 0.98 保证直升机的高度表的误差均值 $\overline{X}$ 的绝对值小于 30?

17. 设来自总体$N(\mu_1,4^2)$的样本容量为15的样本，其样本均值$\overline{x}_1=14.6$，来自总体$N(\mu_2,3^2)$的样本容量为20的样本，其样本均值$\overline{x}_2=13.2$，并且两个样本相互独立，求均值差$\mu_1-\mu_2$的置信水平为0.90的置信区间.

18. 设甲、乙两位实验员独立地对某种化合物的含氯量用相同的方法各做10次测定，其测定值的样本方差依次为$s_{甲}^2=0.5419$，$s_{乙}^2=0.6065$. 设$\sigma_{甲}^2$，$\sigma_{乙}^2$分别为甲、乙所测定的测定值的总体方差，总体均服从正态分布，且两个样本相互独立，求方差比$\dfrac{\sigma_{甲}^2}{\sigma_{乙}^2}$的置信水平为0.95的置信区间.

19. 设总体X服从泊松分布$P(\lambda)$，抽取容量$n=100$的样本，已知样本均值$\overline{x}=4$，求未知参数λ的置信水平为0.98的置信区间.

20. 从汽车轮胎厂生产的某种轮胎中抽取10个样品进行磨损试验，直至轮胎行驶到磨坏为止，测得它们的行驶路程(单位:km)为

41 250，　41 010，　42 650，　38 970，　40 200，
42 550，　43 500，　40 400，　41 870，　39 800.

设汽车轮胎行驶路程服从正态分布$N(\mu,\sigma^2)$，求：

(1) μ的置信水平为0.95的单侧置信下限；

(2) σ的置信水平为0.95的单侧置信上限.

第七章 假设检验

统计推断的另一类重要问题就是假设检验，即在总体分布未知或虽然知道分布类型但含有未知参数的时候，为推断总体的某些未知特性，提出关于总体的假设．对于提出的假设，我们根据样本所提供的信息，利用适当的统计量，依概率做出接受或拒绝的决策，这一系列做出决策的过程就是假设检验．

本章将介绍两类假设检验：参数假设检验和非参数假设检验．

导学

§7.1 假设检验的基本概念

一、假设检验的基本思想

下面通过举例来说明假设检验的基本思想.

微课视频

例1 设一个袋中有黑、白两种颜色的球共100个,甲说里边有99个白球,乙从袋中任意取一个发现是黑球,问:甲的说法是否正确?

解 先做假设 H_0:袋中确有99个白球.

如果假设 H_0 正确,则乙从袋中任意取一个球为黑球的概率只有0.01,是小概率事件.通常认为:在一次随机试验中,小概率事件不易发生,现在乙从中任意取一个,发现是黑球,即小概率事件竟然在一次试验中发生了,故有理由拒绝假设 H_0,即认为甲的说法不正确.

例2 某食品厂家用包装机包装食品,包装机在正常工作时,每包重量(单位:g)$X \sim N(500,2^2)$,每天开工后,需先检验包装机工作是否正常.某天开工后,在装好的食品中任取9袋,重量如下:498,499,500,503,508,499,504,506,498.假设总体标准差 σ 不变,即 $\sigma=2$,问:这天包装机工作是否正常?

解 我们的问题就是:已知总体 $X \sim N(\mu,\sigma^2)$,且 $\sigma^2=\sigma_0^2=4$,要求检验假设

$$H_0:\mu=\mu_0=500; \quad H_1:\mu \neq \mu_0=500.$$

通常把假设 H_0 叫作**原假设**,而把与 H_0 对立的假设 H_1 叫作**备择假设**.检验的目的就是要在原假设 H_0 与备择假设 H_1 两者中选择其一:如果认为原假设 H_0 是正确的,则接受 H_0(拒绝 H_1);如果认为 H_0 不正确,则拒绝 H_0(接受 H_1).

在例2中,从抽样检查的结果可知样本均值 $\overline{x}=501.67$,对于样本均值 $\overline{x}$ 与假设的总体均值 μ_0 之间的差异,可以有以下两种不同的解释:

(1) 原假设 H_0 是正确的,即总体均值 $\mu=\mu_0=500$,由于抽样的随机性,$\overline{x}$ 与 μ_0 之间出现某些差异是完全可能的.

(2) 原假设 H_0 是不正确的,即总体均值 $\mu \neq \mu_0=500$,由于系统误差,也就是包装机工作不正常,因此 $\overline{x}$ 与 μ_0 之间出现了实质性的差异,或者说是显著差异.

这两种解释,到底哪一种比较合理呢?

为了回答这个问题,我们首先适当给定一个临界概率 α,称为**显著性水平**,

通常取 α 为较小的值,如 0.05,0.01 等.然后,在原假设 H_0 成立的条件下,确定临界值 δ_α,使得随机事件 $\{|\overline{X}-\mu_0|>\delta_\alpha\}$ 的概率等于 α,即

$$P\{|\overline{X}-\mu_0|>\delta_\alpha\}=\alpha.$$

选取统计量 $U=\dfrac{\overline{X}-\mu_0}{\sigma_0/\sqrt{n}}\sim N(0,1)$,于是有

$$P\{|U|>u_{\frac{\alpha}{2}}\}=P\left\{\frac{|\overline{X}-\mu_0|}{\sigma_0/\sqrt{n}}>u_{\frac{\alpha}{2}}\right\}=P\left\{|\overline{X}-\mu_0|>\frac{\sigma_0}{\sqrt{n}}u_{\frac{\alpha}{2}}\right\}=\alpha,$$

由此得到临界值 $\delta_\alpha=\dfrac{\sigma_0}{\sqrt{n}}u_{\frac{\alpha}{2}}$. 为了方便起见,也可以用统计量 U 的临界值 $u_{\frac{\alpha}{2}}$ 来取代 δ_α,例如,取显著性水平 $\alpha=0.05$,$u_{\frac{\alpha}{2}}=u_{0.025}=1.96$,有

$$P\{|U|>1.96\}=P\left\{\frac{|\overline{X}-\mu_0|}{\sigma_0/\sqrt{n}}>1.96\right\}=0.05.$$

因为 0.05 很小,所以事件 $\{|U|>1.96\}$ 是小概率事件. 根据小概率事件的实际不可能性原理,我们认为在原假设 H_0 成立的条件下,这样的事件实际上是不可能发生的. 现在抽样检查的结果为

$$|u_0|=\frac{|501.67-500|}{2/3}=2.505>1.96,$$

上述小概率事件竟然发生了,这表明检查的结果与原假设 H_0 不相符,即样本均值 $\overline{x}$ 与假设的总体均值 μ_0 之间存在显著差异. 因此应当拒绝 H_0,接受备择假设 H_1,即认为这天包装机工作不正常.

假设检验的基本思想实质上是带有某种概率性质的反证法. 为了检验一个假设 H_0 是否正确,首先假定该假设 H_0 正确,然后根据抽取到的样本对假设 H_0 做出接受或拒绝的决策. 如果样本值导致了不合理的现象(小概率事件竟然在一次试验中发生了),就应拒绝假设 H_0,否则应接受假设 H_0.

假设检验中所谓的"不合理",并非逻辑中的绝对矛盾,而是根据小概率事件在一次试验中是几乎不发生的. 但概率小到什么程度才能算作"小概率事件"? 显然,"小概率事件" 的概率越小,否定原假设 H_0 就越有说服力.

在例 2 中,如果取 $\alpha=0.01$,则 $u_{\frac{\alpha}{2}}=u_{0.005}=2.575$,从而有

$$P\{|U|>2.575\}=P\left\{\frac{|\overline{X}-\mu_0|}{\sigma_0/\sqrt{n}}>2.575\right\}=0.01.$$

根据抽样检查的结果,有

$$|u_0|=2.505<2.575,$$

则小概率事件 $\{|U|>2.575\}$ 没有发生,所以没有理由拒绝原假设 H_0,就应当接受 H_0.

由此可见,假设检验的结论与选取的显著性水平 α 有密切的关系,所以必须说明假设检验的结论是在怎样的显著性水平 α 下得出的.

二、双侧检验与单侧检验

例 2 中的假设检验问题可简记为

$$H_0:\mu=\mu_0;\quad H_1:\mu\neq\mu_0.$$

备择假设 H_1 表示 μ 可能大于 μ_0，也可能小于 μ_0，称为双侧备择假设，这种假设检验称为**双侧检验**.

在实际问题中，有时还需要检验下列形式的假设：

$$H_0:\mu\leqslant\mu_0;\quad H_1:\mu>\mu_0 \tag{7.1}$$

或

$$H_0:\mu\geqslant\mu_0;\quad H_1:\mu<\mu_0. \tag{7.2}$$

形如假设(7.1)的假设检验称为**右侧检验**，形如假设(7.2)的假设检验称为**左侧检验**，右侧检验和左侧检验统称为**单侧检验**.

三、假设检验的一般步骤

从例 2 的讨论可知，假设检验一般可以按下述步骤进行：

(1) 根据实际问题的要求，提出原假设 H_0 与备择假设 H_1，即说明需要检验的假设的具体内容；

(2) 构造适当的统计量，并在原假设 H_0 成立的条件下确定该统计量的分布；

(3) 对于给定的显著性水平 α（通常取 $\alpha=0.1, 0.05$ 等），根据统计量的分布查表，确定统计量对应于 α 的临界值；

(4) 根据样本值计算统计量的观察值，并与临界值进行比较，从而对拒绝或接受原假设 H_0 做出判断.

能够拒绝原假设的检验统计量的所有可能取值的集合称为**拒绝域**，记为 w. 不能够拒绝原假设的检验统计量的所有取值的集合称为**接受域**.

四、假设检验可能犯的两类错误

假设检验的推理方法是根据小概率事件的实际不可能性原理进行判断的一种反证法. 然而，由于小概率事件无论其概率多么小，还是有可能发生的，所以利用上述方法进行假设检验，可能使我们做出错误的判断，这种错误的判断有以下两种情况：

(1) 原假设 H_0 实际上是正确的，但是却错误地拒绝了 H_0. 这样就犯了“弃真”的错误，这种错误称为**第一类错误**. 由于仅当所考虑的小概率事件 A 发生时才拒绝 H_0，因此犯第一类错误的概率就是条件概率

$$P(A\mid H_0)\leqslant\alpha.$$

(2) 原假设 H_0 实际上是不正确的，但是却错误地接受了 H_0. 这样就犯了“取伪”的错误，这种错误称为**第二类错误**，犯第二类错误的概率记为 β.

理论上，自然希望犯这两类错误的概率都很小，但是当样本容量 n 固定时，α，β 不能同时都小，即 α 变小时，β 就变大，而 β 变小时，α 就变大. 一般只有当样本容

量 n 增大时,才有可能使两者同时变小.在实际应用中,通常的做法是:控制犯第一类错误的概率,即给定 α,然后通过增大样本容量 n 来使得 β 尽可能地小.

关于显著性水平 α 的选取:若注重经济效益,α 可以小些,如 $\alpha=0.01$;若注重社会效益,α 可以大些,如 $\alpha=0.1$;若要兼顾经济效益和社会效益,一般可取 $\alpha=0.05$.

§7.2 单个正态总体参数的假设检验

微课视频

一、总体均值的假设检验

在检验关于总体均值 μ 的假设时,该总体中的另一个参数(方差 σ^2)是否已知会影响检验统计量的选择,下面分两种情形来讨论.

1. 方差 σ^2 已知的情形

设总体 $X\sim N(\mu,\sigma^2)$,其中总体方差 σ^2 已知,$X_1,X_2,\cdots,X_n$ 是来自总体 X 的一个样本,$\overline{X}$ 为样本均值.

(1) 检验假设 $H_0:\mu=\mu_0$;$H_1:\mu\neq\mu_0$,其中 μ_0 为已知常数.

当 H_0 为真时,

$$U=\frac{\overline{X}-\mu_0}{\sigma/\sqrt{n}}\sim N(0,1),$$

故选取 U 作为检验统计量,相应的检验方法称为 **U 检验法**.对于给定的显著性水平 α,可通过查附表 2 得出 $u_{\frac{\alpha}{2}}$,使得

$$P\{|U|>u_{\frac{\alpha}{2}}\}=\alpha,$$

由此可得拒绝域为

$$|U|=\left|\frac{\overline{X}-\mu_0}{\sigma/\sqrt{n}}\right|>u_{\frac{\alpha}{2}},$$

即

$$w=(-\infty,-u_{\frac{\alpha}{2}})\cup(u_{\frac{\alpha}{2}},+\infty).$$

然后根据样本值 $x_1,x_2,\cdots,x_n$ 计算出 U 的观察值 u_0,若 $|u_0|>u_{\frac{\alpha}{2}}$,则拒绝原假设 H_0,认为总体均值与 μ_0 有显著差异;若 $|u_0|\leqslant u_{\frac{\alpha}{2}}$,则接受原假设 H_0,认为总体均值与 μ_0 无显著差异.

(2) 右侧检验:检验假设 $H_0:\mu\leqslant\mu_0$;$H_1:\mu>\mu_0$.

类似可得拒绝域为

$$U=\frac{\overline{X}-\mu_0}{\sigma/\sqrt{n}}>u_\alpha,$$

即

$$w=(u_\alpha, +\infty).$$

(3) 左侧检验:检验假设 $H_0:\mu \geqslant \mu_0$;$H_1:\mu < \mu_0$.

类似可得拒绝域为

$$U=\frac{\overline{X}-\mu_0}{\sigma/\sqrt{n}}<-u_\alpha,$$

即

$$w=(-\infty, -u_\alpha).$$

例 1 某工厂生产一种工业用绳的最大承受力(单位:N)$X \sim N(\mu,\sigma^2)$,其中 $\mu=570$,$\sigma^2=8^2$.现换了一批原材料,从性质上看,最大承受力的方差 σ^2 不会发生变化($\sigma^2=8^2$),但不知最大承受力的均值 μ 和原先有无差别.现抽得样本,测得其最大承受力为

572, 570, 570, 572, 596, 584, 578, 572, 570, 568.

取显著性水平 $\alpha=0.05$,试检验最大承受力有无发生变化.

解 (1) 建立假设 $H_0:\mu=\mu_0=570$;$H_1:\mu \neq 570$.

(2) 选择统计量

$$U=\frac{\overline{X}-\mu_0}{\sigma/\sqrt{n}} \sim N(0,1).$$

(3) 对于给定的显著性水平 $\alpha=0.05$,$u_{\frac{\alpha}{2}}=u_{0.025}=1.96$,可得拒绝域为 $|U|>1.96$.

(4) 经计算 $\overline{x}=575.2$,$\sigma^2=64$,则

$$|u_0|=\left|\frac{\overline{x}-\mu_0}{\sigma/\sqrt{n}}\right| \approx 2.055>1.96.$$

故应拒绝原假设 H_0,即认为最大承受力的均值发生了变化.

例 2 已知某工厂生产的灯泡的平均寿命(单位:h)不超过3 000 h,技术创新后试制了一批这种灯泡,抽样检查20个,测得灯泡的使用寿命的样本均值为 $\overline{x}=3\,100$.若该灯泡的使用寿命 X 服从正态分布 $N(\mu,175^2)$,问:试制的这批灯泡的平均使用寿命是否有显著提高(取显著性水平 $\alpha=0.01$)?

解 (1) 建立假设 $H_0:\mu \leqslant \mu_0=3\,000$;$H_1:\mu>\mu_0=3\,000$.

(2) 选择统计量

$$U=\frac{\overline{X}-\mu_0}{\sigma/\sqrt{n}} \sim N(0,1).$$

(3) 利用右侧检验法来检验:

$$\mu_0=3\,000,\quad \sigma=175,\quad n=20,\quad \alpha=0.01,$$
$$u_\alpha=u_{0.01}=2.325,\quad \overline{x}=3\,100,$$

故拒绝域为$U > 2.325$.

(4) 经计算得

$$u_0 = \frac{\overline{x} - \mu_0}{\sigma / \sqrt{n}} = \frac{3\,100 - 3\,000}{175 / \sqrt{20}} \approx 2.556 > 2.325.$$

故应拒绝原假设H_0,即认为试制的这批灯泡的平均使用寿命有显著提高.

2. 方差σ^2未知的情形

设总体$X \sim N(\mu, \sigma^2)$,其中σ^2未知,$X_1, X_2, \cdots, X_n$是来自总体X的一个样本,$\overline{X}$与S^2分别为样本均值与样本方差.

检验假设$H_0: \mu = \mu_0$;$H_1: \mu \neq \mu_0$,其中μ_0为已知常数.

因为σ^2未知,所以我们用σ^2的无偏估计量即样本方差S^2代替σ^2. 因此,当H_0为真时,

$$T = \frac{\overline{X} - \mu_0}{S / \sqrt{n}} \sim t(n-1),$$

故选取T作为检验统计量,相应的检验法称为**T检验法**. 对于给定的显著性水平α,查附表5得$t_{\frac{\alpha}{2}}(n-1)$,使得

$$P\{|T| > t_{\frac{\alpha}{2}}(n-1)\} = \alpha,$$

由此可得拒绝域为

$$|T| = \left| \frac{\overline{X} - \mu_0}{S / \sqrt{n}} \right| > t_{\frac{\alpha}{2}}(n-1),$$

即

$$w = (-\infty, -t_{\frac{\alpha}{2}}(n-1)) \cup (t_{\frac{\alpha}{2}}(n-1), +\infty).$$

然后根据样本值$x_1, x_2, \cdots, x_n$计算出T的观察值t_0,若$|t_0| > t_{\frac{\alpha}{2}}(n-1)$,则拒绝原假设$H_0$,认为总体均值与$\mu_0$有显著差异;若$|t_0| \leqslant t_{\frac{\alpha}{2}}(n-1)$,则接受原假设$H_0$,认为总体均值与$\mu_0$无显著差异.

方差σ^2未知情形下的单侧检验这里不再详述,具体结论见表7-4.

例3 某电器厂生产一种云母片,由长期的生产数据知,云母片的厚度(单位:mm)服从正态分布,均值$\mu_0 = 0.130$. 现从某天生产的云母片中随机抽取10片,测量其厚度,算得样本均值$\overline{x} = 0.146$,样本标准差$s = 0.014$. 问:这天生产的云母片的平均厚度与以往有无显著差异(取显著性水平$\alpha = 0.05$)?

解 (1) 建立假设$H_0: \mu = \mu_0 = 0.130$;$H_1: \mu \neq \mu_0 = 0.130$.

(2) 选择统计量

$$T=\frac{\overline{X}-\mu_0}{S/\sqrt{n}}\sim t(n-1).$$

(3) 对于给定的显著性水平 $\alpha=0.05, t_{\frac{\alpha}{2}}(n-1)=t_{0.025}(9)=2.2622$，可得拒绝域为 $|T|>2.2622$.

(4) 已知 $\overline{x}=0.146, s=0.014$，则

$$|t_0|=\left|\frac{\overline{x}-\mu_0}{s/\sqrt{n}}\right|=\left|\frac{0.146-0.130}{0.014/\sqrt{10}}\right|\approx 3.6140>2.2622.$$

故应拒绝原假设 H_0，即认为这天生产的云母片的平均厚度与以往有显著差异.

例 4 某公司声称其生产的某种类型的电池平均寿命(单位:h)X 至少为 21.5 h，有一实验室检验了 6 套该类型的电池，测得寿命为

20， 16， 25， 19， 18， 22.

问:结果是否能证明这种类型的电池低于该公司声称的寿命(取显著性水平 $\alpha=0.05$)?

解 (1) 建立假设 $H_0:\mu\geqslant\mu_0=21.5; H_1:\mu<\mu_0=21.5$.

(2) 选择统计量

$$T=\frac{\overline{X}-\mu_0}{S/\sqrt{n}}\sim t(n-1).$$

(3) 利用左侧检验法来检验:

$\mu_0=21.5,\quad n=6,\quad \alpha=0.05,\quad t_\alpha(n-1)=t_{0.05}(5)=2.0150$，

故拒绝域为 $(-\infty,-2.0150)$.

(4) 经计算 $\overline{x}=20, s^2=10$，则

$$t_0=\frac{\overline{x}-\mu_0}{s/\sqrt{n}}=\frac{20-21.5}{\sqrt{10}/\sqrt{6}}\approx -1.1619>-2.0150.$$

故应接受原假设 H_0，即这类电池的寿命并不比该公司声称的寿命低.

二、总体方差的假设检验

微课视频

设总体 $X\sim N(\mu,\sigma^2)$，$X_1,X_2,\cdots,X_n$ 是来自总体 X 的一个样本，μ 未知，$\overline{X}$ 与 S^2 分别为样本均值与样本方差.

检验假设 $H_0:\sigma^2=\sigma_0^2; H_1:\sigma^2\neq\sigma_0^2$，其中 σ_0 为已知常数.

当 H_0 为真时，

$$\chi^2=\frac{(n-1)S^2}{\sigma_0^2}\sim\chi^2(n-1),$$

故选取 χ^2 作为检验统计量，相应的检验方法称为 **χ^2 检验法**. 对于给定的显著性水平 α，查附表 4 可得 $\chi^2_{1-\frac{\alpha}{2}}(n-1)$ 和 $\chi^2_{\frac{\alpha}{2}}(n-1)$，使得

$$P\{\chi^2<\chi^2_{1-\frac{\alpha}{2}}(n-1)\}=\frac{\alpha}{2},\quad P\{\chi^2>\chi^2_{\frac{\alpha}{2}}(n-1)\}=\frac{\alpha}{2},$$

由此可得拒绝域为

$$w=(0,\chi^2_{1-\frac{\alpha}{2}}(n-1))\cup(\chi^2_{\frac{\alpha}{2}}(n-1),+\infty).$$

然后根据样本值 $x_1,x_2,\cdots,x_n$ 计算出 χ^2 的观察值 χ_0^2，若 $\chi_0^2<\chi^2_{1-\frac{\alpha}{2}}(n-1)$ 或 $\chi_0^2>\chi^2_{\frac{\alpha}{2}}(n-1)$，则拒绝原假设 H_0；若 $\chi^2_{1-\frac{\alpha}{2}}(n-1)\leqslant\chi_0^2\leqslant\chi^2_{\frac{\alpha}{2}}(n-1)$，则接受原假设 H_0.

此种情形下的单侧检验这里不再详述，具体结论见表 7-4.

例 5 已知某工厂生产的铜丝的折断力指标（单位：N）服从正态分布，现从一批铜丝中随机抽取 9 根检查其折断力，测得数据如下：

289， 268， 285， 284， 286， 285， 286， 298， 292.

问：是否可以认为该工厂生产的铜丝的折断力的方差为 20 N^2（取显著性水平 $\alpha=0.05$）？

解 (1) 建立假设 $H_0:\sigma^2=\sigma_0^2=20$；$H_1:\sigma^2\neq\sigma_0^2=20$.

(2) 选择统计量

$$\chi^2=\frac{(n-1)S^2}{\sigma_0^2}\sim\chi^2(n-1).$$

(3) 对于给定的显著性水平 $\alpha=0.05$，

$$\chi^2_{1-\frac{\alpha}{2}}(n-1)=\chi^2_{0.975}(8)=2.180,\quad \chi^2_{\frac{\alpha}{2}}(n-1)=\chi^2_{0.025}(8)=17.535,$$

可得拒绝域为 $(0,2.180)\cup(17.535,+\infty)$.

(4) 经计算 $s^2=64.861$，则

$$\chi_0^2=\frac{(n-1)s^2}{\sigma_0^2}=\frac{8\times64.861}{20}\approx25.944>17.535.$$

故应拒绝原假设 H_0，即不可以认为该工厂生产的铜丝的折断力的方差为 20 N^2.

例 6 某工厂生产金属丝，产品指标为折断力，折断力的方差被用作工厂生产精度的表征，方差越小，表明精度越高. 以往工厂把该方差保持在 64 N^2 及以下，最近从一批产品中抽取 10 根做折断力试验，测得结果（单位：N）为

578， 572， 570， 568， 572， 570， 572， 596， 584， 570.

为此，厂方怀疑金属丝折断力的方差变大了，如确实变大了，表明生产精度不如以前，就要对生产流程做检查，以发现生产环节中存在的问题，试在显著性水平 $\alpha=0.05$ 下检验厂方的怀疑.

解 (1) 建立假设 $H_0:\sigma^2\leqslant\sigma_0^2=64$；$H_1:\sigma^2>\sigma_0^2=64$.

(2) 选择统计量

$$\chi^2=\frac{(n-1)S^2}{\sigma_0^2}\sim\chi^2(n-1).$$

(3) 利用右侧检验法来检验：

$$\sigma_0^2=64,\quad \alpha=0.05,\quad \chi^2_{\alpha}(n-1)=\chi^2_{0.05}(9)=16.919,$$

故拒绝域为$(16.919, +\infty)$.

(4) 经计算 $s^2=75.73$,则

$$\chi_0^2=\frac{(n-1)s^2}{\sigma_0^2}=\frac{9\times 75.73}{64}\approx 10.650<16.919.$$

故应接受原假设 H_0,即可认为样本方差的偏大是偶然因素造成的,生产流程正常.

§7.3 两个正态总体参数的假设检验

本节讨论两个正态总体中参数的假设检验问题.

设总体 $X\sim N(\mu_1,\sigma_1^2)$,$Y\sim N(\mu_2,\sigma_2^2)$,且 X 与 Y 相互独立,从两个总体中分别抽取样本 $X_1,X_2,\cdots,X_{n_1}$ 与 $Y_1,Y_2,\cdots,Y_{n_2}$,样本均值和样本方差分别是 $\overline{X},S_1^2$ 与 $\overline{Y},S_2^2$.

微课视频

一、两个正态总体均值 $\mu_1=\mu_2$ 的假设检验

1. 方差 σ_1^2,σ_2^2 已知

检验假设 $H_0:\mu_1=\mu_2;H_1:\mu_1\neq\mu_2$.

当 H_0 为真时,

$$U=\frac{\overline{X}-\overline{Y}}{\sqrt{\dfrac{\sigma_1^2}{n_1}+\dfrac{\sigma_2^2}{n_2}}}\sim N(0,1),$$

故选取 U 作为检验统计量,相应的检验法称为 U 检验法.

对于给定的显著性水平 α,查附表 2 可得 $u_{\frac{\alpha}{2}}$,使得

$$P\{|U|>u_{\frac{\alpha}{2}}\}=\alpha,$$

由此可得拒绝域为

$$w=(-\infty,-u_{\frac{\alpha}{2}})\cup(u_{\frac{\alpha}{2}},+\infty).$$

然后根据样本值 $x_1,x_2,\cdots,x_{n_1}$ 和 $y_1,y_2,\cdots,y_{n_2}$ 计算出 U 的观察值 u_0,若 $|u_0|>u_{\frac{\alpha}{2}}$,则拒绝原假设 H_0,认为总体均值 μ_1,μ_2 有显著差异;若 $|u_0|\leqslant u_{\frac{\alpha}{2}}$,则接受原假设 H_0,认为总体均值 μ_1,μ_2 无显著差异.

此种情形下的单侧检验这里不再详述,具体结论见表 7 - 4.

例1 有甲、乙两种品牌的电池,其寿命(单位:h)X,Y 分别服从正态分布$N(\mu_1,\sigma_1^2),N(\mu_2,\sigma_2^2)$,已知它们寿命的标准差分别为84 h和96 h,现取两种品牌的电池各60节,测得平均寿命分别为1 295 h和1 230 h,能否认为两种电池的平均寿命无显著差异(取显著性水平 $\alpha=0.05$)?

解 (1) 建立假设 $H_0:\mu_1=\mu_2;H_1:\mu_1\neq\mu_2$.

(2) 选择统计量

$$U=\frac{\overline{X}-\overline{Y}}{\sqrt{\dfrac{\sigma_1^2}{n_1}+\dfrac{\sigma_2^2}{n_2}}}\sim N(0,1).$$

(3) 对于给定的显著性水平 $\alpha=0.05,u_{\frac{\alpha}{2}}=u_{0.025}=1.96$,故拒绝域为 $(-\infty,-1.96)\cup(1.96,+\infty)$.

(4) 由 $\overline{x}=1\,295,\overline{y}=1\,230,\sigma_1=84,\sigma_2=96,n_1=n_2=60$,计算出

$$|u_0|=\left|\frac{\overline{x}-\overline{y}}{\sqrt{\dfrac{\sigma_1^2}{n_1}+\dfrac{\sigma_2^2}{n_2}}}\right|\approx 3.95>1.96.$$

故应拒绝原假设 H_0,即认为两种电池的平均寿命有显著差异.

2. 方差 σ_1^2,σ_2^2 未知,但 $\sigma_1^2=\sigma_2^2=\sigma^2$

检验假设 $H_0:\mu_1=\mu_2;H_1:\mu_1\neq\mu_2$.

当 H_0 为真时,

$$T=\frac{\overline{X}-\overline{Y}}{S_W\sqrt{\dfrac{1}{n_1}+\dfrac{1}{n_2}}}\sim t(n_1+n_2-2),$$

其中 $S_W^2=\dfrac{(n_1-1)S_1^2+(n_2-1)S_2^2}{n_1+n_2-2}$,故选取 T 作为检验统计量,相应的检验法称为 **T 检验法**.

对于给定的显著性水平 α,查附表5可得 $t_{\frac{\alpha}{2}}(n_1+n_2-2)$,使得

$$P\{|T|>t_{\frac{\alpha}{2}}(n_1+n_2-2)\}=\alpha,$$

由此可得拒绝域为

$$w=(-\infty,-t_{\frac{\alpha}{2}}(n_1+n_2-2))\cup(t_{\frac{\alpha}{2}}(n_1+n_2-2),+\infty).$$

然后根据样本值 $x_1,x_2,\cdots,x_{n_1}$ 和 $y_1,y_2,\cdots,y_{n_2}$ 计算出 T 的观察值 t_0,若 $|t_0|>t_{\frac{\alpha}{2}}(n_1+n_2-2)$,则拒绝原假设 H_0,认为总体均值 μ_1,μ_2 有显著差异;若 $|t_0|\leqslant t_{\frac{\alpha}{2}}(n_1+n_2-2)$,则接受原假设 H_0,认为总体均值 μ_1,μ_2 无显著差异.

此种情形下的单侧检验这里不再详述,具体结论见表7-4.

例2 对用两种不同热处理方法加工的金属材料做抗拉强度试验，得到数据(单位:MPa)如表 7-1 所示.

表 7-1

方法 Ⅰ	31	34	29	26	32	35	38	34	30	29	32	31
方法 Ⅱ	26	24	28	29	30	29	32	26	31	29	32	28

设用两种不同热处理方法加工的金属材料的抗拉强度均构成正态总体，且两个总体的方差相同. 问:用两种不同热处理方法加工的金属材料的平均抗拉强度是否有显著差异(取显著性水平 $\alpha=0.05$)?

解 以 X 和 Y 分别表示用方法 Ⅰ 和方法 Ⅱ 加工的金属材料的抗拉强度总体，以 μ_1 和 μ_2 分别表示这两个总体的均值，以 σ^2 表示这两个总体的方差. 由题意，

$$X\sim N(\mu_1,\sigma^2),\quad Y\sim N(\mu_2,\sigma^2).$$

(1) 建立假设 $H_0:\mu_1=\mu_2;H_1:\mu_1\neq\mu_2$.

(2) 选择统计量

$$T=\frac{\overline{X}-\overline{Y}}{S_W\sqrt{\dfrac{1}{n_1}+\dfrac{1}{n_2}}}\sim t(n_1+n_2-2).$$

(3) 对于给定的显著性水平 $\alpha=0.05,n_1=n_2=12$,

$$t_{\frac{\alpha}{2}}(n_1+n_2-2)=t_{0.025}(22)=2.073\,9,$$

可得拒绝域为 $(-\infty,-2.073\,9)\cup(2.073\,9,+\infty)$.

(4) 经计算 $\overline{x}=31.75,\overline{y}=28.67,s_W=2.85$，则

$$|t_0|=\frac{|\overline{x}-\overline{y}|}{s_W\sqrt{\dfrac{1}{n_1}+\dfrac{1}{n_2}}}=\frac{|31.75-28.67|}{2.85\times\sqrt{\dfrac{1}{12}+\dfrac{1}{12}}}\approx 2.647>2.073\,9.$$

故应拒绝原假设 H_0，即可以认为用两种不同热处理方法加工的金属材料的平均抗拉强度有显著差异.

二、两个正态总体方差 $\sigma_1^2=\sigma_2^2$ 的假设检验

总体均值 μ_1,μ_2 未知，检验假设 $H_0:\sigma_1^2=\sigma_2^2;H_1:\sigma_1^2\neq\sigma_2^2$.

当 H_0 为真时，

$$F=\frac{S_1^2}{S_2^2}\sim F(n_1-1,n_2-1),$$

故选取 F 作为检验统计量，相应的检验法称为 **F 检验法**.

对于给定的显著性水平 α，查附表 6 可得 $F_{\frac{\alpha}{2}}(n_1-1,n_2-1)$ 与 $F_{1-\frac{\alpha}{2}}(n_1-1,n_2-1)$，使得

$$P\{F > F_{\frac{\alpha}{2}}(n_1-1,n_2-1)\}=\frac{\alpha}{2},$$

$$P\{F < F_{1-\frac{\alpha}{2}}(n_1-1,n_2-1)\}=\frac{\alpha}{2},$$

由此可得拒绝域为

$$w=(0,F_{1-\frac{\alpha}{2}}(n_1-1,n_2-1))\cup(F_{\frac{\alpha}{2}}(n_1-1,n_2-1),+\infty).$$

然后根据样本值计算出 F 的观察值 f_0，若 $f_0 < F_{1-\frac{\alpha}{2}}(n_1-1,n_2-1)$ 或 $f_0 > F_{\frac{\alpha}{2}}(n_1-1,n_2-1)$，则拒绝原假设 H_0，认为总体方差 σ_1^2,σ_2^2 有显著差异；若 $F_{1-\frac{\alpha}{2}}(n_1-1,n_2-1)\leqslant f_0\leqslant F_{\frac{\alpha}{2}}(n_1-1,n_2-1)$，则接受原假设 H_0，认为总体方差 σ_1^2,σ_2^2 无显著差异.

此种情形下的单侧检验这里不再详述，具体结论见表 7-4.

例 3 某有机物质在化学处理前与处理后分别抽样分析其含脂率，数据如表 7-2 所示. 假定处理前与处理后的含脂率都服从正态分布，检验处理前与处理后含脂率的方差是否有显著差异(取显著性水平 $\alpha=0.05$)?

表 7-2

处理前	0.30	0.41	0.12	0.19	0.18	0.21	0.27	0.33
处理后	0.15	0.13	0.07	0.24	0.19	0.06	0.08	0.12

解 (1) 检验假设 $H_0:\sigma_1^2=\sigma_2^2;H_1:\sigma_1^2\neq\sigma_2^2$.

(2) 选择统计量

$$F=\frac{S_1^2}{S_2^2}\sim F(n_1-1,n_2-1).$$

(3) 对于给定的显著性水平 $\alpha=0.05$，

$F_{\frac{\alpha}{2}}(n_1-1,n_2-1)=F_{0.025}(7,7)=4.99$，

$$F_{1-\frac{\alpha}{2}}(n_1-1,n_2-1)=F_{0.975}(7,7)=\frac{1}{F_{0.025}(7,7)}=\frac{1}{4.99}\approx 0.20,$$

可得拒绝域为 $(0,0.20)\cup(4.99,+\infty)$.

(4) 经计算 $s_1^2=0.0088, s_2^2=0.0039$，则

$$f_0=\frac{0.0088}{0.0039}\approx 2.256,\quad 0.20 < f_0 < 4.99.$$

故应接受原假设 H_0，即认为处理前与处理后含脂率的方差无显著差异.

特别指出，如果两个正态总体的分布参数 $\mu_1,\mu_2,\sigma_1^2,\sigma_2^2$ 均未知，为了检验这两个总体的均值是否有显著差异，应当首先检验这两个总体的方差是否有显著差异，在接受原假设 $\sigma_1^2=\sigma_2^2$ 的基础上，再进一步检验另一原假设 $H_0':\mu_1=\mu_2$.

例 4 为比较甲、乙两种安眠药的疗效，将 20 名患者分成两组，每组 10 人，如服药后延长的睡眠时间(单位:h) 分别服从正态分布，其数据如表 7-3 所示. 问:在显著性水平 $\alpha=0.05$ 下两种安眠药的疗效有无显著差别?

表 7-3

甲	5.5	4.6	4.4	3.4	1.9	1.6	1.1	0.8	0.1	−0.1
乙	3.7	3.4	2.0	2.0	0.8	0.7	0	−0.1	−0.2	−1.6

解 设服用甲安眠药后延长的睡眠时间 $X\sim N(\mu_1,\sigma_1^2)$，服用乙安眠药后延长的睡眠时间 $Y\sim N(\mu_2,\sigma_2^2)$，其中 $\mu_1,\mu_2,\sigma_1^2,\sigma_2^2$ 均未知.

首先，检验假设 $H_0:\sigma_1^2=\sigma_2^2;H_1:\sigma_1^2\neq\sigma_2^2$.

选择统计量

$$F=\frac{S_1^2}{S_2^2}\sim F(n_1-1,n_2-1),$$

计算得

$$n_1=10,\quad n_2=10,\quad \overline{x}=2.33,\quad \overline{y}=1.07,$$

$$s_1^2=4.01,\quad s_2^2=2.84,\quad f_0=\frac{s_1^2}{s_2^2}=1.412,$$

查附表 6 可得

$$F_{0.025}(9,9)=4.03,\quad F_{0.975}(9,9)=\frac{1}{F_{0.025}(9,9)}=0.25.$$

由于 $0.25<1.412<4.03$，故应接受原假设 H_0，即在显著性水平 $\alpha=0.05$ 下认为这两种安眠药的疗效的方差无显著差别.

其次，在 $\sigma_1^2=\sigma_2^2$ 的条件下，检验假设 $H_0':\mu_1=\mu_2;H_1':\mu_1\neq\mu_2$.

选择统计量

$$T=\frac{\overline{X}-\overline{Y}}{S_W\sqrt{\dfrac{1}{n_1}+\dfrac{1}{n_2}}}\sim t(n_1+n_2-2),$$

其中 $S_W=\sqrt{\dfrac{(n_1-1)S_1^2+(n_2-1)S_2^2}{n_1+n_2-2}}$，计算得

$$s_W=\sqrt{\frac{9\times 4.01+9\times 2.84}{18}}\approx 1.85,\quad |t_0|=\left|\frac{2.33-1.07}{1.85\times\sqrt{\dfrac{1}{10}+\dfrac{1}{10}}}\right|\approx 1.523.$$

因为 $\alpha=0.05$，查附表 5 可得

$$t_{\frac{\alpha}{2}}(n_1+n_2-2)=t_{0.025}(18)=2.1009,\quad |t_0|=1.523<2.1009,$$

所以应接受原假设 H_0'，即认为这两种安眠药的疗效无显著差异.

总结 §7.2 和 §7.3 中关于正态总体的假设检验，提供表 7-4 以方便查阅.

表 7-4

H_0	H_1	条件	检验统计量及分布	拒绝域
$\mu=\mu_0$	$\mu\neq\mu_0$	方差σ^2已知	$U=\dfrac{\overline{X}-\mu_0}{\sigma/\sqrt{n}}\sim N(0,1)$	$\|U\|>u_{\frac{\alpha}{2}}$
$\mu\leqslant\mu_0$	$\mu>\mu_0$			$U>u_\alpha$
$\mu\geqslant\mu_0$	$\mu<\mu_0$			$U<-u_\alpha$
$\mu=\mu_0$	$\mu\neq\mu_0$	方差σ^2未知	$T=\dfrac{\overline{X}-\mu_0}{S/\sqrt{n}}\sim t(n-1)$	$\|T\|>t_{\frac{\alpha}{2}}(n-1)$
$\mu\leqslant\mu_0$	$\mu>\mu_0$			$T>t_\alpha(n-1)$
$\mu\geqslant\mu_0$	$\mu<\mu_0$			$T<-t_\alpha(n-1)$
$\sigma^2=\sigma_0^2$	$\sigma^2\neq\sigma_0^2$	均值μ未知	$\chi^2=\dfrac{(n-1)S^2}{\sigma_0^2}\sim\chi^2(n-1)$	$\chi^2<\chi^2_{1-\frac{\alpha}{2}}(n-1)$ 或 $\chi^2>\chi^2_{\frac{\alpha}{2}}(n-1)$
$\sigma^2\leqslant\sigma_0^2$	$\sigma^2>\sigma_0^2$			$\chi^2>\chi^2_\alpha(n-1)$
$\sigma^2\geqslant\sigma_0^2$	$\sigma^2<\sigma_0^2$			$\chi^2<\chi^2_{1-\alpha}(n-1)$
$\mu_1=\mu_2$	$\mu_1\neq\mu_2$	方差σ_1^2，σ_2^2已知	$U=\dfrac{\overline{X}-\overline{Y}}{\sqrt{\dfrac{\sigma_1^2}{n_1}+\dfrac{\sigma_2^2}{n_2}}}\sim N(0,1)$	$\|U\|>u_{\frac{\alpha}{2}}$
$\mu_1\leqslant\mu_2$	$\mu_1>\mu_2$			$U>u_\alpha$
$\mu_1\geqslant\mu_2$	$\mu_1<\mu_2$			$U<-u_\alpha$
$\mu_1=\mu_2$	$\mu_1\neq\mu_2$	方差σ_1^2，σ_2^2未知，但$\sigma_1^2=\sigma_2^2$	$T=\dfrac{\overline{X}-\overline{Y}}{S_W\sqrt{\dfrac{1}{n_1}+\dfrac{1}{n_2}}}\sim t(n_1+n_2-2)$	$\|T\|>t_{\frac{\alpha}{2}}(n_1+n_2-2)$
$\mu_1\leqslant\mu_2$	$\mu_1>\mu_2$			$T>t_\alpha(n_1+n_2-2)$
$\mu_1\geqslant\mu_2$	$\mu_1<\mu_2$			$T<-t_\alpha(n_1+n_2-2)$
$\sigma_1^2=\sigma_2^2$	$\sigma_1^2\neq\sigma_2^2$	均值μ_1，μ_2未知	$F=\dfrac{S_1^2}{S_2^2}\sim F(n_1-1,n_2-1)$	$F<F_{1-\frac{\alpha}{2}}(n_1-1,n_2-1)$ 或$F>F_{\frac{\alpha}{2}}(n_1-1,n_2-1)$
$\sigma_1^2\leqslant\sigma_2^2$	$\sigma_1^2>\sigma_2^2$			$F>F_\alpha(n_1-1,n_2-1)$
$\sigma_1^2\geqslant\sigma_2^2$	$\sigma_1^2<\sigma_2^2$			$F<F_{1-\alpha}(n_1-1,n_2-1)$

§ 7.4 非正态总体参数的假设检验

本节讨论非正态总体参数的假设检验问题.

设总体 X 服从某一分布(不是正态分布)，分布律 $p(x,\theta)$ 或概率密度 $f(x,\theta)$ 中含有未知参数 θ，则总体均值 $E(X)=\mu(\theta)$ 和方差 $D(X)=\sigma^2(\theta)$ 都依赖于参数 θ. 从总体中抽取大量样本 $X_1,X_2,\cdots,X_n$，我们来检验原假设 $H_0:\theta=\theta_0$. 在原假设 H_0 成立的条件下，由中心极限定理可知，当样本容量 n

充分大(一般要求 $n \geqslant 50$) 时,统计量

$$U=\frac{\sum_{i=1}^{n} X_i - n\mu(\theta_0)}{\sqrt{n}\sigma(\theta_0)}=\frac{\overline{X}-\mu(\theta_0)}{\sigma(\theta_0)/\sqrt{n}}$$

近似服从标准正态分布 $N(0,1)$.

对于给定的显著性水平 α,查附表 2 可得 $u_{\frac{\alpha}{2}}$,使得

$$P\{|U|>u_{\frac{\alpha}{2}}\}\approx\alpha,$$

由此可得拒绝域为

$$w=(-\infty,-u_{\frac{\alpha}{2}})\cup(u_{\frac{\alpha}{2}},+\infty).$$

然后根据样本值 $x_1,x_2,\cdots,x_n$ 计算出 U 的观察值 u_0,若 $|u_0|>u_{\frac{\alpha}{2}}$,则拒绝原假设 H_0;否则,接受 H_0.

但在进行单侧检验时,往往比较复杂,下面举例说明.

例 1 在数控自动机床加工制造零件的过程中,周期地抽取一些样本进行质量检查,在抽取的250个零件中发现有12个次品,问:是否可以认为零件加工过程中次品出现的概率 p 不超过 3%(取显著性水平 $\alpha=0.05$)?

解 设总体 $X=\begin{cases}0, & \text{加工的零件是合格品},\\ 1, & \text{加工的零件是次品},\end{cases}$ 则 X 服从(0-1)分布,其分布律为

$$P\{X=x\}=p^x(1-p)^{1-x}\quad(x=0,1),$$

得

$$E(X)=p,\quad D(X)=p(1-p).$$

检验假设

$$H_0:p\leqslant p_0=3\%;\quad H_1:p>p_0.$$

由于原假设 H_0 比较复杂,因此分两种情况来讨论.

(1) 设 $p=p_0$,当样本容量 n 充分大时,统计量 $U=\dfrac{\overline{X}-p_0}{\sqrt{p_0(1-p_0)/n}}$ 近似服从标准正态分布 $N(0,1)$. 对于给定的显著性水平 α,有

$$P\{U>u_\alpha\}=P\left\{\frac{\overline{X}-p_0}{\sqrt{p_0(1-p_0)/n}}>u_\alpha\right\}\approx\alpha.$$

(2) 设 $p<p_0$,因为

$$E(X_i)=p,\quad D(X_i)=p(1-p)\quad(i=1,2,\cdots,n),$$

所以当 n 充分大时,$\dfrac{\sum_{i=1}^{n}X_i-np}{\sqrt{np(1-p)}}=\dfrac{\overline{X}-p}{\sqrt{p(1-p)/n}}$ 近似服从标准正态分布 $N(0,1)$. 对于给定的显著性水平 α,有

$$P\left\{\frac{\overline{X}-p}{\sqrt{p(1-p)/n}}>u_\alpha\right\}\approx\alpha.$$

注意到，当 $p<p_0$ 时，$\overline{X}-p>\overline{X}-p_0$；当 $p<p_0\leqslant 0.5$ 时，$p(1-p)<p_0(1-p_0)$，从而有

$$\frac{\overline{X}-p}{\sqrt{p(1-p)/n}}>\frac{\overline{X}-p_0}{\sqrt{p_0(1-p_0)/n}}.$$

设事件 A 表示 $\dfrac{\overline{X}-p_0}{\sqrt{p_0(1-p_0)/n}}>u_\alpha$，事件 B 表示 $\dfrac{\overline{X}-p}{\sqrt{p(1-p)/n}}>u_\alpha$，则有 $A\subset B$，$P(A)\leqslant P(B)$，即

$$P\{U>u_\alpha\}=P\left\{\frac{\overline{X}-p_0}{\sqrt{p_0(1-p_0)/n}}>u_\alpha\right\}\leqslant P\left\{\frac{\overline{X}-p}{\sqrt{p(1-p)/n}}>u_\alpha\right\}\approx\alpha.$$

综合(1)及(2)，在原假设 H_0 成立的条件下，事件 $\{u>u_\alpha\}$ 是小概率事件.

由抽样检查的结果可得

$$\overline{x}=\frac{1}{250}\sum_{i=1}^{250}x_i=\frac{12}{250}=0.048,$$

计算统计量 U 的观察值得

$$u_0=\frac{0.048-0.03}{\sqrt{0.03\times 0.97/250}}\approx 1.668.$$

因为 $u_\alpha=u_{0.05}=1.645$，$u_0>u_{0.05}$，所以拒绝原假设 H_0，即认为零件加工过程中的次品率显著地大于 3%.

知识拓展　　测试试题

习题七

1. 面粉厂用自动包装机包装面粉，每袋额定重量 50 kg，某日开工后随机抽取 10 袋，重量(单位:kg) 如下：

　　49.9，　49.8，　51.0，　50.2，　50.1，　49.6，　49.3，　50.1，　50.0，　49.2.

设每袋面粉的重量服从正态分布，问：这日自动包装机工作是否正常(取显著性水平 $\alpha=0.05$)？

2. 已知某厂生产的钢材的含碳量(单位：%)在正常情况下服从正态分布 $N(4.40,0.05^2)$，某日测得 5 份钢材的含碳量为

　　4.42，　4.30，　4.35，　4.34，　4.40.

如果标准差不变，问：这日钢材含碳量的均值是否显著降低(取显著性水平 $\alpha=0.05$)？

3. 自动包装机装糖入包，每包标准重量为 100 g，每日开工后，要检查所装糖包的总体均值是否合乎标准. 某日开工后，测得 9 包糖重(单位:g) 为

$$99.3,\quad 98.7,\quad 100.5,\quad 101.2,\quad 98.3,\quad 99.7,\quad 99.5,\quad 102.1,\quad 100.5.$$

若自动包装机装糖的包重服从正态分布，问：这日自动包装机工作是否正常(取显著性水平 $\alpha=0.05$)?

4. 进行 5 次试验，测得镁的熔点(单位:℃) 为

$$656,\quad 670,\quad 671,\quad 681,\quad 669.$$

已知镁的熔点服从正态分布，问：是否可以认为镁的熔点显著高于 650 ℃(取显著性水平 $\alpha=0.01$)?

5. 某特殊容器的容量(单位:L) 服从正态分布，其方差 $\sigma^2=0.03$，在 $\alpha=0.01$ 的显著性水平下，抽取样本 10 个，测得样本标准差 $s=0.246$，试检验假设 $H_0:\sigma^2=0.03$；$H_1:\sigma^2\neq 0.03$.

6. 已知某纤维的纤度(单位:旦尼尔) 在正常条件下服从正态分布 $N(1.405, 0.048^2)$，某日抽取 5 根纤维，测得其纤度为 1.32，1.55，1.36，1.40，1.44，问：这日纤度的总体标准差是否正常(取显著性水平 $\alpha=0.05$)?

7. 测定某种溶液中的水分，它的 10 个测定值给出 $s=0.037\%$. 设测定值的总体服从正态分布，σ^2 为总体方差，且 σ^2 未知，试在显著性水平 $\alpha=0.05$ 下检验假设

$$H_0:\sigma\geqslant 0.04\%;\quad H_1:\sigma<0.04\%.$$

8. 从某班级中随机抽取 10 名男生和 10 名女生，他们的英语成绩如表 7-5 所示，能否认为该班男生和女生的英语成绩不相上下(取显著性水平 $\alpha=0.05$)?

表 7-5

男生	58	60	55	57	61	54	55	58	59	60
女生	60	61	59	58	64	65	67	59	61	62

9. 对甲、乙两工厂生产的同类电子元件的电阻(单位:Ω) 进行测试，各抽取 6 件，测得结果如表 7-6 所示.

表 7-6

甲工厂	0.141	0.144	0.137	0.140	0.138	0.143
乙工厂	0.135	0.138	0.140	0.140	0.142	0.136

设电子元件的电阻服从正态分布，试检验：

(1) 甲、乙两工厂生产的电子元件电阻的方差是否有显著差异(取显著性水平 $\alpha=0.05$)?

(2) 甲、乙两工厂生产的电子元件电阻的均值是否有显著差异(取显著性水平 $\alpha=0.05$)?

10. 某厂使用 A，B 两种不同的原料生产同一类型产品，分别在 A，B 生产的产品中取样测试，取原料 A 的样品 220 件，原料 B 的样品 205 件，测得平均重量(单位:kg) 和重量的方差分别为

$$\mathrm{A}:\ \overline{x}_{\mathrm{A}}=2.46,\quad s_{\mathrm{A}}^2=0.57^2,\quad n_{\mathrm{A}}=220,$$

$$\mathrm{B}:\ \overline{x}_{\mathrm{B}}=2.55,\quad s_{\mathrm{B}}^2=0.48^2,\quad n_{\mathrm{B}}=205.$$

设两个总体都服从正态分布，且方差相同，问：在显著性水平 $\alpha=0.05$ 下能否认为使用原料 B 的产品的平均重量比使用原料 A 的要重?

11. 随机地选取 8 个人，分别测量他们在早晨起床时和晚上就寝时的身高（单位：cm），得到数据如表 7－7 所示.

表 7－7

序号	1	2	3	4	5	6	7	8
早上	172	168	180	181	160	163	165	177
晚上	172	167	177	179	159	161	166	175

设各对数据的差 z_i 来自正态总体 $N(\mu_z,\sigma_z^2)$，μ_z,σ_z^2 均未知，问：是否可以认为早晨的身高比晚上的身高要高（取显著性水平 $\alpha=0.05$）？

12. 酿造啤酒时，在麦芽干燥过程中会形成致癌物质亚硝基二甲铵（NDMA）. 后来人们开发了一种新的麦芽干燥过程. 表 7－8 给出了在老、新两种过程中形成的 NDMA 含量（以 10 亿份中的份数计）.

表 7－8

老过程	6	4	5	5	6	5	5	6	4	6	7	4
新过程	2	1	2	2	1	0	3	2	1	0	1	3

设两样本分别来自正态总体，且两总体方差相等，但参数均未知，分别以 μ_1,μ_2 记对应于老、新过程的总体均值，试检验假设 $H_0:\mu_1-\mu_2\leqslant 2$；$H_1:\mu_1-\mu_2>2$（取显著性水平 $\alpha=0.05$）.

13. 两台车床加工同一零件，分别取 6 个和 9 个测量直径（单位：cm），得 $s_x^2=0.345$，$s_y^2=0.357$. 假定零件的直径服从正态分布，能否据此断定 $\sigma_x^2=\sigma_y^2$（取显著性水平 $\alpha=0.05$）？

14. 分别用两个不同的计算机系统检索 10 份资料，测得平均检索时间（单位：s）及方差如下：$\overline{x}=3.097$，$\overline{y}=3.179$，$s_x^2=2.67$，$s_y^2=1.21$. 假定检索时间服从正态分布，问：这两个系统检索资料有无显著差别（取显著性水平 $\alpha=0.05$）？

第八章 回归分析与方差分析

本章主要介绍回归分析和方差分析的一些基本概念和数据分析方法.回归分析是数理统计中的常用方法之一,是处理多个变量之间相关关系的一种数学方法.方差分析是在生产过程和科学试验中判断影响结果的因素是否显著的一种有效方法.这些方法在很多学科领域中有非常重要的应用.

导学

§8.1 回归分析

在现实生产生活中,常常需要研究变量之间的关系,这些关系通常可以分成两类:一类是在微积分中已详细研究过的函数关系,这是一种确定性关系;另一类是本章要研究的**相关关系**,这是一种非确定性关系.例如,人的体重 y 与身高 x 之间存在密切的关系,但是无法从一个变量确切知道另一个变量;任一家庭的年支出 y 与该家庭的年收入 x 之间存在着密切的关系,但是无法从一个变量确切知道另一个变量;销售量 y 与广告费 x 之间存在密切的关系,但是也无法从一个变量确切知道另一个变量;等等.

在研究变量之间的相关关系时,常常可以把变量分成两类:一类变量带有"原因"的性质,称为**自变量**或**回归变量**;另一类变量带有"结果"的性质,称为**因变量**或**响应变量**.研究这种变量之间相关关系的一个有力工具就是**回归分析**,它是数理统计中的一个重要分支,在生产实践和科学研究中有着广泛的应用.

例如,用 y 表示因变量,它是一个随机变量,用 x 表示自变量,由经验,y 和 x 之间不会有确定的函数关系,而有近似关系

$$y \approx \mu(x),$$

称 $\mu(x)$ 为 y 对 x 的**回归函数**.由于 y 是一个随机变量,记 $\varepsilon = y - \mu(x)$,则 ε 也是一个随机变量,称 ε 为**误差变量**,一般规定其数学期望 $E(\varepsilon)=0$.这样得到 y 和 x 之间的关系式为

$$y=\mu(x)+\varepsilon, \quad E(\varepsilon)=0. \tag{8.1}$$

称 $y=\mu(x)+\varepsilon$ 为 y 对 x 的**回归方程**.

这就是最一般的回归分析模型.回归分析的主要任务是通过 (x,y) 的一组样本值 $(x_1,y_1),(x_2,y_2),\cdots,(x_n,y_n)$,做出回归函数 $\mu(x)$ 的估计 $\hat{\mu}(x)$ 和回归方程 $y=\mu(x)$ 的估计方程 $\hat{y}=\hat{\mu}(x)$,并讨论其性质,进而利用它进行预测与控制.

具有相关关系的变量,一般都是随机变量.在某些问题中,如身高 x 与体重 y,可以把其中的任何一个看作因变量,另一个看作自变量.但在某些问题中,有一个变量是不可控制的,另一个变量是可控制的或可被精确观测的,例如,广告费 x 是可控制的,但是销售量 y 却是不可控制的,因此把变量 x 看成一个普通变量而不是随机变量.本章主要讨论的也是这种情况.随意指定 x 的 n 个值 $x_i(i=1,2,\cdots,n)$,得到 y 的 n 个观察值 y_i,在直角坐标系中画出 $(x_1,y_1),(x_2,y_2),\cdots,(x_n,y_n)$ 的散点图,通过观察这 n 组值的变化趋势,可以对 $y\approx\mu(x)$ 的形式做出初步的推测,如线性回归函数 $\mu(x)=a+bx$、二次回归函数 $\mu(x)=a+bx+cx^2$ 等.

§8.2 一元线性回归

一、数学模型

本节研究一元线性回归模型

$$y=a+bx+\varepsilon,\quad \varepsilon\sim N(0,\sigma^2),\tag{8.2}$$

其中 x 为普通变量，y 为可观察的随机变量，ε 为随机误差项，a,b 为未知的待估参数，称为**回归系数**，σ^2 为 ε 的方差，也是未知参数.

设 $(x_1,y_1),(x_2,y_2),\cdots,(x_n,y_n)$ 为来自 (x,y) 的 n 个样本值，则有

$$y_i=a+bx_i+\varepsilon_i\quad (i=1,2,\cdots,n),\tag{8.3}$$

其中 $\varepsilon_1,\varepsilon_2,\cdots,\varepsilon_n$ 相互独立且与 ε 有相同的分布. 称式(8.3)为一元线性回归的**数学模型**. 对于一元线性回归模型，其回归方程为 $y=a+bx+\varepsilon$，因此在一般模型中对 $\mu(x)$ 的估计转化为对 a,b 的估计问题. 下面讨论 a,b 和 σ^2 的估计.

1. a,b 的最小二乘估计

根据样本值 $(x_1,y_1),(x_2,y_2),\cdots,(x_n,y_n)$ 分别做出 a,b 的估计 $\hat{a},\hat{b}$ 后，可以得到回归函数 $\mu(x)=a+bx$ 的估计 $\hat{\mu}(x)=\hat{a}+\hat{b}x$ 和回归方程的估计

$$\hat{y}=\hat{a}+\hat{b}x.\tag{8.4}$$

我们自然希望由式(8.4)计算出的 $\hat{y}_i$ 与真实值 y_i 的偏差 $y_i-\hat{y}_i$ 达到最小，但是两点决定一条直线，选择出的 $\hat{a},\hat{b}$ 不可能同时使得对于每组 (x_i,y_i)，都有 $y_i-\hat{y}_i$ 达到最小，因此转而要求各点的偏差平方和达到最小，即作函数

$$Q(a,b)=\sum_{i=1}^{n}(y_i-a-bx_i)^2,\tag{8.5}$$

使其达到最小. 所谓 a,b 的**最小二乘估计**，就是选择 $\hat{a},\hat{b}$，使得 $Q(a,b)$ 在 $\hat{a},\hat{b}$ 处达到最小值，即

$$Q(\hat{a},\hat{b})=\min_{a,b}Q(a,b).$$

将 $Q=Q(a,b)$ 分别对 a,b 求偏导数，得

$$\frac{\partial Q}{\partial a}=-2\sum_{i=1}^{n}(y_i-a-bx_i),$$

$$\frac{\partial Q}{\partial b}=-2\sum_{i=1}^{n}(y_i-a-bx_i)x_i,$$

分别令 $\dfrac{\partial Q}{\partial a}=0,\dfrac{\partial Q}{\partial b}=0$，得到方程组

$$\begin{cases} na+\left(\sum\limits_{i=1}^{n}x_i\right)b=\sum\limits_{i=1}^{n}y_i, \\ \left(\sum\limits_{i=1}^{n}x_i\right)a+\left(\sum\limits_{i=1}^{n}x_i^2\right)b=\sum\limits_{i=1}^{n}x_iy_i. \end{cases}\tag{8.6}$$

称方程组(8.6)为**正规方程组**.

由于 $x_i(i=1,2,\cdots,n)$ 不全相同，因此正规方程组(8.6)的系数行列式 $\begin{vmatrix} n & \sum_{i=1}^{n} x_i \\ \sum_{i=1}^{n} x_i & \sum_{i=1}^{n} x_i^2 \end{vmatrix} \neq 0$，从而正规方程组(8.6)有唯一解，$a,b$ 的最小二乘估计为

$$\begin{cases} \hat{a} = \dfrac{1}{n}\sum_{i=1}^{n} y_i - \dfrac{\hat{b}}{n}\sum_{i=1}^{n} x_i, \\ \hat{b} = \dfrac{n\sum_{i=1}^{n} x_i y_i - \left(\sum_{i=1}^{n} x_i\right)\left(\sum_{i=1}^{n} y_i\right)}{n\sum_{i=1}^{n} x_i^2 - \left(\sum_{i=1}^{n} x_i\right)^2}. \end{cases} \tag{8.7}$$

引入记号 $\overline{x} = \dfrac{1}{n}\sum_{i=1}^{n} x_i, \overline{y} = \dfrac{1}{n}\sum_{i=1}^{n} y_i$，容易验证

$$l_{xx} = \sum_{i=1}^{n}(x_i - \overline{x})^2 = \sum_{i=1}^{n} x_i^2 - n\overline{x}^2 = \sum_{i=1}^{n} x_i(x_i - \overline{x}),$$

$$l_{yy} = \sum_{i=1}^{n}(y_i - \overline{y})^2 = \sum_{i=1}^{n} y_i^2 - n\overline{y}^2 = \sum_{i=1}^{n} y_i(y_i - \overline{y}),$$

$$\begin{aligned} l_{xy} &= \sum_{i=1}^{n}(x_i - \overline{x})(y_i - \overline{y}) = \sum_{i=1}^{n} x_i y_i - n\overline{x}\,\overline{y} \\ &= \sum_{i=1}^{n} y_i(x_i - \overline{x}) = \sum_{i=1}^{n} x_i(y_i - \overline{y}). \end{aligned}$$

因此，a,b 的最小二乘估计可表示为

$$\begin{cases} \hat{a} = \overline{y} - \hat{b}\overline{x}, \\ \hat{b} = \dfrac{l_{xy}}{l_{xx}}. \end{cases} \tag{8.8}$$

由 $\hat{a} = \overline{y} - \hat{b}\overline{x}$，可得 $\overline{y} = \hat{a} + \hat{b}\overline{x}$，即回归直线 $\hat{y} = \hat{a} + \hat{b}x$ 经过样本点 $(x_1,y_1),(x_2,y_2),\cdots,(x_n,y_n)$ 的中心点 $(\overline{x},\overline{y})$.

可以证明，$\hat{a},\hat{b}$ 和 $\hat{a}+\hat{b}x$ 分别是 a,b 和 $a+bx$ 的无偏估计量，于是所求的**线性回归方程**为

$$\hat{y} = \hat{a} + \hat{b}x. \tag{8.9}$$

2. σ^2 的估计

记 $\hat{y}_i = \hat{a} + \hat{b}x_i$，则称 $e_i = y_i - \hat{y}_i$ 为 $y_i(i=1,2,\cdots,n)$ 的**残差**，称

$$Q_e = \sum_{i=1}^{n}(y_i - \hat{y}_i)^2 = \sum_{i=1}^{n}(y_i - \hat{a} - \hat{b}x_i)^2 = Q(\hat{a},\hat{b})$$

为**残差平方和**. 残差平方和可以作为随机误差 ε_i 的平方和的估计，它衡量了数据在回归直线 $\hat{y} = \hat{a} + \hat{b}x$ 周围的波动情况. 很自然用 Q_e 的一个“平均值”作为

σ^2 的估计,考虑无偏性的要求,得到 σ^2 的估计为

$$\hat{\sigma}^2=\frac{Q_e}{n-2}. \tag{8.10}$$

可以证明,$E(\hat{\sigma}^2)=\sigma^2$,即 $\hat{\sigma}^2$ 是 σ^2 的无偏估计量.

3. $\hat{a}$,$\hat{b}$ 和 $\hat{\sigma}^2$ 的性质

在模型(8.2) 的条件下,$\hat{a}$,$\hat{b}$ 和 $\hat{\sigma}^2$ 有如下性质.

定理 8.1 在模型(8.2) 的条件下,有

(1) $\hat{a}\sim N(a,\sigma_a^2)$,其中 $\sigma_a^2=\dfrac{\sigma^2\sum\limits_{i=1}^{n}x_i^2}{n\sum\limits_{i=1}^{n}(x_i-\overline{x})^2}$,

$\hat{b}\sim N(b,\sigma_b^2)$,其中 $\sigma_b^2=\dfrac{\sigma^2}{\sum\limits_{i=1}^{n}(x_i-\overline{x})^2}$;

(2) $\dfrac{(n-2)\hat{\sigma}^2}{\sigma^2}=\dfrac{Q_e}{\sigma^2}\sim\chi^2(n-2)$,并且 $\hat{\sigma}^2$ 分别与 $\hat{a}$,$\hat{b}$ 独立;

(3) $\hat{\mu}(x)=\hat{a}+\hat{b}x\sim N(a+bx,\sigma_\mu^2)$,其中 $\sigma_\mu^2=\dfrac{\sigma^2}{n}+\dfrac{(x-\overline{x})\sigma^2}{\sum\limits_{i=1}^{n}(x_i-\overline{x})^2}$.

例 1 考虑市民家庭的月收入(单位:元)x 与月支出(单位:元)y 的关系. 随机抽取 10 个家庭,调查其月收入和月支出的数据(见表 8-1),把月收入 x 作为自变量(横坐标),月支出 y 作为因变量(纵坐标),描出这 10 个数组(x_i,y_i) 对应的点,得到散点图(见图 8-1). 可以发现,这些点大致落在一条直线附近,因此可用线性回归模型来描述 x 与 y 之间的关系. 下面求 y 关于 x 的线性回归方程.

表 8-1

月收入 x_i	月支出 y_i
2 000	1 800
1 500	1 600
2 000	2 000
2 500	2 500
1 500	1 400
2 000	2 300
2 500	2 100
3 000	2 500
2 500	2 300
1 200	1 400

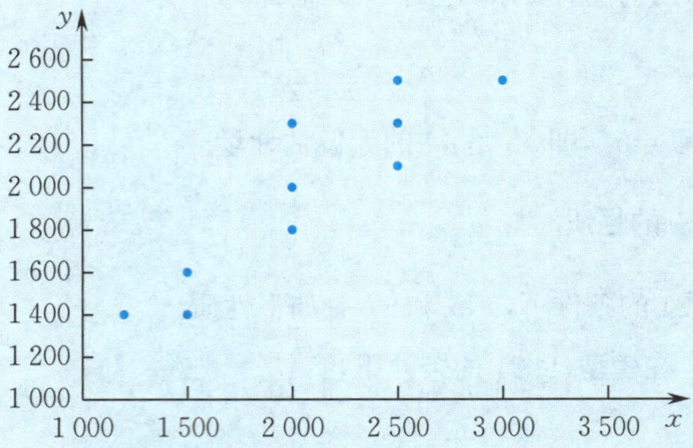

图 8－1

解 利用具有统计功能的计算器，可计算出

$$\sum_{i=1}^{10} x_i = 20\,700,\quad \overline{x} = 2\,070,\quad \sum_{i=1}^{10} y_i = 19\,900,\quad \overline{y} = 1\,990,$$

$$\sum_{i=1}^{10} x_i^2 = 45\,690\,000,\quad \sum_{i=1}^{10} y_i^2 = 41\,210\,000,\quad \sum_{i=1}^{10} x_i y_i = 43\,130\,000.$$

由公式(8.8)可得

$$\hat{b} = \frac{l_{xy}}{l_{xx}} = \frac{\sum_{i=1}^{10} x_i y_i - \frac{1}{10}\left(\sum_{i=1}^{10} x_i\right)\left(\sum_{i=1}^{10} y_i\right)}{\sum_{i=1}^{10} x_i^2 - \frac{1}{10}\left(\sum_{i=1}^{10} x_i\right)^2}$$

$$= \frac{43\,130\,000 - \frac{1}{10} \times 20\,700 \times 19\,900}{45\,690\,000 - \frac{1}{10} \times 20\,700^2} \approx 0.68,$$

$$\hat{a} = \overline{y} - \hat{b}\overline{x} = 1\,990 - 0.68 \times 2\,070 = 582.4,$$

由此得到线性回归方程为

$$\hat{y} = 582.4 + 0.68x.$$

二、回归方程的显著性检验

1. 平方和分解与回归方程显著性检验

在上面的讨论中，根据专业知识或散点图，我们对回归方程做了线性假设，即 $\mu(x) = a + bx$，这种假设是否合理，还需要进行检验.

因为当且仅当 $b \neq 0$ 时，变量 y 与 x 之间存在线性相关关系，所以需要检验假设

$$H_0: b = 0;\quad H_1: b \neq 0.$$

若拒绝 H_0，则认为 y 与 x 之间存在线性关系，即假设合理；若接受 H_0，则认为

y 与 x 之间的关系不能用线性回归模型来表示，即假设不合理.

从回归平方和的分解入手. 注意到线性回归方程 $\hat{y}=\hat{a}+\hat{b}x$ 经过点 $(\overline{x},\overline{y})$，由于 $y_i=a+bx_i+\varepsilon_i$，y_i 与 $\overline{y}$ 的离差 $y_i-\overline{y}$ 是由两种因素引起的，一是由变量 x_i 的值的变化(当 $b\neq 0$ 时)引起的，二是由随机误差项 ε_i 引起的.

利用结果 $\sum\limits_{i=1}^{n}(\hat{y}_i-\overline{y})(y_i-\hat{y}_i)=0$，将**总偏差平方和** $\sum\limits_{i=1}^{n}(y_i-\overline{y})^2$ 分解成两部分，即

$$\begin{aligned}\sum_{i=1}^{n}(y_i-\overline{y})^2&=\sum_{i=1}^{n}[(y_i-\hat{y}_i)+(\hat{y}_i-\overline{y})]^2\\&=\sum_{i=1}^{n}(y_i-\hat{y}_i)^2+\sum_{i=1}^{n}(\hat{y}_i-\overline{y})^2,\end{aligned}$$

并记

$$S_{总}=\sum_{i=1}^{n}(y_i-\overline{y})^2=l_{yy},\quad S_{回}=\sum_{i=1}^{n}(\hat{y}_i-\overline{y})^2,\quad S_{剩}=\sum_{i=1}^{n}(y_i-\hat{y}_i)^2,$$

其中 $S_{回}$ 称为**回归平方和**，反映了自变量 x 对 y 的影响，$S_{剩}$ 称为**残差平方和**，反映了随机误差对 y 的影响. 于是，平方和的分解式为

$$S_{总}=S_{回}+S_{剩},$$

只有当 $S_{回}$ 相对于 $S_{剩}$ 充分大时，才能认为线性回归假设合理，即 $S_{回}$ 与 $S_{剩}$ 的比值越大，线性相关性越强.

构造检验统计量 $F=\dfrac{S_{回}/1}{S_{剩}/(n-2)}$，可以证明，当 H_0 成立时，$F\sim F(1,n-2)$，故对于给定的显著性水平 $\alpha(0<\alpha<1)$，H_0 的拒绝域为 $F\geqslant F_{\alpha}(1,n-2)$.

注 (1) 当 $F\geqslant F_{\alpha}(1,n-2)$ 时，线性回归方程显著有效.

(2) 平方和的计算如下：

$$S_{总}=\sum_{i=1}^{n}(y_i-\overline{y})^2=l_{yy},\quad S_{回}=\frac{l_{xy}^2}{l_{xx}},\quad S_{剩}=S_{总}-S_{回}=l_{yy}-\frac{l_{xy}^2}{l_{xx}}.$$

(3) 回归方程的显著性检验也可以用 T 检验，此时的检验统计量为

$$T=\frac{\hat{b}}{\hat{\sigma}}\sqrt{l_{xx}},$$

当 H_0 成立时，$T\sim t(n-2)$，从而得到 H_0 的拒绝域为 $|T|\geqslant t_{\frac{\alpha}{2}}(n-2)$. 由于

$$T^2=\frac{\hat{b}^2 l_{xx}}{\hat{\sigma}^2}=\frac{\hat{b}l_{xy}}{Q_e/(n-2)}=\frac{S_{回}/1}{S_{剩}/(n-2)}=F,$$

因此用 F 检验与用 T 检验是等价的. 当 $|T|\geqslant t_{\frac{\alpha}{2}}(n-2)$ 时，线性回归方程显著有效.

例 2 (续例 1) 检验例 1 中的线性回归方程是否显著，取显著性水平 $\alpha=0.05$.

解 本题是在显著性水平 $\alpha=0.05$ 下检验假设

$$H_0: b=0; \quad H_1: b \neq 0.$$

检验统计量 $F=\dfrac{S_{回}/1}{S_{剩}/(n-2)}$,其拒绝域为 $F \geqslant F_\alpha(1,n-2)$,$n=10$,$\alpha=0.05$,查附表 6 得 $F_{0.05}(1,8)=5.32$,下面计算 F 的观察值 f_0:

$$l_{xy}=\sum_{i=1}^{10} x_i y_i-\frac{1}{10}\left(\sum_{i=1}^{10} x_i\right)\left(\sum_{i=1}^{10} y_i\right)=1\,937\,000,$$

$$l_{yy}=\sum_{i=1}^{10} y_i^2-\frac{1}{10}\left(\sum_{i=1}^{10} y_i\right)^2=1\,609\,000,$$

$$S_{回}=\hat{b} l_{xy}=0.68 \times 1\,937\,000=1\,317\,160,$$

$$S_{剩}=l_{yy}-S_{回}=1\,609\,000-1\,317\,160=291\,840,$$

$$f_0=\frac{S_{回}/1}{S_{剩}/(n-2)}=\frac{1\,317\,160}{291\,840/8} \approx 36.106>5.32,$$

故应拒绝 H_0,即认为线性回归方程显著有效.

2. 相关系数的显著性检验

在第四章中已知,相关系数 ρ_{xy} 是度量两个变量 x 与 y 之间线性相关的一个数字特征. 由于 ρ_{xy} 未知,因此引入样本相关系数

$$r=\frac{\frac{1}{n} \sum_{i=1}^n\left(x_i-\bar{x}\right)\left(y_i-\bar{y}\right)}{\sqrt{\frac{1}{n} \sum_{i=1}^n\left(x_i-\bar{x}\right)^2} \sqrt{\frac{1}{n} \sum_{i=1}^n\left(y_i-\bar{y}\right)^2}}$$

$$=\frac{\sum_{i=1}^n\left(x_i-\bar{x}\right)\left(y_i-\bar{y}\right)}{\sqrt{\sum_{i=1}^n\left(x_i-\bar{x}\right)^2} \sqrt{\sum_{i=1}^n\left(y_i-\bar{y}\right)^2}}=\frac{l_{xy}}{\sqrt{l_{xx}} \sqrt{l_{yy}}}$$

作为 ρ_{xy} 的估计. 易证 $|r| \leqslant 1$.

显然,只有当 r 的绝对值 $|r|$ 充分接近于 1 时,我们才能认为 x 和 y 之间存在线性相关关系,这里的假设 $\mu(x)=a+bx$ 才合理.

对于给定的显著性水平 $\alpha(0<\alpha<1)$,只有当 $|r|$ 大于某个临界值 r_α 时才能认为线性回归方程显著有效. 统计量 F 与样本相关系数 r 有如下关系:

$$F=\frac{S_{回}/1}{S_{剩}/(n-2)}=\frac{(n-2) \frac{l_{xy}^2}{l_{xx}}}{l_{yy}-\frac{l_{xy}^2}{l_{xx}}}=(n-2) \frac{\frac{l_{xy}^2}{l_{xx} l_{yy}}}{1-\frac{l_{xy}^2}{l_{xx} l_{yy}}}=\frac{(n-2) r^2}{1-r^2}$$

或

$$r^2=\frac{F}{F+n-2}.$$

对于给定的显著性水平 α，不难由 F 的临界值 F_α 计算出 r 的临界值 r_α. 因为 F 分布的临界值 $F_\alpha(1,n-2)$ 的第一个自由度恒为 1，所以只要确定第二个自由度 $n-2$，也就确定了 $F_\alpha(1,n-2)$，从而确定了 r 的临界值 r_α. 故把样本相关系数 r 的临界值记为 $r_\alpha(n-2)$，并制成相关系数检验表(见附表 7)，其中 α 代表显著性水平，n 代表样本值的个数. 对于给定的显著性水平 α，由样本值 $(x_1,y_1),(x_2,y_2),\cdots,(x_n,y_n)$ 计算出 r 的值，再由附表 7 查出 $r_\alpha(n-2)$，然后比较 $|r|$ 与 $r_\alpha(n-2)$ 的大小，当 $|r|\geqslant r_\alpha(n-2)$ 时，线性回归方程显著有效.

注 (1) 线性回归方程的显著性检验有 F 检验、T 检验和相关系数检验，这三种方法都是常用的方法. 由上面的分析可知，这三种检验方法是等价的，可任意使用其中一种方法.

(2) 我们也可以利用样本相关系数 r 来表示回归平方和 $S_{回}$ 和残差平方和 $S_{剩}$，有如下计算公式：

$$S_{回}=r^2 l_{yy},\quad S_{剩}=(1-r^2)l_{yy}.$$

例 3 (续例 1) 计算例 1 中 x 与 y 的样本相关系数 r，并利用相关系数检验线性回归方程是否显著，分别取显著性水平 $\alpha=0.05$ 和 0.01.

解 由

$$l_{xy}=\sum_{i=1}^{10}x_iy_i-\frac{1}{10}\Big(\sum_{i=1}^{10}x_i\Big)\Big(\sum_{i=1}^{10}y_i\Big)=1\,937\,000,$$

$$l_{xx}=\sum_{i=1}^{10}x_i^2-\frac{1}{10}\Big(\sum_{i=1}^{10}x_i\Big)^2=2\,841\,000,$$

$$l_{yy}=\sum_{i=1}^{10}y_i^2-\frac{1}{10}\Big(\sum_{i=1}^{10}y_i\Big)^2=1\,609\,000,$$

得

$$r=\frac{l_{xy}}{\sqrt{l_{xx}}\sqrt{l_{yy}}}=\frac{1\,937\,000}{\sqrt{2\,841\,000}\times\sqrt{1\,609\,000}}\approx 0.906.$$

当 $\alpha=0.05$ 时，$r_{0.05}(8)=0.632$，此时 $|r|>r_{0.05}(8)$，所以在显著性水平 $\alpha=0.05$ 下，线性回归方程显著有效.

当 $\alpha=0.01$ 时，$r_{0.01}(8)=0.765$，此时 $|r|>r_{0.01}(8)$，所以在显著性水平 $\alpha=0.01$ 下，线性回归方程显著有效.

三、预测与控制

当线性回归方程显著有效时，我们可以用线性回归方程

$$\hat{y}=\hat{a}+\hat{b}x$$

进行预测与控制.

对于给定的 $x=x_0$，由上述线性回归方程可以计算出 y 的估计值 $\hat{y}_0=\hat{a}+\hat{b}x_0$. 我们就用 $\hat{y}_0$ 作为 y 在点 x_0 处的点预测值(点估计值)，容易证明

$E(\hat{y}_0)=E(y_0)$,即 $\hat{y}_0$ 是 y_0 的无偏估计量.以一定的置信水平预测对应的 y 的观察值的取值范围,即对 y_0 做区间估计,对于给定的置信水平 $1-\alpha$,求出 y_0 的置信区间(称为**预测区间**),这就是所谓的预测问题.

在模型(8.2)的条件下,可以证明

$$\frac{y_0-\hat{y}_0}{\hat{\sigma}\sqrt{1+\frac{1}{n}+\frac{(x_0-\overline{x})^2}{\sum\limits_{i=1}^{n}(x_i-\overline{x})^2}}}\sim t(n-2),$$

其中 $\hat{\sigma}=\sqrt{\frac{S_{剩}}{n-2}}=\sqrt{\frac{Q_e}{n-2}}$.于是,$y_0$ 的置信水平为 $1-\alpha$ 的置信区间,即预测区间为

$$(\hat{y}_0-\delta_{(x_0,\alpha)},\hat{y}_0+\delta_{(x_0,\alpha)}),\tag{8.11a}$$

这里

$$\delta_{(x_0,\alpha)}=t_{\frac{\alpha}{2}}(n-2)\hat{\sigma}\sqrt{1+\frac{1}{n}+\frac{(x_0-\overline{x})^2}{\sum\limits_{i=1}^{n}(x_i-\overline{x})^2}}.\tag{8.11b}$$

可以看出,对于给定的置信水平 $1-\alpha$,当 x_0 越接近 $\overline{x}$ 时,置信区间的长度 $2\delta_{(x_0,\alpha)}$ 就越短,预测就越精确.当 $x_0=\overline{x}$ 时,置信区间最短.

例 4 (续例 1)在例 1 中,求 $x_0=2\,100$ 时 y_0 的点预测值和预测区间(置信水平 $1-\alpha=0.95$).

解 线性回归方程为 $\hat{y}=582.4+0.68x$,将 $x_0=2\,100$ 代入得 y_0 的点预测值是

$$\hat{y}_0=582.4+0.68\times 2\,100=2\,010.4.$$

当 $\alpha=0.05,n=10$ 时,查附表 5 得 $t_{\frac{\alpha}{2}}(n-2)=t_{0.025}(8)=2.306\,0$,取 $x_0=2\,100$,由式(8.11b)可得

$$\delta_{(x_0,\alpha)}=2.306\,0\times\sqrt{\frac{291\,840}{8}}\times\sqrt{1+\frac{1}{10}+\frac{(2\,100-2\,070)^2}{2\,841\,000}}$$
$$\approx 2.306\,0\times 190.997\,4\times 1.049\,0\approx 462.02,$$

由式(8.11a)得当 $x_0=2\,100$ 时,y_0 的置信水平为 $1-\alpha=0.95$ 的预测区间为

$$(y_0\pm\delta_{(x_0,\alpha)})=(2\,010.4\pm 462.02)=(1\,548.38,2\,472.42).$$

对于控制问题,是指预先指定 y 的观察值必须在某个区间 (y_1,y_2) 内,求 x 值的变化范围,这与预测是相反的问题,限于篇幅,这里就不详细讨论了.

四、化曲线回归为线性回归的例子

在某些情况下,可以通过适当的变量替换,将变量之间的非线性关系转化为线性关系,再按照线性回归方法进行处理,举例如下.

模型

$$y=a+be^{x}+\varepsilon,\quad \varepsilon\sim N(0,\sigma^2),$$

其中 a,b,σ^2 为与 x 无关的未知参数. 令 $t=e^{x}$,即可将其转化为线性模型

$$y=a+bt+\varepsilon,\quad \varepsilon\sim N(0,\sigma^2).$$

模型

$$y=b_0+b_1x+b_2x^2+\varepsilon,\quad \varepsilon\sim N(0,\sigma^2),$$

其中 b_0,b_1,b_2,σ^2 为与 x 无关的未知参数. 令 $t_1=x,t_2=x^2$,即可将其转化为线性模型

$$y=b_0+b_1t_1+b_2t_2+\varepsilon,\quad \varepsilon\sim N(0,\sigma^2).$$

这是多元线性回归模型,将在 §8.3 中讨论.

模型

$$\ln y=a+bx+\varepsilon,\quad \varepsilon\sim N(0,\sigma^2),\tag{8.12}$$

其中 a,b,σ^2 为与 x 无关的未知参数. 令 $z=\ln y$,即可将其转化为线性模型

$$z=a+bx+\varepsilon,\quad \varepsilon\sim N(0,\sigma^2).$$

模型(8.12) 也可写成

$$y=e^{a+bx+\varepsilon},\quad \varepsilon\sim N(0,\sigma^2)$$

或

$$y=Ae^{bx+\varepsilon}\quad (A=e^{a}),\quad \varepsilon\sim N(0,\sigma^2).$$

注意,还有一种模型

$$y=e^{a+bx}+\varepsilon,\quad \varepsilon\sim N(0,\sigma^2),\tag{8.13}$$

其中 a,b,σ^2 为与 x 无关的未知参数. 式(8.13) 与式(8.12) 有本质上的区别,式(8.13) 本质上是非线性模型,它无法转化为线性回归模型,其解法已超出本书范围.

§8.3 多元线性回归

一、数学模型

在实际问题中,有时我们要考虑一个因变量与多个自变量的回归分析问题,其一般形式为

$$y=\mu(x_1,x_2,\cdots,x_p)+\varepsilon,\quad \varepsilon\sim N(0,\sigma^2),\tag{8.14}$$

其中自变量 $x_1,x_2,\cdots,x_p\,(p>1)$ 为普通变量,称为**回归自变量**,$\mu(x_1,x_2,\cdots,x_p)$ 称为 y 对 $x_1,x_2,\cdots,x_p$ 的**回归函数**,ε 为随机误差项.

例如,用 y 代表孩子的身高,用 x_1,x_2 分别代表父亲和母亲的身高,则可设 y 与 x_1,x_2 有回归关系

$$y=\mu(x_1,x_2)+\varepsilon,\quad \varepsilon\sim N(0,\sigma^2).$$

又如，用 y 代表农作物的产量，用 x_1, x_2, x_3 分别代表土壤中氮、磷、钾三种肥料的含量，则可设 y 与 x_1, x_2, x_3 有回归关系

$$y=\mu(x_1,x_2,x_3)+\varepsilon,\quad \varepsilon\sim N(0,\sigma^2).$$

当 $\mu(x)$ 为 $x_1, x_2, \cdots, x_p$ 的线性函数时，得到多元线性回归模型. 本节仅讨论下述多元线性回归模型：

$$y=b_0+b_1x_1+b_2x_2+\cdots+b_px_p+\varepsilon,\quad \varepsilon\sim N(0,\sigma^2),$$

其中 $b_0, b_1, b_2, \cdots, b_p$ 和 σ^2 为未知参数.

设有 n 组观察数据 $(x_{i1}, x_{i2}, \cdots, x_{ip}, y_i)(i=1,2,\cdots,n)$. 假设这 n 组观察数据满足模型

$$\begin{cases} y_1=b_0+b_1x_{11}+b_2x_{12}+\cdots+b_px_{1p}+\varepsilon_1, \\ y_2=b_0+b_1x_{21}+b_2x_{22}+\cdots+b_px_{2p}+\varepsilon_2, \\ \cdots\cdots \\ y_n=b_0+b_1x_{n1}+b_2x_{n2}+\cdots+b_px_{np}+\varepsilon_n, \end{cases} \tag{8.15}$$

其中 $\varepsilon_1, \varepsilon_2, \cdots, \varepsilon_n$ 相互独立，且同时服从正态分布 $N(0,\sigma^2)$，称式(8.15) 为**多元线性回归系统模型**.

引入矩阵记号

$$\boldsymbol{Y}=\begin{pmatrix} y_1 \\ y_2 \\ \vdots \\ y_n \end{pmatrix},\quad \boldsymbol{X}=\begin{pmatrix} 1 & x_{11} & x_{12} & \cdots & x_{1p} \\ 1 & x_{21} & x_{22} & \cdots & x_{2p} \\ \vdots & \vdots & \vdots & & \vdots \\ 1 & x_{n1} & x_{n2} & \cdots & x_{np} \end{pmatrix},\quad \boldsymbol{B}=\begin{pmatrix} b_0 \\ b_1 \\ b_2 \\ \vdots \\ b_p \end{pmatrix},\quad \boldsymbol{\varepsilon}=\begin{pmatrix} \varepsilon_1 \\ \varepsilon_2 \\ \vdots \\ \varepsilon_n \end{pmatrix},$$

则式(8.15) 可写成如下矩阵形式：

$$\boldsymbol{Y}=\boldsymbol{X}\boldsymbol{B}+\boldsymbol{\varepsilon},\quad \boldsymbol{\varepsilon}\sim N_n(\boldsymbol{0},\sigma^2\boldsymbol{I}_n), \tag{8.16}$$

其中 $\boldsymbol{I}_n$ 为 n 阶单位矩阵，$\boldsymbol{0}$ 为 n 维零向量.

二、未知参数的最小二乘估计

类似于一元线性回归模型，可以得到多元线性回归模型系数 $b_0, b_1, b_2, \cdots, b_p$ 的最小二乘估计. 为此引入记号

$$Q=Q(b_0,b_1,b_2,\cdots,b_p)=\sum_{i=1}^{n}(y_i-b_0-b_1x_{i1}-b_2x_{i2}-\cdots-b_px_{ip})^2,$$

所以 $b_0, b_1, b_2, \cdots, b_p$ 的最小二乘估计 $\hat{b}_0, \hat{b}_1, \hat{b}_2, \cdots, \hat{b}_p$ 应使得

$$Q(\hat{b}_0,\hat{b}_1,\hat{b}_2,\cdots,\hat{b}_p)=\min_{b_0,b_1,b_2,\cdots,b_p} Q(b_0,b_1,b_2,\cdots,b_p).$$

对 $Q(b_0,b_1,b_2,\cdots,b_p)$ 分别关于 $b_0, b_1, b_2, \cdots, b_p$ 求偏导数，并令它们等于 0，得正规方程组

$$\begin{cases} \dfrac{\partial Q}{\partial b_0}=-2\sum\limits_{i=1}^{n}(y_i-b_0-b_1x_{i1}-b_2x_{i2}-\cdots-b_px_{ip})=0, \\ \dfrac{\partial Q}{\partial b_j}=-2\sum\limits_{i=1}^{n}(y_i-b_0-b_1x_{i1}-b_2x_{i2}-\cdots-b_px_{ip})x_{ij}=0\quad (j=1,2,\cdots,p). \end{cases} \tag{8.17}$$

引用矩阵记号,可得方程组(8.17)的矩阵形式为

$$(\boldsymbol{X}^{\mathrm{T}}\boldsymbol{X})\boldsymbol{B}=\boldsymbol{X}^{\mathrm{T}}\boldsymbol{Y}. \tag{8.18}$$

当$|\boldsymbol{X}^{\mathrm{T}}\boldsymbol{X}|\neq 0$,方程组(8.18)有唯一解为

$$\hat{\boldsymbol{B}}=(\boldsymbol{X}^{\mathrm{T}}\boldsymbol{X})^{-1}\boldsymbol{X}^{\mathrm{T}}\boldsymbol{Y}, \tag{8.19}$$

其中 $\hat{\boldsymbol{B}}=\begin{pmatrix}\hat{b}_0\\ \hat{b}_1\\ \hat{b}_2\\ \vdots\\ \hat{b}_p\end{pmatrix}$ 为 $\boldsymbol{B}=\begin{pmatrix}b_0\\ b_1\\ b_2\\ \vdots\\ b_p\end{pmatrix}$ 的最小二乘估计. 将 $\hat{b}_0,\hat{b}_1,\hat{b}_2,\cdots,\hat{b}_p$ 代回函数 $\mu(x)$,可得

$$\hat{\mu}(x)=\hat{b}_0+\hat{b}_1x_1+\hat{b}_2x_2+\cdots+\hat{b}_px_p,$$

称方程

$$\hat{y}=\hat{b}_0+\hat{b}_1x_1+\hat{b}_2x_2+\cdots+\hat{b}_px_p \tag{8.20}$$

为 p 元线性回归方程.

求出 $b_0,b_1,b_2,\cdots,b_p$ 的最小二乘估计 $\hat{b}_0,\hat{b}_1,\hat{b}_2,\cdots,\hat{b}_p$,可得 σ^2 的估计为

$$\begin{aligned}\hat{\sigma}^2&=\frac{\sum\limits_{i=1}^{n}(y_i-\hat{y}_i)^2}{n-p-1}=\frac{\sum\limits_{i=1}^{n}(y_i-\hat{b}_0-\hat{b}_1x_1-\hat{b}_2x_2-\cdots-\hat{b}_px_p)^2}{n-p-1}\\&=\frac{Q(\hat{b}_0,\hat{b}_1,\hat{b}_2,\cdots,\hat{b}_p)}{n-p-1}\triangleq\frac{Q_e}{n-p-1}.\end{aligned}$$

可以证明,$\hat{b}_0,\hat{b}_1,\hat{b}_2,\cdots,\hat{b}_p,\hat{b}_0+\hat{b}_1x_1+\hat{b}_2x_2+\cdots+\hat{b}_px_p$ 和 $\hat{\sigma}^2$ 分别是 $b_0,b_1,b_2,\cdots,b_p,b_0+b_1x_1+b_2x_2+\cdots+b_px_p$ 和 σ^2 的无偏估计量.

由式(8.19)求 $b_0,b_1,b_2,\cdots,b_p$ 的最小二乘无偏估计,形式简洁,便于理论研究,但在具体计算时,需计算 $p+1$ 阶方阵 $\boldsymbol{X}^{\mathrm{T}}\boldsymbol{X}$ 的逆矩阵,计算量较大. 在实际计算时,常采用如下方法:

$$\bar{x}_{\cdot j}=\frac{1}{n}\sum_{k=1}^{n}x_{kj}\quad(j=1,2,\cdots,p),\quad \bar{y}=\frac{1}{n}\sum_{k=1}^{n}y_k,$$

$$\boldsymbol{\beta}=\begin{pmatrix}b_1\\ b_2\\ \vdots\\ b_p\end{pmatrix},\quad \boldsymbol{L}=(l_{ij})_{p\times p},\quad \boldsymbol{L}_{XY}=\begin{pmatrix}l_{1y}\\ l_{2y}\\ \vdots\\ l_{py}\end{pmatrix},$$

其中

$$l_{ij}=l_{ji}=\sum_{k=1}^{n}(x_{ki}-\bar{x}_{\cdot i})(x_{kj}-\bar{x}_{\cdot j})\quad(i,j=1,2,\cdots,p),$$

$$l_{jy}=\sum_{k=1}^{n}(x_{kj}-\bar{x}_{\cdot j})(y_k-\bar{y})\quad(j=1,2,\cdots,p). \tag{8.21}$$

可以证明,方程组(8.18)等价于

$$\begin{cases}b_0=\bar{y}-b_1\bar{x}_{\cdot 1}-b_2\bar{x}_{\cdot 2}-\cdots-b_p\bar{x}_{\cdot p},\\ \boldsymbol{L\beta}=\boldsymbol{L}_{XY}.\end{cases} \tag{8.22}$$

当 $\boldsymbol{L}$ 可逆时,由式(8.22)求得 b_0 和 $\boldsymbol{\beta}$ 的最小二乘估计为

$$\begin{cases}\hat{b}_0=\overline{y}-\hat{b}_1\overline{x}_{\cdot 1}-\hat{b}_2\overline{x}_{\cdot 2}-\cdots-\hat{b}_p\overline{x}_{\cdot p},\\ \hat{\boldsymbol{\beta}}=\boldsymbol{L}^{-1}\boldsymbol{L}_{XY},\end{cases} \tag{8.23}$$

其中 $\boldsymbol{L}=(l_{ij})_{p\times p}$ 为 p 阶方阵,$\boldsymbol{L}^{-1}$ 为其逆矩阵.

例 1 某种产品的质量指标 y(单位:%)与处理压力(单位:Pa)x_1 及温度(单位:℃)x_2 有关,对该产品进行试验,测得试验数据如表 8-2 所示,求 y 关于 x_1 及 x_2 的二元线性回归方程.

表 8-2

序号	x_{k1}	x_{k2}	y_k	序号	x_{k1}	x_{k2}	y_k
1	6.8	665	40	9	9.1	700	65
2	7.2	685	49	10	9.3	680	58
3	7.6	690	55	11	9.5	685	59
4	8.0	700	63	12	9.7	700	67
5	8.2	695	65	13	10.0	650	56
6	8.4	670	57	14	10.3	690	72
7	8.6	675	58	15	10.5	670	68
8	8.8	690	62	$\sum$	132	10 245	894

解 经计算得

$$\overline{x}_{\cdot 1}=\frac{1}{15}\sum_{k=1}^{15}x_{k1}=8.8,\quad \sum_{k=1}^{15}x_{k1}^2=1\,179.02,$$

$$\overline{x}_{\cdot 2}=\frac{1}{15}\sum_{k=1}^{15}x_{k2}=683,\quad \sum_{k=1}^{15}x_{k2}^2=7\,000\,325,$$

$$\overline{y}=\frac{1}{15}\sum_{k=1}^{15}y_k=59.6,\quad \sum_{k=1}^{15}y_k^2=54\,180,$$

$$l_{11}=\sum_{k=1}^{15}(x_{k1}-\overline{x}_{\cdot 1})^2=\sum_{k=1}^{15}x_{k1}^2-15(\overline{x}_{\cdot 1})^2=1\,179.02-15\times 8.8^2=17.42,$$

$$l_{22}=\sum_{k=1}^{15}(x_{k2}-\overline{x}_{\cdot 2})^2=\sum_{k=1}^{15}x_{k2}^2-15(\overline{x}_{\cdot 2})^2=7\,000\,325-15\times 683^2=2\,990,$$

$$l_{12}=l_{21}=\sum_{k=1}^{15}(x_{k1}-\overline{x}_{\cdot 1})(x_{k2}-\overline{x}_{\cdot 2})=\sum_{k=1}^{15}x_{k1}x_{k2}-15\overline{x}_{\cdot 1}\overline{x}_{\cdot 2}$$
$$=90\,135.5-15\times 8.8\times 683=-20.5,$$

$$l_{1y}=\sum_{k=1}^{15}(x_{k1}-\overline{x}_{\cdot 1})(y_k-\overline{y})=\sum_{k=1}^{15}x_{k1}y_k-15\overline{x}_{\cdot 1}\overline{y}$$
$$=7\,959.9-15\times 8.8\times 59.6=92.7,$$

$$l_{2y}=\sum_{k=1}^{15}(x_{k2}-\overline{x}_{\cdot 2})(y_k-\overline{y})=\sum_{k=1}^{15}x_{k2}y_k-15\overline{x}_{\cdot 2}\overline{y}$$
$$=611\,405-15\times 683\times 59.6=803,$$

解方程组 $\boldsymbol{L\beta}=\boldsymbol{L}_{XY}$，即

$$\begin{pmatrix}17.42 & -20.5\\ -20.5 & 2\,990\end{pmatrix}\begin{pmatrix}b_1\\ b_2\end{pmatrix}=\begin{pmatrix}92.7\\ 803\end{pmatrix},$$

得 b_1,b_2 的最小二乘估计分别为

$$\hat{b}_1\approx 5.683\,4,\quad \hat{b}_2\approx 0.307\,6,$$

再由 $b_0=\overline{y}-\hat{b}_1\overline{x}_{\cdot 1}-\hat{b}_2\overline{x}_{\cdot 2}$，得 b_0 的最小二乘估计为

$$\hat{b}_0=59.6-5.683\,4\times 8.8-0.307\,6\times 683\approx -200.504\,7,$$

故所求二元线性回归方程为

$$\hat{y}=-200.504\,7+5.683\,4x_1+0.307\,6x_2.$$

例 2 已知某种产品的质量指标(单位：MPa) y 与它的某种化学成分的含量 x(单位：%) 有关，通过试验得 12 对数据如表 8-3 所示，求 y 关于 x 的回归方程.

表 8-3

x	34	36	37	38	39	40	41	42	43	45	47	48
y	1.30	1.00	0.73	0.90	0.70	0.50	0.56	0.30	0.35	0.40	0.41	0.60

解 由表 8-3 可看出，y 最初随着 x 的增加而降低，而当 x 超过一定值后，指标 y 的值有所回升，由散点图(见图 8-2) 也可看出这种趋势. 根据散点图，可考虑用二次多项式回归，即

$$y=b_0+b_1x+b_2x^2+\varepsilon.$$

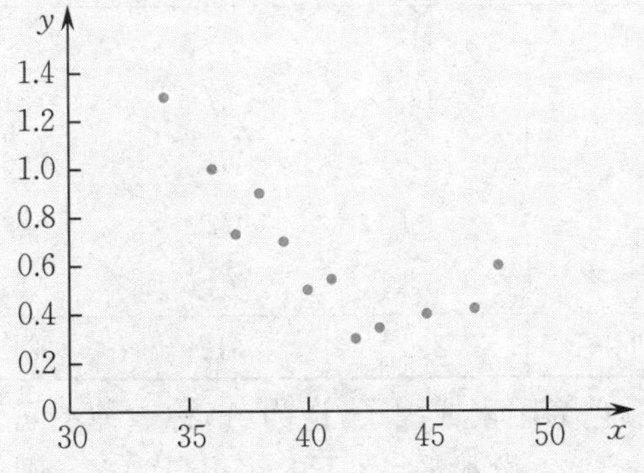

图 8-2

记 $x_1=x,x_2=x^2$，上述回归模型转化为

$$y=b_0+b_1x_1+b_2x_2+\varepsilon,$$

这是二元线性回归. 利用式(8.23) 可得 y 关于 x_1 和 x_2 的线性回归方程

$$\hat{y}=18.404-0.817\,4x_1+0.009\,3x_2,$$

代回原变量，便得 y 关于 x 的二次回归方程为

$$\hat{y}=18.404-0.817\,4x+0.009\,3x^2.$$

多元线性回归也有类似于一元线性回归问题中回归方程的显著性检验问

题.除此之外,多元线性回归还存在着自变量的选择问题,由于篇幅有限,这里就不详细介绍了,感兴趣的读者可参考有关文献.

§8.4 单因素试验的方差分析

在第七章中讨论了两个具有同样(未知)方差的正态总体均值的假设检验问题.本节介绍的方差分析将讨论多个具有同样(未知)方差的正态总体均值的假设检验问题.

一、单因素试验与方差分析模型

下面先用一个实例来说明单因素试验的方差分析.

例1 设有3种不同包装颜色的同种产品,放到5个销售条件基本相同的商店销售,其销售量(单位:件)如表8-4所示.问:包装颜色对产品的销售量是否有影响?

表8-4

商店序号	颜色		
	红	蓝	黄
1	41	65	45
2	48	57	51
3	41	54	56
4	49	72	48
5	57	64	48
列和	236	312	248

这里,称包装颜色为因素或因子,记为 A,称3种不同颜色为因素 A 的3个水平,记为 A_1,A_2,A_3.设水平 A_j 下的销售量为 X_j,则 X_j 既受因素 A 的影响,又受到其他因素(随机因素)的影响,故其为一个随机变量.假定 $X_j \sim N(\mu_j,\sigma^2)$,在水平 A_j 下的观察值记为 $x_{ij}(i=1,2,3,4,5;j=1,2,3)$,如 $x_{i2}=65,57,54,72,64$ 表示包装颜色为蓝色(水平 A_2)时,在5个不同商店的销售量.考察包装颜色对产品的销售量是否有影响,即检验假设

$$H_0:\mu_1=\mu_2=\mu_3;\quad H_1:\mu_1,\mu_2,\mu_3\text{ 不全相等}. \tag{8.24}$$

单因素试验的一般数学模型为:因素 A 有 r 个水平 $A_1,A_2,\cdots,A_r$,对各水平分别进行了 $n_1,n_2,\cdots,n_r$ 次独立试验,用 x_{ij} 表示在 A 的第 j 个水平下的第 i 个观察值,得到如表8-5所示的结果.

表 8-5

试验序号	水平					
	A_1	A_2	…	A_j	…	A_r
1	x_{11}	x_{12}	…	x_{1j}	…	x_{1r}
2	x_{21}	x_{22}	…	x_{2j}	…	x_{2r}
⋮	⋮	⋮		⋮		⋮
i	x_{i1}	x_{i2}	…	x_{ij}	…	x_{ir}
⋮	⋮	⋮		⋮		⋮
n_j	$x_{n_1 1}$	$x_{n_2 2}$	…	$x_{n_j j}$	…	$x_{n_r r}$

我们假定，对于每个水平 $A_j(j=1,2,\cdots,r)$，其 n_j 个观察值 $x_{1j},x_{2j},\cdots,x_{n_j j}$ 可视为来自总体 $N(\mu_j,\sigma^2)$ 的容量为 n_j 的样本，且各样本相互独立. 方差分析的任务是检验 r 个总体 $N(\mu_1,\sigma^2),N(\mu_2,\sigma^2),\cdots,N(\mu_r,\sigma^2)$ 的均值是否相等，即检验假设

$$H_0:\mu_1=\mu_2=\cdots=\mu_r;\quad H_1:\mu_1,\mu_2,\cdots,\mu_r \text{ 不全相等}. \tag{8.25}$$

二、检验方法

为了便于讨论，记

$$n=n_1+n_2+\cdots+n_r,\quad \bar{x}_{\cdot j}=\frac{1}{n_j}\sum_{i=1}^{n_j}x_{ij}\quad (j=1,2,\cdots,r),$$

则 $\bar{x}_{\cdot j}$ 反映了 A 在第 j 个水平下总体均值 μ_j 的大小. 又记

$$\bar{x}=\frac{1}{n}\sum_{j=1}^{r}\sum_{i=1}^{n_j}x_{ij}=\frac{1}{n}\sum_{j=1}^{r}n_j\bar{x}_{\cdot j},$$

则 $\bar{x}$ 反映了 A 的 r 个水平的均值的加权平均值 $\mu=\frac{1}{n}\sum_{j=1}^{r}n_j\mu_j$ 的大小.

当原假设 H_0 成立时，应有 $\mu_1=\mu_2=\cdots=\mu_r=\mu$，则各 $\bar{x}_{\cdot j}-\bar{x}(j=1,2,\cdots,r)$ 的绝对值不应很大，从而 $\sum_{j=1}^{r}n_j(\bar{x}_{\cdot j}-\bar{x})^2$ 的值不应很大. 考虑 n 个观察值的**总离差平方和**：

$$\begin{aligned}S_T&=\sum_{j=1}^{r}\sum_{i=1}^{n_j}(x_{ij}-\bar{x})^2=\sum_{j=1}^{r}\sum_{i=1}^{n_j}[(x_{ij}-\bar{x}_{\cdot j})+(\bar{x}_{\cdot j}-\bar{x})]^2\\&=\sum_{j=1}^{r}\sum_{i=1}^{n_j}(x_{ij}-\bar{x}_{\cdot j})^2+2\sum_{j=1}^{r}\sum_{i=1}^{n_j}(x_{ij}-\bar{x}_{\cdot j})(\bar{x}_{\cdot j}-\bar{x})+\sum_{j=1}^{r}\sum_{i=1}^{n_j}(\bar{x}_{\cdot j}-\bar{x})^2,\end{aligned} \tag{8.26}$$

注意到

$$\sum_{j=1}^{r}\sum_{i=1}^{n_j}(x_{ij}-\bar{x}_{\cdot j})(\bar{x}_{\cdot j}-\bar{x})=\sum_{j=1}^{r}(\bar{x}_{\cdot j}-\bar{x})\sum_{i=1}^{n_j}(x_{ij}-\bar{x}_{\cdot j})=0, \tag{8.27}$$

记

$$S_T=\sum_{j=1}^{r}\sum_{i=1}^{n_j}(x_{ij}-\overline{x})^2=\sum_{j=1}^{r}\sum_{i=1}^{n_j}x_{ij}^2-n\overline{x}$$

$$=\sum_{j=1}^{r}\sum_{i=1}^{n_j}x_{ij}^2-\frac{1}{n}\Big(\sum_{j=1}^{r}\sum_{i=1}^{n_j}x_{ij}\Big)^2,$$

$$S_A=\sum_{j=1}^{r}\sum_{i=1}^{n_j}(\overline{x}_{\cdot j}-\overline{x})^2=\sum_{j=1}^{r}n_j(\overline{x}_{\cdot j}-\overline{x})^2=\sum_{j=1}^{r}n_j\overline{x}_{\cdot j}^2-n\overline{x}^2$$

$$=\sum_{j=1}^{r}\frac{1}{n_j}\Big(\sum_{i=1}^{n_j}x_{ij}\Big)^2-\frac{1}{n}\Big(\sum_{j=1}^{r}\sum_{i=1}^{n_j}x_{ij}\Big)^2,$$

$$S_E=\sum_{j=1}^{r}\sum_{i=1}^{n_j}(x_{ij}-\overline{x}_{\cdot j})^2, \tag{8.28}$$

则可得**平方和分解式**

$$S_T=S_A+S_E. \tag{8.29}$$

由式(8.29)可知，n 组数据的总离差平方和被分解为两部分：S_A 和 S_E，其中 S_A 称为**组间平方和**，它反映了 r 个水平的均值之间的差异大小，S_E 称为**组内平方和**，它反映了各组数据内数据的随机波动情况，它们之间的差异是由随机误差所致，又称为**误差平方和**.

当 H_0 成立时，由于 $\mu_1=\mu_2=\cdots=\mu_r=\mu$，因此 S_A 相对于 S_E 的比值不应很大. 方差分析的目的是研究 S_A 相对于 S_E 有多大，若 S_A 比 S_E 显著大，则表明各水平对指标的影响有显著差异，故需要研究 S_A/S_E 有关的统计量. 下面的定理为确定统计量的分布和检验提供了依据.

定理 8.2 **当 H_0 成立时，设 $x_{ij}\sim N(\mu,\sigma^2)(i=1,2,\cdots,n_j;j=1,2,\cdots,r)$ 且相互独立，利用抽样分布有关定理，有**

$$\frac{1}{\sigma^2}S_E\sim\chi^2(n-r),$$
$$\frac{1}{\sigma^2}S_A\sim\chi^2(r-1), \tag{8.30}$$

并且 S_A 与 S_E 相互独立.

证明从略.

由定理 8.2，我们选择检验统计量

$$F=\frac{S_A/(r-1)}{S_E/(n-r)}, \tag{8.31}$$

当 H_0 成立时，$F\sim F(r-1,n-r)$. 对于给定的显著性水平 α，由于

$$P\{F>F_\alpha(r-1,n-r)\}=\alpha,$$

因此检验假设(8.25)的拒绝域为

$$F\geqslant F_\alpha(r-1,n-r). \tag{8.32}$$

上述分析结果可列成如表 8-6 所示的形式，称为**方差分析表**.

表 8-6

方差来源	平方和	自由度	均方和	F 比
因素 A	S_A	$r-1$	$\overline{S}_A=\dfrac{S_A}{r-1}$	$F=\dfrac{\overline{S}_A}{\overline{S}_E}$
误差	S_E	$n-r$	$\overline{S}_E=\dfrac{S_E}{n-r}$	
总和	S_T	$n-1$		

例 2 （续例 1）根据例 1 中的数据，检验包装颜色对产品的销售量是否有显著影响.

解 根据以上所述，在例 1 中需要检验假设

$$H_0:\mu_1=\mu_2=\mu_3;\quad H_1:\mu_1,\mu_2,\mu_3 \text{ 不全相等}.$$

由表 8-4 中的数据可计算出

$$\sum_{i=1}^{5}x_{i1}=236,\quad \sum_{i=1}^{5}x_{i2}=312,$$

$$\sum_{i=1}^{5}x_{i3}=248,\quad \sum_{j=1}^{3}\sum_{i=1}^{5}x_{ij}=796,$$

$$\left(\sum_{i=1}^{5}x_{i1}\right)^2=55\,696,\quad \left(\sum_{i=1}^{5}x_{i2}\right)^2=97\,344,$$

$$\left(\sum_{i=1}^{5}x_{i3}\right)^2=61\,504,\quad \sum_{j=1}^{3}\frac{1}{5}\left(\sum_{i=1}^{5}x_{ij}\right)^2=\frac{214\,544}{5},$$

$$\sum_{i=1}^{5}x_{i1}^2=11\,316,\quad \sum_{i=1}^{5}x_{i2}^2=19\,670,$$

$$\sum_{i=1}^{5}x_{i3}^2=12\,370,\quad \sum_{j=1}^{3}\sum_{i=1}^{5}x_{ij}^2=43\,356,$$

由式(8.28)和式(8.29)可得

$$S_A=\frac{214\,544}{5}-\frac{796^2}{15}\approx 667.73,$$

$$S_T=43\,356-\frac{796^2}{15}\approx 1\,114.93,$$

$$S_E=S_T-S_A=447.20,$$

计算统计量 F 的观察值 f_0：

$$f_0=\frac{S_A/(r-1)}{S_E/(n-r)}=\frac{667.73/2}{447.20/12}\approx 8.96,$$

查附表 6 可得

$$F_{0.05}(2,12)=3.89,$$

$$F_{0.01}(2,12)=6.93,$$

$$F_{0.001}(2,12)=12.97,$$

故在显著性水平 $\alpha=0.05$ 和 $\alpha=0.01$ 下应拒绝原假设 H_0,即认为包装颜色对产品的销售量有显著影响,而在显著性水平 $\alpha=0.001$ 下则应接受原假设 H_0,即不能认为包装颜色对产品的销售量有显著影响.

把以上计算结果列成方差分析表,如表 8-7 所示.

表 8-7

方差来源	平方和	自由度	均方和	F 比
因素 A(包装颜色)	667.73	2	333.87	8.96
误差	447.20	12	37.27	
总和	1 114.93	14		

例 3 某灯泡厂用不同材料的灯丝生产了 4 批电灯泡,在每批电灯泡中随机抽取了若干只,测得它们的使用寿命(单位:h)如表 8-8 所示.问:这 4 种灯丝生产的灯泡的使用寿命有无显著差异(取显著性水平 $\alpha=0.05$)?

表 8-8

灯泡序号	灯丝			
	A_1	A_2	A_3	A_4
1	1 600	1 580	1 460	1 510
2	1 610	1 640	1 550	1 520
3	1 650	1 700	1 600	1 530
4	1 680	1 750	1 620	1 570
5	1 700	1 640	1 640	1 600
6	1 720		1 660	1 680
7	1 800		1 740	
8			1 820	

解 由题意,检验假设

$$H_0: \mu_1=\mu_2=\mu_3=\mu_4; \quad H_1: \mu_1, \mu_2, \mu_3, \mu_4 \text{ 不全相等}.$$

为简化计算,把各观察值都减去 1 600,简化后的数据及有关计算如表 8-9 所示[注:在计算中,可通过线性变换 $y_{ij}=(x_{ij}-a)/b$ 来简化数据,其中 a, b 为适当选定的常数,$b \neq 0$,可验证,进行方差分析时,所得的 F 值是一样的].

由式(8.28)和式(8.29)可得(注:$n=n_1+n_2+n_3+n_4=26, r=4$)

$$S_A=80\,549.17-\frac{1}{26}\times 970^2 \approx 44\,360.71,$$

$$S_T=231\,900-\frac{1}{26}\times 970^2 \approx 195\,711.54,$$

$$S_E=S_T-S_A=151\,350.83,$$

$$f_0=\frac{S_A/(r-1)}{S_E/(n-r)}=\frac{44\ 360.71/3}{151\ 350.83/22}\approx 2.15,$$

查附表6可得$F_{0.05}(3,22)=3.05$,把以上结果填入方差分析表,如表8-9所示.

表 8-9

灯泡序号	A_1	A_2	A_3	A_4	总和
1	0	−20	−140	−90	
2	10	40	−50	−80	
3	50	100	0	−70	
4	80	150	20	−30	
5	100	40	40	0	
6	120		60	80	
7	200		140		
8			220		
$\sum_{i=1}^{n_j} x_{ij}$	560	310	290	−190	$\sum_{j=1}^{4}\sum_{i=1}^{n_j} x_{ij}=970$
$\frac{1}{n_j}\left(\sum_{i=1}^{n_j} x_{ij}\right)^2$	448 00	19 220	10 512.5	6 016.67	$\sum_{j=1}^{4}\frac{1}{n_j}\left(\sum_{i=1}^{n_j} x_{ij}\right)^2=80\ 549.17$
$\sum_{i=1}^{n_j} x_{ij}^2$	73 400	36 100	95 700	26 700	$\sum_{j=1}^{4}\sum_{i=1}^{n_j} x_{ij}^2=231\ 900$

方差来源	平方和	自由度	均方和	F 比
因素 A(灯丝)	44 360.71	3	14 786.90	2.15
误差	151 350.83	22	6 879.58	
总和	195 711.54	25		

由于 $f_0=2.15<F_{0.05}(3,22)=3.05$,因此应接受原假设 H_0,即认为在显著性水平 $\alpha=0.05$ 下,4 种灯丝生产的灯泡的使用寿命无显著差异.

习题八

1. 某产品生产批量(单位:万件)x 与费用(单位:万元)y 有统计数据如表 8-10 所示,求:

(1) x 与 y 之间的相关系数,并检验 x 与 y 之间的线性相关性是否显著(取显著性水平 $\alpha=0.05$);

(2) y 关于 x 的线性回归方程,并检验线性回归方程的显著性(分别取显著性水平 $\alpha=0.05$ 和 $\alpha=0.01$);

(3) $x_0=75$ 时,y 的置信水平为 0.99 的预测区间.

表 8-10

x	5	5	10	20	30	40	50	60	65	90	120
y	4	6	8	13	16	17	19	25	25	29	46

2. 对变量 x 与 y 测得数据如表 8-11 所示,求 y 关于 x 的二次多项式回归方程

$$\hat{y}=b_0+b_1x+b_2x^2.$$

表 8-11

x	0	2	4	6	8	10	12	16	18	20
y	0.6	2.0	4.4	7.5	11.8	17.1	23.3	39.6	49.7	61.7

3. 用 4 种不同工艺处理了 4 批零件,从这 4 批零件中分别抽取样品,测得它们的某项性能指标(单位:h) 如表 8-12 所示. 问:用这 4 种不同工艺处理的零件的该项能指标是否有显著差异(分别取显著性水平 $\alpha=0.05$ 和 $\alpha=0.01$).

表 8-12

样品序号	工艺			
	甲	乙	丙	丁
1	1 620	1 580	1 460	1 500
2	1 680	1 600	1 540	1 550
3	1 700	1 640	1 620	1 610
4	1 750	1 720		1 680
5	1 800			

附　　表

附表 1　几种常用的概率分布

分布	参数	分布律或概率密度	数学期望	方差
(0－1)分布	$0<p<1$	$P\{X=k\}=p^k(1-p)^{1-k}$, $k=0,1$	p	$p(1-p)$
二项分布	$n\geqslant 1$, $0<p<1$	$P\{X=k\}=C_n^k p^k(1-p)^{n-k}$, $k=0,1,2,\cdots,n$	np	$np(1-p)$
负二项分布	$r\geqslant 1$, $0<p<1$	$P\{X=k\}=C_{k-1}^{r-1}p^r(1-p)^{k-r}$, $k=r,r+1,\cdots$	$\frac{r}{p}$	$\frac{r(1-p)}{p^2}$
几何分布	$0<p<1$	$P\{X=k\}=p(1-p)^{k-1}$, $k=1,2,\cdots$	$\frac{1}{p}$	$\frac{1-p}{p^2}$
超几何分布	N,M,n $(M\leqslant N,n\leqslant M)$	$P\{X=k\}=\frac{C_M^k C_{N-M}^{n-k}}{C_N^n}$, $k=0,1,2,\cdots,n$	$\frac{nM}{N}$	$\frac{nM}{N}\left(1-\frac{M}{N}\right)\left(\frac{N-n}{N-1}\right)$
泊松分布	$\lambda>0$	$P\{X=k\}=\frac{\lambda^k e^{-\lambda}}{k!}$, $k=0,1,2,\cdots$	λ	λ
均匀分布	$a<b$	$f(x)=\begin{cases}\frac{1}{b-a}, & a<x<b,\\ 0, & 其他\end{cases}$	$\frac{a+b}{2}$	$\frac{(b-a)^2}{12}$
正态分布	μ 为实数, $\sigma>0$	$f(x)=\frac{1}{\sqrt{2\pi}\sigma}e^{-\frac{(x-\mu)^2}{2\sigma^2}}$	μ	σ^2
Γ 分布	$\alpha>0$, $\beta>0$	$f(x)=\begin{cases}\frac{1}{\beta^{\alpha}\Gamma(\alpha)}x^{\alpha-1}e^{-\frac{x}{\beta}}, & x>0,\\ 0, & 其他\end{cases}$	$\alpha\beta$	$\alpha\beta^2$

续表

分布	参数	分布律或概率密度	数学期望	方差
指数分布	$\theta>0$	$f(x)=\begin{cases}\frac{1}{\theta}e^{-x/\theta}, & x>0,\\ 0, & \text{其他}\end{cases}$	θ	θ^2
χ^2 分布	$n\geqslant 1$	$f(x)=\begin{cases}\frac{1}{2^{n/2}\Gamma(n/2)}x^{n/2-1}e^{-x/2}, & x>0,\\ 0, & \text{其他}\end{cases}$	n	$2n$
韦布尔(Weibull)分布	$\eta>0$，$\beta>0$	$f(x)=\begin{cases}\frac{\beta}{\eta}\left(\frac{x}{\eta}\right)^{\beta-1}e^{-\left(\frac{x}{\eta}\right)^{\beta}}, & x>0,\\ 0, & \text{其他}\end{cases}$	$\eta\Gamma\left(\frac{1}{\beta}+1\right)$	$\eta^2\left\{\Gamma\left(\frac{2}{\beta}+1\right)-\left[\Gamma\left(\frac{1}{\beta}+1\right)\right]^2\right\}$
瑞利(Rayleigh)分布	$\sigma>0$	$f(x)=\begin{cases}\frac{x}{\sigma^2}e^{-x^2/(2\sigma^2)}, & x>0,\\ 0, & \text{其他}\end{cases}$	$\sqrt{\frac{\pi}{2}}\sigma$	$\frac{4-\pi}{2}\sigma^2$
β 分布	$\alpha>0$，$\beta>0$	$f(x)=\begin{cases}\frac{\Gamma(\alpha+\beta)}{\Gamma(\alpha)\Gamma(\beta)}x^{\alpha-1}(1-x)^{\beta-1}, & 0<x<1,\\ 0, & \text{其他}\end{cases}$	$\frac{\alpha}{\alpha+\beta}$	$\frac{\alpha\beta}{(\alpha+\beta)^2(\alpha+\beta+1)}$
对数正态分布	μ 为实数，$\sigma>0$	$f(x)=\begin{cases}\frac{1}{\sqrt{2\pi}\sigma x}e^{-\frac{(\ln x-\mu)^2}{2\sigma^2}}, & x>0,\\ 0, & \text{其他}\end{cases}$	$e^{\mu+\frac{\sigma^2}{2}}$	$e^{2\mu+\sigma^2}(e^{\sigma^2}-1)$
柯西分布	α 为实数，$\lambda>0$	$f(x)=\frac{1}{\pi}\cdot\frac{1}{\lambda^2+(x-\alpha)^2}$	不存在	不存在
t 分布	$n\geqslant 1$	$f(x)=\frac{\Gamma\left(\frac{n+1}{2}\right)}{\sqrt{n\pi}\Gamma(n/2)}\left(1+\frac{x^2}{n}\right)^{-(n+1)/2}$	$0,n>1$	$\frac{n}{n-2},n>2$
F 分布	n_1,n_2	$f(x)=\begin{cases}\frac{\Gamma[(n_1+n_2)/2]}{\Gamma(n_1/2)\Gamma(n_2/2)}\left(\frac{n_1}{n_2}\right)\left(\frac{n_1}{n_2}x\right)^{\frac{n_1}{2}-1}\cdot\left(1+\frac{n_1}{n_2}x\right)^{-(n_1+n_2)/2}, & x>0,\\ 0, & \text{其他}\end{cases}$	$\frac{n_2}{n_2-2}$，$n_2>2$	$\frac{2n_2^2(n_1+n_2-2)}{n_1(n_2-2)^2(n_2-4)}$，$n_2>4$

附表 2 标准正态分布表

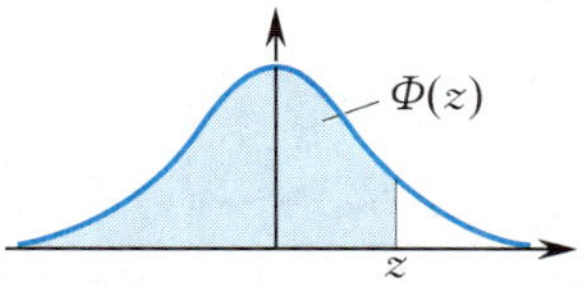

$$\Phi(z)=\int_{-\infty}^{z}\frac{1}{\sqrt{2\pi}}e^{-u^2/2}du=P\{Z\leqslant z\}$$

z	0	1	2	3	4	5	6	7	8	9
0.0	0.500 0	0.504 0	0.508 0	0.512 0	0.516 0	0.519 9	0.523 9	0.527 9	0.531 9	0.535 9
0.1	0.539 8	0.543 8	0.547 8	0.551 7	0.555 7	0.559 6	0.563 6	0.567 5	0.571 4	0.575 3
0.2	0.579 3	0.583 2	0.587 1	0.591 0	0.594 8	0.598 7	0.602 6	0.606 4	0.610 3	0.614 1
0.3	0.617 9	0.621 7	0.625 5	0.629 3	0.633 1	0.636 8	0.640 6	0.644 3	0.648 0	0.651 7
0.4	0.655 4	0.659 1	0.662 8	0.666 4	0.670 0	0.673 6	0.677 2	0.680 8	0.684 4	0.687 9
0.5	0.691 5	0.695 0	0.698 5	0.701 9	0.705 4	0.708 8	0.712 3	0.715 7	0.719 0	0.722 4
0.6	0.725 7	0.729 1	0.732 4	0.735 7	0.738 9	0.742 2	0.745 4	0.748 6	0.751 7	0.754 9
0.7	0.758 0	0.761 1	0.764 2	0.767 3	0.770 3	0.773 4	0.776 4	0.779 4	0.782 3	0.785 2
0.8	0.788 1	0.791 0	0.793 9	0.796 7	0.799 5	0.802 3	0.805 1	0.807 8	0.810 6	0.813 3
0.9	0.815 9	0.818 6	0.821 2	0.823 8	0.826 4	0.828 9	0.831 5	0.834 0	0.836 5	0.838 9
1.0	0.841 3	0.843 8	0.846 1	0.848 5	0.850 8	0.853 1	0.855 4	0.857 7	0.859 9	0.862 1
1.1	0.864 3	0.866 5	0.868 6	0.870 8	0.872 9	0.874 9	0.877 0	0.879 0	0.881 0	0.883 0
1.2	0.884 9	0.886 9	0.888 8	0.890 7	0.892 5	0.894 4	0.896 2	0.898 0	0.899 7	0.901 5
1.3	0.903 2	0.904 9	0.906 6	0.908 2	0.909 9	0.911 5	0.913 1	0.914 7	0.916 2	0.917 7
1.4	0.919 2	0.920 7	0.922 2	0.923 6	0.925 1	0.926 5	0.927 8	0.929 2	0.930 6	0.931 9
1.5	0.933 2	0.934 5	0.935 7	0.937 0	0.938 2	0.939 4	0.940 6	0.941 8	0.943 0	0.944 1
1.6	0.945 2	0.946 3	0.947 4	0.948 4	0.949 5	0.950 5	0.951 5	0.952 5	0.953 5	0.954 5
1.7	0.955 4	0.956 4	0.957 3	0.958 2	0.959 1	0.959 9	0.960 8	0.961 6	0.962 5	0.963 3
1.8	0.964 1	0.964 8	0.965 6	0.966 4	0.967 1	0.967 8	0.968 6	0.969 3	0.970 0	0.970 6
1.9	0.971 3	0.971 9	0.972 6	0.973 2	0.973 8	0.974 4	0.975 0	0.975 6	0.976 2	0.976 7
2.0	0.977 2	0.977 8	0.978 3	0.978 8	0.979 3	0.979 8	0.980 3	0.980 8	0.981 2	0.981 7
2.1	0.982 1	0.982 6	0.983 0	0.983 4	0.983 8	0.984 2	0.984 6	0.985 0	0.985 4	0.985 7
2.2	0.986 1	0.986 4	0.986 8	0.987 1	0.987 4	0.987 8	0.988 1	0.988 4	0.988 7	0.989 0
2.3	0.989 3	0.989 6	0.989 8	0.990 1	0.990 4	0.990 6	0.990 9	0.991 1	0.991 3	0.991 6
2.4	0.991 8	0.992 0	0.992 2	0.992 5	0.992 7	0.992 9	0.993 1	0.993 2	0.993 4	0.993 6
2.5	0.993 8	0.994 0	0.994 1	0.994 3	0.994 5	0.994 6	0.994 8	0.994 9	0.995 1	0.995 2
2.6	0.995 3	0.995 5	0.995 6	0.995 7	0.995 9	0.996 0	0.996 1	0.996 2	0.996 3	0.996 4
2.7	0.996 5	0.996 6	0.996 7	0.996 8	0.996 9	0.997 0	0.997 1	0.997 2	0.997 3	0.997 4
2.8	0.997 4	0.997 5	0.997 6	0.997 7	0.997 7	0.997 8	0.997 9	0.997 9	0.998 0	0.998 1
2.9	0.998 1	0.998 2	0.998 2	0.998 3	0.998 4	0.998 4	0.998 5	0.998 5	0.998 6	0.998 6
3	0.998 65	0.999 03	0.999 31	0.999 52	0.999 66	0.999 77	0.999 84	0.999 89	0.999 93	0.999 95
4	0.999 968	0.999 979	0.999 987	0.999 991	0.999 995	0.999 997	0.999 998	0.999 999	0.999 999	1.000 000

注：表中末两行系函数值 $\Phi(3.0),\Phi(3.1),\cdots,\Phi(3.9);\Phi(4.0),\Phi(4.1),\cdots,\Phi(4.9)$.

附表 3　泊松分布表

$$P\{X \geqslant x\} = 1 - F(x-1) = \sum_{r=x}^{\infty} \frac{e^{-\lambda}\lambda^r}{r!}$$

x	$\lambda=0.2$	$\lambda=0.3$	$\lambda=0.4$	$\lambda=0.5$	$\lambda=0.6$
0	1.000 000 0	1.000 000 0	1.000 000 0	1.000 000	1.000 000
1	0.181 269 2	0.259 181 8	0.329 680 0	0.393 469	0.451 188
2	0.017 523 1	0.036 936 3	0.061 551 9	0.090 204	0.121 901
3	0.001 148 5	0.003 599 5	0.007 926 3	0.014 388	0.023 115
4	0.000 056 8	0.000 265 8	0.000 776 3	0.001 752	0.003 358
5	0.000 002 3	0.000 015 8	0.000 061 2	0.000 172	0.000 394
6	0.000 000 1	0.000 000 8	0.000 004 0	0.000 014	0.000 039
7			0.000 000 2	0.000 001	0.000 003

x	$\lambda=0.7$	$\lambda=0.8$	$\lambda=0.9$	$\lambda=1.0$	$\lambda=1.2$
0	1.000 000	1.000 000	1.000 000	1.000 000	1.000 000
1	0.503 415	0.550 671	0.593 430	0.632 121	0.698 806
2	0.155 805	0.191 208	0.227 518	0.264 241	0.337 373
3	0.034 142	0.047 423	0.062 857	0.080 301	0.120 513
4	0.005 753	0.009 080	0.013 459	0.018 988	0.033 769
5	0.000 786	0.001 411	0.002 344	0.003 660	0.007 746
6	0.000 090	0.000 184	0.000 343	0.000 594	0.001 500
7	0.000 009	0.000 021	0.000 043	0.000 083	0.000 251
8	0.000 001	0.000 002	0.000 005	0.000 010	0.000 037
9				0.000 001	0.000 005
10					0.000 001

x	$\lambda=1.4$	$\lambda=1.6$	$\lambda=1.8$	$\lambda=2.0$	$\lambda=2.5$
0	1.000 000	1.000 000	1.000 000	1.000 000	1.000 000
1	0.753 403	0.798 103	0.834 701	0.864 665	0.917 915
2	0.408 167	0.475 069	0.537 163	0.593 994	0.712 703
3	0.166 502	0.216 642	0.269 379	0.323 324	0.456 187
4	0.053 725	0.078 813	0.108 708	0.142 877	0.242 424
5	0.014 253	0.023 682	0.036 407	0.052 653	0.108 822
6	0.003 201	0.006 040	0.010 378	0.016 564	0.042 021
7	0.000 622	0.001 336	0.002 569	0.004 534	0.014 187
8	0.000 107	0.000 260	0.000 562	0.001 097	0.004 247
9	0.000 016	0.000 045	0.000 110	0.000 237	0.001 140
10	0.000 002	0.000 007	0.000 019	0.000 046	0.000 277
11		0.000 001	0.000 003	0.000 008	0.000 062
12				0.000 001	0.000 013
13					0.000 002

续表

x	$\lambda=3.0$	$\lambda=3.5$	$\lambda=4.0$	$\lambda=4.5$	$\lambda=5.0$
0	1.000 000	1.000 000	1.000 000	1.000 000	1.000 000
1	0.950 213	0.969 803	0.981 684	0.988 891	0.993 262
2	0.800 852	0.864 112	0.908 422	0.938 901	0.959 572
3	0.576 810	0.679 153	0.761 897	0.826 422	0.875 348
4	0.352 768	0.463 367	0.566 530	0.657 704	0.734 974
5	0.184 737	0.274 555	0.371 163	0.467 896	0.559 507
6	0.083 918	0.142 386	0.214 870	0.297 070	0.384 039
7	0.033 509	0.065 288	0.110 674	0.168 949	0.237 817
8	0.011 905	0.026 739	0.051 134	0.086 586	0.133 372
9	0.003 803	0.009 874	0.021 363	0.040 257	0.068 094
10	0.001 102	0.003 315	0.008 132	0.017 093	0.031 828
11	0.000 292	0.001 019	0.002 840	0.006 669	0.013 695
12	0.000 071	0.000 289	0.000 915	0.002 404	0.005 453
13	0.000 016	0.000 076	0.000 274	0.000 805	0.002 019
14	0.000 003	0.000 019	0.000 076	0.000 252	0.000 698
15	0.000 001	0.000 004	0.000 020	0.000 074	0.000 226
16		0.000 001	0.000 005	0.000 020	0.000 069
17			0.000 001	0.000 005	0.000 020
18				0.000 001	0.000 005
19					0.000 001

附表 4 χ^2 分布表

$P\{\chi^2(n) > \chi_\alpha^2(n)\} = \alpha$

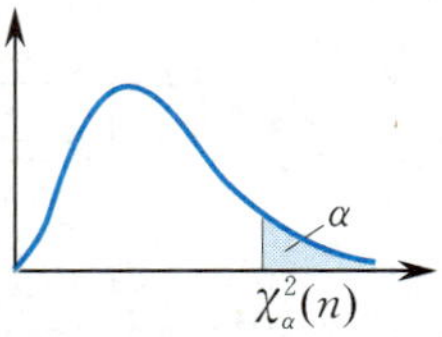

n	$\alpha = 0.995$	0.99	0.975	0.95	0.90	0.75
1	—	—	0.001	0.004	0.016	0.102
2	0.010	0.020	0.051	0.103	0.211	0.575
3	0.072	0.115	0.216	0.352	0.584	1.213
4	0.207	0.297	0.484	0.711	1.064	1.923
5	0.412	0.554	0.831	1.145	1.610	2.675
6	0.676	0.872	1.237	1.635	2.204	3.455
7	0.989	1.239	1.690	2.167	2.833	4.255
8	1.344	1.646	2.180	2.733	3.490	5.071
9	1.735	2.088	2.700	3.325	4.168	5.899
10	2.156	2.558	3.247	3.940	4.865	6.737
11	2.603	3.053	3.816	4.575	5.578	7.584
12	3.074	3.571	4.404	5.226	6.034	8.438
13	3.565	4.107	5.009	5.892	7.042	9.299
14	4.075	4.660	5.629	6.571	7.790	10.165
15	4.601	5.229	6.262	7.261	8.547	11.037
16	5.142	5.812	6.908	7.962	9.312	11.912
17	5.697	6.408	7.564	8.672	10.085	12.792
18	6.265	7.015	8.231	9.390	10.865	13.675
19	6.844	7.633	8.907	10.117	11.651	14.562
20	7.434	8.260	9.591	10.851	12.443	15.452
21	8.034	8.897	10.283	11.591	13.240	16.344
22	8.643	9.542	10.982	12.338	14.042	17.240
23	9.260	10.196	11.689	13.091	14.848	18.137
24	9.886	10.856	12.401	13.848	15.659	19.037
25	10.520	11.524	13.120	14.611	16.473	19.939
26	11.160	12.198	13.844	15.379	17.292	20.843
27	11.808	12.879	14.573	16.151	18.114	21.749
28	12.461	13.565	15.308	16.928	18.939	22.657
29	13.121	14.257	16.047	17.708	19.768	23.567
30	13.787	14.954	16.791	18.493	20.599	24.478
31	14.458	15.655	17.539	19.281	21.434	25.390
32	15.134	16.362	18.291	20.072	22.271	26.304
33	15.815	17.074	19.047	20.867	23.110	27.219
34	16.501	17.789	19.806	21.664	23.952	28.136
35	17.192	18.509	20.569	22.465	24.797	29.054
36	17.887	19.233	21.336	23.269	25.643	29.973
37	18.586	19.960	22.106	24.075	26.492	30.893
38	19.289	20.691	22.878	24.884	27.343	31.815
39	19.996	21.426	23.654	25.695	28.196	32.737
40	20.707	22.164	24.433	26.509	29.051	33.660
41	21.421	22.906	25.215	27.326	29.907	34.585
42	22.138	23.650	25.999	28.144	30.765	35.510
43	22.859	24.398	26.785	28.965	31.625	36.436
44	23.584	25.148	27.575	29.787	32.487	37.363
45	24.311	25.901	28.366	30.612	33.350	38.291

续表

n	$\alpha=0.25$	0.10	0.05	0.025	0.01	0.005
1	1.323	2.706	3.841	5.024	6.635	7.879
2	2.773	4.605	5.991	7.378	9.210	10.597
3	4.108	6.251	7.815	9.348	11.345	12.838
4	5.385	7.779	9.488	11.143	13.277	14.860
5	6.626	9.236	11.071	12.833	15.086	16.750
6	7.841	10.645	12.592	14.449	16.812	18.548
7	9.037	12.017	14.067	16.013	18.475	20.278
8	10.219	13.362	15.507	17.535	20.090	21.955
9	11.389	14.684	16.919	19.023	21.666	23.589
10	12.549	15.987	18.307	20.483	23.209	25.188
11	13.701	17.275	19.675	21.920	24.725	26.757
12	14.845	18.549	21.026	23.337	26.217	28.299
13	15.984	19.812	22.362	24.736	27.688	29.819
14	17.117	21.064	23.685	26.119	29.141	31.319
15	18.245	22.307	24.996	27.488	30.578	32.801
16	19.369	23.542	26.296	28.845	32.000	34.267
17	20.489	24.769	27.587	30.191	33.409	35.718
18	21.605	25.989	28.869	31.526	34.805	37.156
19	22.718	27.204	30.144	32.852	36.191	38.582
20	23.828	28.412	31.410	34.170	37.566	39.997
21	24.935	29.615	32.671	35.479	38.932	41.401
22	26.039	30.813	33.924	36.781	40.289	42.796
23	27.141	32.007	35.172	38.076	41.638	44.181
24	28.241	33.196	36.415	39.364	42.980	45.559
25	29.339	34.382	37.652	40.646	44.314	46.928
26	30.435	35.563	38.885	41.923	45.642	48.290
27	31.528	36.741	40.113	43.194	46.963	49.645
28	32.620	37.916	41.337	44.461	48.278	50.993
29	33.711	39.087	42.557	45.722	49.588	52.336
30	34.800	40.256	43.773	46.979	50.892	53.672
31	35.887	41.422	44.985	48.232	52.191	55.003
32	36.973	42.585	46.194	49.480	53.486	56.328
33	38.058	43.745	47.400	50.725	54.776	57.648
34	39.141	44.903	48.602	51.966	56.061	58.964
35	40.223	46.059	49.802	53.203	57.342	60.275
36	41.304	47.212	50.998	54.437	58.619	61.581
37	43.383	48.363	52.192	55.668	59.892	62.883
38	43.462	49.513	53.384	56.896	61.162	64.181
39	44.539	50.660	54.572	58.120	62.428	65.476
40	45.616	51.805	55.758	59.342	63.691	66.766
41	46.692	52.949	56.942	60.561	64.950	68.053
42	47.766	54.090	58.124	61.777	66.206	69.336
43	48.840	55.230	59.304	62.990	67.459	70.616
44	49.913	56.369	60.481	64.201	68.710	71.893
45	50.985	57.505	61.656	65.410	69.957	73.166

附表 5　t 分布表

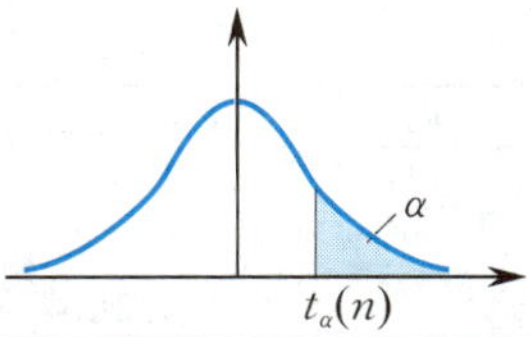

$$P\{t(n)>t_\alpha(n)\}=\alpha$$

n	$\alpha=0.25$	0.10	0.05	0.025	0.01	0.005
1	1.000 0	3.077 7	6.313 8	12.706 2	31.820 7	63.657 4
2	0.816 5	1.885 6	2.920 0	4.302 7	6.964 6	9.924 8
3	0.764 9	1.637 7	2.353 4	3.182 4	4.540 7	5.840 9
4	0.740 7	1.533 2	2.131 8	2.776 4	3.746 9	4.604 1
5	0.726 7	1.475 9	2.015 0	2.570 6	3.364 9	4.032 2
6	0.717 6	1.439 8	1.943 2	2.446 9	3.142 7	3.707 4
7	0.711 1	1.414 9	1.894 6	2.364 6	2.998 0	3.499 5
8	0.706 4	1.396 8	1.859 5	2.306 0	2.896 5	3.355 4
9	0.702 7	1.383 0	1.833 1	2.262 2	2.821 4	3.249 8
10	0.699 8	1.372 2	1.812 5	2.228 1	2.763 8	3.169 3
11	0.697 4	1.363 4	1.795 9	2.201 0	2.718 1	3.105 8
12	0.695 5	1.356 2	1.782 3	2.178 8	2.681 0	3.054 5
13	0.693 8	1.350 2	1.770 9	2.160 4	2.650 3	3.012 3
14	0.692 4	1.345 0	1.761 3	2.144 8	2.624 5	2.976 8
15	0.691 2	1.340 6	1.753 1	2.131 5	2.602 5	2.946 7
16	0.690 1	1.336 8	1.745 9	2.119 9	2.583 5	2.920 8
17	0.689 2	1.333 4	1.739 6	2.109 8	2.566 9	2.898 2
18	0.688 4	1.330 4	1.734 1	2.100 9	2.552 4	2.878 4
19	0.687 6	1.327 7	1.729 1	2.093 0	2.539 5	2.860 9
20	0.687 0	1.325 3	1.724 7	2.086 0	2.528 0	2.845 3
21	0.686 4	1.323 2	1.720 7	2.079 6	2.517 7	2.831 4
22	0.685 8	1.321 2	1.717 1	2.073 9	2.508 3	2.818 8
23	0.685 3	1.319 5	1.713 9	2.068 7	2.499 9	2.807 3
24	0.684 8	1.317 8	1.710 9	2.063 9	2.492 2	2.796 9
25	0.684 4	1.316 3	1.708 1	2.059 5	2.485 1	2.787 4
26	0.684 0	1.315 0	1.705 6	2.055 5	2.478 6	2.778 7
27	0.683 7	1.313 7	1.703 3	2.051 8	2.472 7	2.770 7
28	0.683 4	1.312 5	1.701 1	2.048 4	2.467 1	2.763 3
29	0.683 0	1.311 4	1.699 1	2.045 2	2.462 0	2.756 4
30	0.682 8	1.310 4	1.697 3	2.042 3	2.457 3	2.750 0
31	0.682 5	1.309 5	1.695 5	2.039 5	2.452 8	2.744 0
32	0.682 2	1.308 6	1.693 9	2.036 9	2.448 7	2.738 5
33	0.682 0	1.307 7	1.692 4	2.034 5	2.444 8	2.733 3
34	0.681 8	1.307 0	1.690 9	2.032 2	2.441 1	2.728 4
35	0.681 6	1.306 2	1.689 6	2.030 1	2.437 7	2.723 8
36	0.681 4	1.305 5	1.688 3	2.028 1	2.434 5	2.719 5
37	0.681 2	1.304 9	1.687 1	2.026 2	2.431 4	2.715 4
38	0.681 0	1.304 2	1.686 0	2.024 4	2.428 6	2.711 6
39	0.680 8	1.303 6	1.684 9	2.022 7	2.425 8	2.707 9
40	0.680 7	1.303 1	1.683 9	2.021 1	2.423 3	2.704 5
41	0.680 5	1.302 5	1.682 9	2.019 5	2.420 8	2.701 2
42	0.680 4	1.302 0	1.682 0	2.018 1	2.418 5	2.698 1
43	0.680 2	1.301 6	1.681 1	2.016 7	2.416 3	2.695 1
44	0.680 1	1.301 1	1.680 2	2.015 4	2.414 1	2.692 3
45	0.680 0	1.300 6	1.679 4	2.014 1	2.412 1	2.689 6

附表6 F 分布表

$P\{F(n_1,n_2)>F_\alpha(n_1,n_2)\}=\alpha$

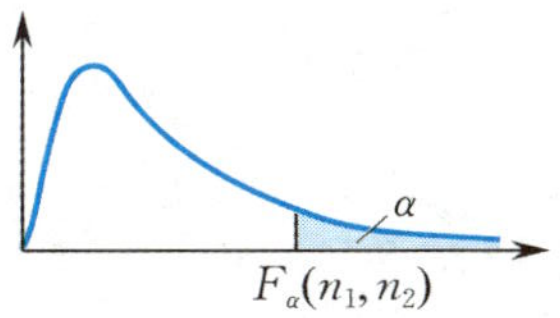

$\alpha=0.10$

n_2	n_1=1	2	3	4	5	6	7	8	9	10	12	15	20	24	30	40	60	120	∞
1	39.86	49.50	53.59	55.83	57.24	58.20	58.91	59.44	59.86	60.19	60.71	61.22	61.74	62.00	62.26	62.53	62.79	63.06	63.33
2	8.53	9.00	9.16	9.24	9.29	9.33	9.35	9.37	9.38	9.39	9.41	9.42	9.44	9.45	9.46	9.47	9.47	9.48	9.49
3	5.54	5.46	5.39	5.34	5.31	5.28	5.27	5.25	5.24	5.23	5.22	5.20	5.18	5.18	5.17	5.16	5.15	5.14	5.13
4	4.54	4.32	4.19	4.11	4.05	4.01	3.98	3.95	3.94	3.92	3.90	3.87	3.84	3.83	3.82	3.80	3.79	3.78	3.76
5	4.06	3.78	3.62	3.52	3.45	3.40	3.37	3.34	3.32	3.30	3.27	3.24	3.21	3.19	3.17	3.16	3.14	3.12	3.10
6	3.78	3.46	3.29	3.18	3.11	3.05	3.01	2.98	2.96	2.94	2.90	2.87	2.84	2.82	2.80	2.78	2.76	2.74	2.72
7	3.59	3.26	3.07	2.96	2.88	2.83	2.78	2.75	2.72	2.70	2.67	2.63	2.59	2.58	2.56	2.54	2.51	2.49	2.47
8	3.46	3.11	2.92	2.81	2.73	2.67	2.62	2.59	2.56	2.54	2.50	2.46	2.42	2.40	2.38	2.36	2.34	2.32	2.29
9	3.36	3.01	2.81	2.69	2.61	2.55	2.51	2.47	2.44	2.42	2.38	2.34	2.30	2.28	2.25	2.23	2.21	2.18	2.16
10	3.29	2.92	2.73	2.61	2.52	2.46	2.41	2.38	2.35	2.32	2.28	2.24	2.20	2.18	2.16	2.13	2.11	2.08	2.06
11	3.23	2.86	2.66	2.54	2.45	2.39	2.34	2.30	2.27	2.25	2.21	2.17	2.12	2.10	2.08	2.05	2.03	2.00	1.97
12	3.18	2.81	2.61	2.48	2.39	2.33	2.28	2.24	2.21	2.19	2.15	2.10	2.06	2.04	2.01	1.99	1.96	1.93	1.90
13	3.14	2.76	2.56	2.43	2.35	2.28	2.23	2.20	2.16	2.14	2.10	2.05	2.01	1.98	1.96	1.93	1.90	1.88	1.85
14	3.10	2.73	2.52	2.39	2.31	2.24	2.19	2.15	2.12	2.10	2.05	2.01	1.96	1.94	1.91	1.89	1.86	1.83	1.80
15	3.07	2.70	2.49	2.36	2.27	2.21	2.16	2.12	2.09	2.06	2.02	1.97	1.92	1.90	1.87	1.85	1.82	1.79	1.76
16	3.05	2.67	2.46	2.33	2.24	2.18	2.13	2.09	2.06	2.03	1.99	1.94	1.89	1.87	1.84	1.81	1.78	1.75	1.72
17	3.03	2.64	2.44	2.31	2.22	2.15	2.10	2.06	2.03	2.00	1.96	1.91	1.86	1.84	1.81	1.78	1.75	1.72	1.69
18	3.01	2.62	2.42	2.29	2.20	2.13	2.08	2.04	2.00	1.98	1.93	1.89	1.84	1.81	1.78	1.75	1.72	1.69	1.66
19	2.99	2.61	2.40	2.27	2.18	2.11	2.06	2.02	1.98	1.96	1.91	1.86	1.81	1.79	1.76	1.73	1.70	1.67	1.63

续表

n_2	n_1																		
	1	2	3	4	5	6	7	8	9	10	12	15	20	24	30	40	60	120	∞
20	2.97	2.59	2.38	2.25	2.16	2.09	2.04	2.00	1.96	1.94	1.89	1.84	1.79	1.77	1.74	1.71	1.68	1.64	1.61
21	2.96	2.57	2.36	2.23	2.14	2.08	2.02	1.98	1.95	1.92	1.87	1.83	1.78	1.75	1.72	1.69	1.66	1.62	1.59
22	2.95	2.56	2.35	2.22	2.13	2.06	2.01	1.97	1.93	1.90	1.86	1.81	1.76	1.73	1.70	1.67	1.64	1.60	1.57
23	2.94	2.55	2.34	2.21	2.11	2.05	1.99	1.95	1.92	1.89	1.84	1.80	1.74	1.72	1.69	1.66	1.62	1.59	1.55
24	2.93	2.54	2.33	2.19	2.10	2.04	1.98	1.94	1.91	1.88	1.83	1.78	1.73	1.70	1.67	1.64	1.61	1.57	1.53
25	2.92	2.53	2.32	2.18	2.09	2.02	1.97	1.93	1.89	1.87	1.82	1.77	1.72	1.69	1.66	1.63	1.59	1.56	1.52
26	2.91	2.52	2.31	2.17	2.08	2.01	1.96	1.92	1.88	1.86	1.81	1.76	1.71	1.68	1.65	1.61	1.58	1.54	1.50
27	2.90	2.51	2.30	2.17	2.07	2.00	1.95	1.91	1.87	1.85	1.80	1.75	1.70	1.67	1.64	1.60	1.57	1.53	1.49
28	2.89	2.50	2.29	2.16	2.06	2.00	1.94	1.90	1.87	1.84	1.79	1.74	1.69	1.66	1.63	1.59	1.56	1.52	1.48
29	2.89	2.50	2.28	2.15	2.06	1.99	1.93	1.89	1.86	1.83	1.78	1.73	1.68	1.65	1.62	1.58	1.55	1.51	1.47
30	2.88	2.49	2.28	2.14	2.05	1.98	1.93	1.88	1.85	1.82	1.77	1.72	1.67	1.64	1.61	1.57	1.54	1.50	1.46
40	2.84	2.44	2.23	2.09	2.00	1.93	1.87	1.83	1.79	1.76	1.71	1.66	1.61	1.57	1.54	1.51	1.47	1.42	1.38
60	2.79	2.39	2.18	2.04	1.95	1.87	1.82	1.77	1.74	1.71	1.66	1.60	1.54	1.51	1.48	1.44	1.40	1.35	1.29
120	2.75	2.35	2.13	1.99	1.90	1.82	1.77	1.72	1.68	1.65	1.60	1.55	1.48	1.45	1.41	1.37	1.32	1.26	1.19
∞	2.71	2.30	2.08	1.94	1.85	1.77	1.72	1.67	1.63	1.60	1.55	1.49	1.42	1.38	1.34	1.30	1.24	1.17	1.00

$\alpha = 0.05$

续表

n_2	n_1																		
	1	2	3	4	5	6	7	8	9	10	12	15	20	24	30	40	60	120	∞
1	161.4	199.5	215.7	224.6	230.2	234.0	236.8	238.9	240.5	241.9	243.9	245.9	248.0	249.1	250.1	251.1	252.2	253.3	254.3
2	18.51	19.00	19.16	19.25	19.30	19.33	19.35	19.37	19.38	19.40	19.41	19.43	19.45	19.45	19.46	19.47	19.48	19.49	19.50
3	10.13	9.55	9.28	9.12	9.01	8.94	8.89	8.85	8.81	8.79	8.74	8.70	8.66	8.64	8.62	8.59	8.57	8.55	8.53
4	7.71	6.94	6.59	6.39	6.26	6.16	6.09	6.04	6.00	5.96	5.91	5.86	5.80	5.77	5.75	5.72	5.69	5.66	5.63
5	6.61	5.79	5.41	5.19	5.05	4.95	4.88	4.82	4.77	4.74	4.68	4.62	4.56	4.53	4.50	4.46	4.43	4.40	4.36
6	5.99	5.14	4.76	4.53	4.39	4.28	4.21	4.15	4.10	4.06	4.00	3.94	3.87	3.84	3.81	3.77	3.74	3.70	3.67
7	5.59	4.74	4.35	4.12	3.97	3.87	3.79	3.73	3.68	3.64	3.57	3.51	3.44	3.41	3.38	3.34	3.30	3.27	3.23
8	5.32	4.46	4.07	3.84	3.69	3.58	3.50	3.44	3.39	3.35	3.28	3.22	3.15	3.12	3.08	3.04	3.01	2.97	2.93
9	5.12	4.26	3.86	3.63	3.48	3.37	3.29	3.23	3.18	3.14	3.07	3.01	2.94	2.90	2.86	2.83	2.79	2.75	2.71
10	4.96	4.10	3.71	3.48	3.33	3.22	3.14	3.07	3.02	2.98	2.91	2.85	2.77	2.74	2.70	2.66	2.62	2.58	2.54
11	4.84	3.98	3.59	3.36	3.20	3.09	3.01	2.95	2.90	2.85	2.79	2.72	2.65	2.61	2.57	2.53	2.49	2.45	2.40
12	4.75	3.89	3.49	3.26	3.11	3.00	2.91	2.85	2.80	2.75	2.69	2.62	2.54	2.51	2.47	2.43	2.38	2.34	2.30
13	4.67	3.81	3.41	3.18	3.03	2.92	2.83	2.77	2.71	2.67	2.60	2.53	2.46	2.42	2.38	2.34	2.30	2.25	2.21
14	4.60	3.74	3.34	3.11	2.96	2.85	2.76	2.70	2.65	2.60	2.53	2.46	2.39	2.35	2.31	2.27	2.22	2.18	2.13
15	4.54	3.68	3.29	3.06	2.90	2.79	2.71	2.64	2.59	2.54	2.48	2.40	2.33	2.29	2.25	2.20	2.16	2.11	2.07
16	4.49	3.63	3.24	3.01	2.85	2.74	2.66	2.59	2.54	2.49	2.42	2.35	2.28	2.24	2.19	2.15	2.11	2.06	2.01
17	4.45	3.59	3.20	2.96	2.81	2.70	2.61	2.55	2.49	2.45	2.38	2.31	2.23	2.19	2.15	2.10	2.06	2.01	1.96
18	4.41	3.55	3.16	2.93	2.77	2.66	2.58	2.51	2.46	2.41	2.34	2.27	2.19	2.15	2.11	2.06	2.02	1.97	1.92
19	4.38	3.52	3.13	2.90	2.74	2.63	2.54	2.48	2.42	2.38	2.31	2.23	2.16	2.11	2.07	2.03	1.98	1.93	1.88
20	4.35	3.49	3.10	2.87	2.71	2.60	2.51	2.45	2.39	2.35	2.28	2.20	2.12	2.08	2.04	1.99	1.95	1.90	1.84
21	4.32	3.47	3.07	2.84	2.68	2.57	2.49	2.42	2.37	2.32	2.25	2.18	2.10	2.05	2.01	1.96	1.92	1.87	1.81
22	4.30	3.44	3.05	2.82	2.66	2.55	2.46	2.40	2.34	2.30	2.23	2.15	2.07	2.03	1.98	1.94	1.89	1.84	1.78
23	4.28	3.42	3.03	2.80	2.64	2.53	2.44	2.37	2.32	2.27	2.20	2.13	2.05	2.01	1.96	1.91	1.86	1.81	1.76
24	4.26	3.40	3.01	2.78	2.62	2.51	2.42	2.36	2.30	2.25	2.18	2.11	2.03	1.98	1.94	1.89	1.84	1.79	1.73

续表

n_2	n_1																		
	1	2	3	4	5	6	7	8	9	10	12	15	20	24	30	40	60	120	∞
25	4.24	3.39	2.99	2.76	2.60	2.49	2.40	2.34	2.28	2.24	2.16	2.09	2.01	1.96	1.92	1.87	1.82	1.77	1.71
26	4.23	3.37	2.98	2.74	2.59	2.47	2.39	2.32	2.27	2.22	2.15	2.07	1.99	1.95	1.90	1.85	1.80	1.75	1.69
27	4.21	3.35	2.96	2.73	2.57	2.46	2.37	2.31	2.25	2.20	2.13	2.06	1.97	1.93	1.88	1.84	1.79	1.73	1.67
28	4.20	3.34	2.95	2.71	2.56	2.45	2.36	2.29	2.24	2.19	2.12	2.04	1.96	1.91	1.87	1.82	1.77	1.71	1.65
29	4.18	3.33	2.93	2.70	2.55	2.43	2.35	2.28	2.22	2.18	2.10	2.03	1.94	1.90	1.85	1.81	1.75	1.70	1.64
30	4.17	3.32	2.92	2.69	2.53	2.42	2.33	2.27	2.21	2.16	2.09	2.01	1.93	1.89	1.84	1.79	1.74	1.68	1.62
40	4.08	3.23	2.84	2.61	2.45	2.34	2.25	2.18	2.12	2.08	2.00	1.92	1.84	1.79	1.74	1.69	1.64	1.58	1.51
60	4.00	3.15	2.76	2.53	2.37	2.25	2.17	2.10	2.04	1.99	1.92	1.84	1.75	1.70	1.65	1.59	1.53	1.47	1.39
120	3.92	3.07	2.68	2.45	2.29	2.17	2.09	2.02	1.96	1.91	1.83	1.75	1.66	1.61	1.55	1.50	1.43	1.35	1.25
∞	3.84	3.00	2.60	2.37	2.21	2.10	2.01	1.94	1.88	1.83	1.75	1.67	1.57	1.52	1.46	1.39	1.32	1.22	1.00

续表

$\alpha = 0.025$

n_2	n_1: 1	2	3	4	5	6	7	8	9	10	12	15	20	24	30	40	60	120	∞
1	647.8	799.5	864.2	899.6	921.8	937.1	948.2	956.7	963.3	368.6	976.7	984.9	993.1	997.2	1 001	1 006	1 010	1 014	1 018
2	38.51	39.00	39.17	39.25	39.30	39.33	39.36	39.37	39.39	39.40	39.41	39.43	39.45	39.46	39.46	39.47	39.48	39.49	39.50
3	17.44	16.04	15.44	15.10	14.88	14.73	14.62	14.54	14.47	14.42	14.34	14.25	14.17	14.12	14.08	14.04	13.99	13.95	13.90
4	12.22	10.65	9.98	9.60	9.36	9.20	9.07	8.98	8.90	8.84	8.75	8.66	8.56	8.51	8.46	8.41	8.36	8.31	8.26
5	10.01	8.43	7.76	7.39	7.15	6.98	6.85	6.76	6.68	6.62	6.52	6.43	6.33	6.28	6.23	6.18	6.12	6.07	6.02
6	8.81	7.26	6.60	6.23	5.99	5.82	5.70	5.60	5.52	5.46	5.37	5.27	5.17	5.12	5.07	5.01	4.96	4.90	4.85
7	8.07	6.54	5.89	5.52	5.29	5.12	4.99	4.90	4.82	4.76	4.67	4.57	4.47	4.42	4.36	4.31	4.25	4.20	4.14
8	7.57	6.06	5.42	5.05	4.82	4.65	4.53	4.43	4.36	4.30	4.20	4.10	4.00	3.95	3.89	3.84	3.78	3.73	3.67
9	7.21	5.71	5.08	4.72	4.48	4.32	4.20	4.10	4.03	3.96	3.87	3.77	3.67	3.61	3.56	3.51	3.45	3.39	3.33
10	6.94	5.46	4.83	4.47	4.24	4.07	3.95	3.85	3.78	3.72	3.62	3.52	3.42	3.37	3.31	3.26	3.20	3.14	3.08
11	6.72	5.26	4.63	4.28	4.04	3.88	3.76	3.66	3.59	3.53	3.43	3.33	3.23	3.17	3.12	3.06	3.00	2.94	2.88
12	6.55	5.10	4.47	4.12	3.89	3.73	3.61	3.51	3.44	3.37	3.28	3.18	3.07	3.02	2.96	2.91	2.85	2.79	2.72
13	6.41	4.97	4.35	4.00	3.77	3.60	3.48	3.39	3.31	3.25	3.15	3.05	2.95	2.89	2.84	2.78	2.72	2.66	2.60
14	6.30	4.86	4.24	3.89	3.66	3.50	3.38	3.29	3.21	3.15	3.05	2.95	2.84	2.79	2.73	2.67	2.61	2.55	2.49
15	6.20	4.77	4.15	3.80	3.58	3.41	3.29	3.20	3.12	3.06	2.96	2.86	2.76	2.70	2.64	2.59	2.52	2.46	2.40
16	6.12	4.69	4.08	3.73	3.50	3.34	3.22	3.12	3.05	2.99	2.89	2.79	2.68	2.63	2.57	2.51	2.45	2.38	2.32
17	6.04	4.62	4.01	3.66	3.44	3.28	3.16	3.06	2.98	2.92	2.82	2.72	2.62	2.56	2.50	2.44	2.38	2.32	2.25
18	5.98	4.56	3.95	3.61	3.38	3.22	3.10	3.01	2.93	2.87	2.77	2.67	2.56	2.50	2.44	2.38	2.32	2.26	2.19
19	5.92	4.51	3.90	3.56	3.33	3.17	3.05	2.96	2.88	2.82	2.72	2.62	2.51	2.45	2.39	2.33	2.27	2.20	2.13
20	5.87	4.46	3.86	3.51	3.29	3.13	3.01	2.91	2.84	2.77	2.68	2.57	2.46	2.41	2.35	2.29	2.22	2.16	2.09
21	5.83	4.42	3.82	3.48	3.25	3.09	2.97	2.87	2.80	2.73	2.64	2.53	2.42	2.37	2.31	2.25	2.18	2.11	2.04
22	5.79	4.38	3.78	3.44	3.22	3.05	2.93	2.84	2.76	2.70	2.60	2.50	2.39	2.33	2.27	2.21	2.14	2.08	2.00
23	5.75	4.35	3.75	3.41	3.18	3.02	2.90	2.81	2.73	2.67	2.57	2.47	2.36	2.30	2.24	2.18	2.11	2.04	1.97
24	5.72	4.32	3.72	3.38	3.15	2.99	2.87	2.78	2.70	2.64	2.54	2.44	2.33	2.27	2.21	2.15	2.08	2.01	1.94

续表

n_2	n_1 1	2	3	4	5	6	7	8	9	10	12	15	20	24	30	40	60	120	∞
25	5.69	4.29	3.69	3.35	3.13	2.97	2.85	2.75	2.68	2.61	2.51	2.41	2.30	2.24	2.18	2.12	2.05	1.98	1.91
26	5.66	4.27	3.67	3.33	3.10	2.94	2.82	2.73	2.65	2.59	2.49	2.39	2.28	2.22	2.16	2.09	2.03	1.95	1.88
27	5.63	4.24	3.65	3.31	3.08	2.92	2.80	2.71	2.63	2.57	2.47	2.36	2.25	2.19	2.13	2.07	2.00	1.93	1.85
28	5.61	4.22	3.63	3.29	3.06	2.90	2.78	2.69	2.61	2.55	2.45	2.34	2.23	2.17	2.11	2.05	1.98	1.91	1.83
29	5.59	4.20	3.61	3.27	3.04	2.88	2.76	2.67	2.59	2.53	2.43	2.32	2.21	2.15	2.09	2.03	1.96	1.89	1.81
30	5.57	4.18	3.59	3.25	3.03	2.87	2.75	2.65	2.57	2.51	2.41	2.31	2.20	2.14	2.07	2.01	1.94	1.87	1.79
40	5.42	4.05	3.46	3.13	2.90	2.74	2.62	2.53	2.45	2.39	2.29	2.18	2.07	2.01	1.94	1.88	1.80	1.72	1.64
60	5.29	3.93	3.34	3.01	2.79	2.63	2.51	2.41	2.33	2.27	2.17	2.06	1.94	1.88	1.82	1.74	1.67	1.58	1.48
120	5.15	3.80	3.23	2.89	2.67	2.52	2.39	2.30	2.22	2.16	2.05	1.94	1.82	1.76	1.69	1.61	1.53	1.43	1.31
∞	5.02	3.69	3.12	2.79	2.57	2.41	2.29	2.19	2.11	2.05	1.94	1.83	1.71	1.64	1.57	1.48	1.39	1.27	1.00

续表

$\alpha = 0.01$

n_2	n_1 = 1	2	3	4	5	6	7	8	9	10	12	15	20	24	30	40	60	120	∞
1	4 052	4 999.5	5 403	5 625	5 764	5 859	5 928	5 982	6 022	6 056	6 106	6 157	6 209	6 235	6 261	6 287	6 313	6 639	6 366
2	98.50	99.00	99.17	99.25	99.30	99.33	99.36	99.37	99.39	99.40	99.42	99.43	99.45	99.46	99.47	99.47	99.48	99.49	99.50
3	34.12	30.82	29.46	28.71	28.24	27.91	27.67	27.49	27.35	27.23	27.05	26.87	26.69	26.60	26.50	26.41	26.32	26.22	26.13
4	21.20	18.00	16.69	15.98	15.12	15.21	14.98	14.80	14.66	14.55	14.37	14.20	14.02	13.93	13.84	13.75	13.65	13.56	13.46
5	16.26	13.27	12.06	11.39	10.97	10.67	10.46	10.29	10.16	10.05	9.89	9.72	9.55	9.47	9.38	9.29	9.20	9.11	9.02
6	13.75	10.92	9.78	9.15	8.75	8.47	8.26	8.10	7.98	7.87	7.72	7.56	7.40	7.31	7.23	7.14	7.06	6.97	6.88
7	12.25	9.55	8.45	7.85	7.46	7.19	6.99	6.84	6.72	6.62	6.47	6.31	6.16	6.07	5.99	5.91	5.82	5.74	5.65
8	11.26	8.65	7.59	7.01	6.63	6.37	6.18	6.03	5.91	5.81	5.67	5.52	5.36	5.28	5.20	5.12	5.03	4.95	4.86
9	10.56	8.02	6.99	6.42	6.06	5.80	5.61	5.47	5.35	5.26	5.11	4.96	4.81	4.73	4.65	4.57	4.48	4.40	4.31
10	10.04	7.56	6.55	5.99	5.64	5.39	5.20	5.06	4.94	4.85	4.71	4.56	4.41	4.33	4.25	4.17	4.08	4.00	3.91
11	9.65	7.21	6.22	5.67	5.32	5.07	4.89	4.74	4.63	4.54	4.40	4.25	4.10	4.02	3.94	3.86	3.78	3.69	3.60
12	9.33	6.93	5.95	5.41	5.06	4.82	4.64	4.50	4.39	4.30	4.16	4.01	3.86	3.78	3.70	3.62	3.54	3.45	3.36
13	9.07	6.70	5.74	5.21	4.86	4.62	4.44	4.30	4.19	4.10	3.96	3.82	3.66	3.59	3.51	3.43	3.34	3.25	3.17
14	8.86	6.51	5.56	5.04	4.69	4.46	4.28	4.14	4.03	3.94	3.80	3.66	3.51	3.43	3.35	3.27	3.18	3.09	3.00
15	8.68	6.36	5.42	4.89	4.56	4.32	4.14	4.00	3.89	3.80	3.67	3.52	3.37	3.29	3.21	3.13	3.05	2.96	2.87
16	8.53	6.23	5.29	4.77	4.44	4.20	4.03	3.89	3.78	3.69	3.55	3.41	3.26	3.18	3.10	3.02	2.93	2.84	2.75
17	8.40	6.11	5.18	4.67	4.34	4.10	3.93	3.79	3.68	3.59	3.46	3.31	3.16	3.08	3.00	2.92	2.83	2.75	2.65
18	8.29	6.01	5.09	4.58	4.25	4.01	3.84	3.71	3.60	3.51	3.37	3.23	3.08	3.00	2.92	2.84	2.75	2.66	2.57
19	8.18	5.93	5.01	4.50	4.17	3.94	3.77	3.63	3.52	3.43	3.30	3.15	3.00	2.92	2.84	2.76	2.67	2.58	2.49
20	8.10	5.85	4.94	4.43	4.10	3.87	3.70	3.56	3.46	3.37	3.23	3.09	2.94	2.86	2.78	2.69	2.61	2.52	2.42
21	8.02	5.78	4.87	4.37	4.04	3.81	3.64	3.51	3.40	3.31	3.17	3.03	2.88	2.80	2.72	2.64	2.55	2.46	2.36
22	7.95	5.72	4.82	4.31	3.99	3.76	3.59	3.45	3.35	3.26	3.12	2.98	2.83	2.75	2.67	2.58	2.50	2.40	2.31
23	7.88	5.66	4.76	4.26	3.94	3.71	3.54	3.41	3.30	3.21	3.07	2.93	2.78	2.70	2.62	2.54	2.45	2.35	2.26
24	7.82	5.61	4.72	4.22	3.90	3.67	3.50	3.36	3.26	3.17	3.03	2.89	2.74	2.66	2.58	2.49	2.40	2.31	2.21

续表

n_2	n_1																		
	1	2	3	4	5	6	7	8	9	10	12	15	20	24	30	40	60	120	∞
25	7.77	5.57	4.68	4.18	3.85	3.63	3.46	3.32	3.22	3.13	2.99	2.85	2.70	2.62	2.54	2.45	2.36	2.27	2.17
26	7.72	5.53	4.64	4.14	3.82	3.59	3.42	3.29	3.18	3.09	2.96	2.81	2.66	2.58	2.50	2.42	2.33	2.23	2.13
27	7.68	5.49	4.60	4.11	3.78	3.56	3.39	3.26	3.15	3.06	2.93	2.78	2.63	2.55	2.47	2.38	2.29	2.20	2.10
28	7.64	5.45	4.57	4.07	3.75	3.53	3.36	3.23	3.12	3.03	2.90	2.75	2.60	2.52	2.44	2.35	2.26	2.17	2.06
29	7.60	5.42	4.54	4.04	3.73	3.50	3.33	3.20	3.09	3.00	2.87	2.73	2.57	2.49	2.41	2.33	2.23	2.14	2.03
30	7.56	5.39	4.51	4.02	3.70	3.47	3.30	3.17	3.07	2.89	2.84	2.70	2.55	2.47	2.39	2.30	2.21	2.11	2.01
40	7.31	5.18	4.31	3.83	3.51	3.29	3.12	2.99	2.89	2.80	2.66	2.52	2.37	2.29	2.20	2.11	2.02	1.92	1.80
60	7.08	4.98	4.13	3.65	3.34	3.12	2.95	2.82	2.72	2.63	2.50	2.35	2.20	2.12	2.03	1.94	1.84	1.73	1.60
120	6.85	4.79	3.95	3.48	3.17	2.96	2.79	2.66	2.56	2.47	2.34	2.19	2.03	1.95	1.86	1.76	1.66	1.53	1.38
∞	6.63	4.61	3.78	3.32	3.02	2.80	2.64	2.51	2.41	2.32	2.18	2.04	1.88	1.79	1.70	1.59	1.47	1.32	1.00

续表

$\alpha = 0.005$

n_2	n_1=1	2	3	4	5	6	7	8	9	10	12	15	20	24	30	40	60	120	∞
1	16 211	20 000	21 615	22 500	23 056	23 437	23 715	23 925	24 091	24 224	24 426	24 630	24 836	24 940	25 044	25 148	25 253	25 359	25 465
2	198.5	199.0	199.2	199.2	199.3	199.3	199.4	199.4	199.4	199.4	199.4	199.4	199.4	199.5	199.5	199.5	199.5	199.5	199.5
3	55.55	49.80	47.47	46.19	45.39	44.84	44.43	44.13	43.88	43.69	43.39	43.08	42.78	42.62	42.47	42.31	42.15	41.99	41.83
4	31.33	26.28	24.26	23.15	22.46	21.97	21.62	21.35	21.14	20.97	20.70	20.44	20.17	20.03	19.89	19.75	19.61	19.47	19.32
5	22.78	18.31	16.53	15.56	14.94	14.51	14.20	13.96	13.77	13.62	13.38	13.15	12.90	12.78	12.66	12.53	12.40	12.27	12.14
6	18.63	14.54	12.92	12.03	11.46	11.07	10.79	10.57	10.39	10.25	10.03	9.81	9.59	9.47	9.36	9.24	9.12	9.00	8.88
7	16.24	12.40	10.88	10.05	9.52	9.16	8.89	8.68	8.51	8.38	8.18	7.97	7.75	7.56	7.53	7.42	7.31	7.19	7.08
8	14.69	11.04	9.60	8.81	8.30	7.95	7.69	7.50	7.34	7.21	7.01	6.81	6.61	6.50	6.40	6.29	6.18	6.06	5.95
9	13.61	10.11	8.72	7.96	7.47	7.13	6.88	6.69	6.54	6.42	6.23	6.03	5.83	5.73	5.62	5.52	5.41	5.30	5.19
10	12.83	9.43	8.08	7.34	6.87	6.54	6.30	6.12	5.79	5.85	5.66	5.47	5.27	5.17	5.07	4.97	4.86	4.75	4.64
11	12.23	8.91	7.60	6.88	6.42	6.10	5.86	5.68	5.54	5.42	5.24	5.05	4.86	4.76	4.65	4.55	4.44	4.34	4.23
12	11.75	8.51	7.23	6.52	6.07	5.76	5.52	5.35	5.20	5.09	4.91	4.72	4.53	4.43	4.33	4.23	4.12	4.01	3.90
13	11.37	8.19	6.93	6.23	5.79	5.48	5.25	5.08	4.94	4.82	4.64	4.46	4.27	4.17	4.07	3.97	3.87	3.76	3.65
14	11.06	7.92	6.68	6.00	5.56	5.26	5.03	4.86	4.72	4.60	4.43	4.25	4.06	3.96	3.86	3.76	3.66	3.55	3.44
15	10.80	7.70	6.48	5.80	5.37	5.07	4.85	4.67	4.54	4.42	4.25	4.07	3.88	3.79	3.69	3.58	3.48	3.37	3.26
16	10.58	7.51	6.30	5.64	5.21	4.91	4.69	4.52	4.38	4.27	4.10	3.92	3.73	3.64	3.54	3.44	3.33	3.22	3.11
17	10.38	7.35	6.16	5.50	5.07	4.78	4.56	4.39	4.25	4.14	3.97	3.79	3.61	3.51	3.41	3.31	3.21	3.10	2.98
18	10.22	7.21	6.03	5.37	4.96	4.66	4.44	4.28	4.14	4.03	3.86	3.68	3.50	3.40	3.30	3.20	3.10	2.99	2.87
19	10.07	7.09	5.92	5.27	4.85	4.56	4.34	4.18	4.04	3.93	3.76	3.59	3.40	3.31	3.21	3.11	3.00	2.89	2.78
20	9.94	6.99	5.82	5.17	4.76	4.47	4.26	4.09	3.96	3.85	3.68	3.50	3.32	3.22	3.12	3.02	2.92	2.81	2.69
21	9.83	6.89	5.73	5.09	4.68	4.39	4.18	4.01	3.88	3.77	3.60	3.43	3.24	3.15	3.05	2.95	2.84	2.73	2.61
22	9.73	6.81	5.65	5.02	4.61	4.32	4.11	3.94	3.81	3.70	3.54	3.36	3.18	3.08	2.98	2.88	2.77	2.66	2.55
23	9.63	6.73	5.58	4.95	4.54	4.26	4.05	3.88	3.75	3.64	3.47	3.30	3.12	3.02	2.92	2.82	2.71	2.60	2.48
24	9.55	6.66	5.52	4.89	4.49	4.20	3.99	3.83	3.69	3.59	3.42	3.25	3.06	2.97	2.87	2.77	2.66	2.55	2.43

续表

n_2	n_1=1	2	3	4	5	6	7	8	9	10	12	15	20	24	30	40	60	120	∞
25	9.48	6.60	5.46	4.84	4.43	4.15	3.94	3.78	3.64	3.54	3.37	3.20	3.01	2.92	2.82	2.72	2.61	2.50	2.38
26	9.41	6.54	5.41	4.79	4.38	4.10	3.89	3.73	3.60	3.49	3.33	3.15	2.97	2.87	2.77	2.67	2.56	2.45	2.33
27	9.34	6.49	5.36	4.74	4.34	4.06	3.85	3.69	3.56	3.45	3.28	3.11	2.93	2.83	2.73	2.63	2.52	2.41	2.29
28	9.28	6.44	5.32	4.70	4.30	4.02	3.81	3.65	3.52	3.41	3.25	3.07	2.89	2.79	2.69	2.59	2.48	2.37	2.25
29	9.23	6.40	5.28	4.66	4.26	3.98	3.77	3.61	3.48	3.38	3.21	3.04	2.86	2.76	2.66	2.56	2.45	2.33	2.21
30	9.18	6.35	5.24	4.62	4.23	3.95	3.74	3.58	3.45	3.34	3.18	3.01	2.82	2.73	2.63	2.52	2.42	2.30	2.18
40	8.83	6.07	4.98	4.37	3.99	3.71	3.51	3.35	3.22	3.12	2.95	2.78	2.60	2.50	2.40	2.30	2.18	2.06	1.93
60	8.49	5.79	4.73	4.14	3.76	3.49	3.29	3.13	3.01	2.90	2.74	2.57	2.39	2.29	2.19	2.08	1.96	1.83	1.69
120	8.18	5.54	4.50	3.92	3.55	3.28	3.09	2.93	2.81	2.71	2.54	2.37	2.19	2.09	1.98	1.87	1.75	1.61	1.43
∞	7.88	5.30	4.28	3.72	3.35	3.09	2.90	2.74	2.62	2.52	2.36	2.19	2.00	1.90	1.79	1.67	1.53	1.36	1.00

续表

$\alpha = 0.001$

n_2	n_1																		
	1	2	3	4	5	6	7	8	9	10	12	15	20	24	30	40	60	120	∞
1	4 053†	5 000†	5 404†	5 625†	5 764†	5 859†	5 929†	5 981†	6 023†	6 056†	6 107†	6 158†	6 209†	6 235†	6 261†	6 287†	6 313†	6 340†	6 366†
2	998.5	999.0	999.2	999.2	999.3	999.3	999.4	999.4	999.4	999.4	999.4	999.4	999.4	999.5	999.5	999.5	999.5	999.5	999.5
3	167.0	148.5	141.1	137.1	134.6	132.8	131.6	130.6	129.9	129.2	128.3	127.4	126.4	125.9	125.4	125.0	124.5	124.0	123.5
4	74.14	61.25	56.18	53.44	51.71	50.53	49.66	49.00	48.47	48.05	47.41	46.76	46.10	45.77	45.43	45.09	44.75	44.40	44.05
5	47.18	37.12	33.20	31.09	27.75	28.84	29.16	27.64	27.24	26.92	26.42	25.91	25.39	25.14	24.87	24.06	24.33	24.06	23.79
6	35.51	27.00	23.70	21.92	20.81	20.03	19.46	19.03	18.69	18.41	17.99	17.56	17.12	16.89	16.67	16.44	16.21	15.99	15.57
7	29.25	21.69	18.77	17.19	16.21	15.52	15.02	14.63	14.33	14.08	13.71	13.32	12.93	12.73	12.53	12.33	12.12	11.91	11.70
8	25.42	18.49	15.83	14.39	13.49	12.86	12.40	12.04	11.77	11.54	11.19	10.84	10.48	10.30	10.11	9.92	9.73	9.53	9.33
9	22.86	16.39	13.90	12.56	11.71	11.13	10.70	10.37	10.11	9.89	9.57	9.24	8.90	8.72	8.55	8.37	8.19	8.00	7.81
10	21.04	14.91	12.55	11.28	10.48	9.92	9.52	9.20	8.96	8.75	8.45	8.13	7.80	7.64	7.47	7.30	7.12	6.94	6.76
11	19.69	13.81	11.56	10.35	9.58	9.05	8.66	8.35	8.12	7.92	7.63	7.32	7.01	6.85	6.68	6.52	6.35	6.17	6.00
12	18.64	12.97	10.80	9.63	8.89	8.38	8.00	7.71	7.48	7.29	7.00	6.71	6.40	6.25	6.09	5.93	5.76	5.99	5.42
13	17.81	12.31	10.21	9.07	8.35	7.86	7.49	7.21	6.98	6.80	6.52	6.23	5.93	5.78	5.63	5.47	5.30	5.14	4.97
14	17.14	11.78	9.73	8.62	7.92	7.43	7.08	6.80	6.58	6.40	6.13	5.85	5.56	5.41	5.25	5.10	4.94	4.77	4.60
15	16.59	11.34	9.34	8.25	7.57	7.09	6.74	6.47	6.26	6.08	5.81	5.54	5.25	5.10	4.95	4.80	4.64	4.47	4.31
16	16.12	10.97	9.00	7.94	7.27	6.81	6.46	6.19	5.98	5.81	5.55	5.27	4.99	4.85	4.70	4.54	4.39	4.23	4.06
17	15.72	10.66	8.73	7.68	7.02	6.56	6.22	5.96	5.75	5.58	5.32	5.05	4.78	4.63	4.48	4.33	4.18	4.02	3.85
18	15.38	10.39	8.49	7.46	6.81	6.35	6.02	5.76	5.56	5.39	5.13	4.87	4.59	4.45	4.30	4.15	4.00	3.84	3.67
19	15.08	10.16	8.28	7.26	6.62	6.18	5.85	5.59	5.39	5.22	4.97	4.70	4.43	4.29	4.14	3.99	3.84	3.68	3.51
20	14.82	9.95	8.10	7.10	6.46	6.02	5.69	5.44	5.24	5.08	4.82	4.56	4.29	4.15	4.00	3.86	3.70	3.54	3.38
21	14.59	9.77	7.94	6.95	6.32	5.88	5.56	5.31	5.11	4.95	4.70	4.44	4.17	4.03	3.88	3.74	3.58	3.42	3.26
22	14.38	9.61	7.80	6.81	6.19	5.76	5.44	5.19	4.99	4.83	4.58	4.33	4.06	3.92	3.78	3.63	3.48	3.32	3.15
23	14.19	9.47	7.67	6.69	6.08	5.65	5.33	5.09	4.89	4.73	4.48	4.23	3.96	3.82	3.68	3.53	3.38	3.22	3.05
24	14.03	9.34	7.55	6.59	5.98	5.55	5.23	4.99	4.80	4.64	4.39	4.14	3.87	3.74	3.59	3.45	3.29	3.14	2.97

续表

n_2	n_1																		
	1	2	3	4	5	6	7	8	9	10	12	15	20	24	30	40	60	120	∞
25	13.88	9.22	7.45	6.49	5.88	5.46	5.15	4.91	4.71	4.56	4.31	4.06	3.79	3.66	3.52	3.37	3.22	3.06	2.89
26	13.74	9.12	7.36	6.41	5.80	5.38	5.07	4.83	4.64	4.48	4.24	3.99	3.72	3.59	3.44	3.30	3.15	2.99	2.82
27	13.61	9.02	7.27	6.33	5.73	5.31	5.00	4.76	4.57	4.41	4.17	3.92	3.66	3.52	3.38	3.23	3.08	2.92	2.75
28	13.50	8.93	7.19	6.25	5.66	5.24	4.93	4.69	4.50	4.35	4.11	3.86	3.60	3.46	3.32	3.18	3.02	2.86	2.69
29	13.39	8.85	7.12	6.19	5.59	5.18	4.87	4.64	4.45	4.29	4.05	3.80	3.54	3.41	3.27	3.12	2.97	2.81	2.64
30	13.29	8.77	7.05	6.12	5.53	5.12	4.82	4.58	4.39	4.24	4.00	3.75	3.49	3.36	3.22	3.07	2.92	2.76	2.59
40	12.61	8.25	6.60	5.70	5.13	4.73	4.44	4.21	4.02	3.87	3.64	3.40	3.15	3.01	2.87	2.73	2.57	2.41	2.23
60	11.97	7.76	6.17	5.31	4.76	4.37	4.09	3.87	3.69	3.54	3.31	3.08	2.83	2.69	2.55	2.41	2.25	2.08	1.89
120	11.38	7.32	5.79	4.95	4.42	4.04	3.77	3.55	3.38	3.24	3.02	2.78	2.53	2.40	2.26	2.11	1.95	1.76	1.54
∞	10.83	6.91	5.42	4.62	4.10	3.74	3.47	3.27	3.10	2.96	2.74	2.51	2.27	2.13	1.99	1.84	1.66	1.45	1.00

注：† 表示要将所列数乘以100.

附表 7　相关系数检验表

$n-2$	$\alpha=0.05$	$\alpha=0.01$	$n-2$	$\alpha=0.05$	$\alpha=0.01$
1	0.997	1.000	21	0.413	0.526
2	0.950	0.990	22	0.404	0.515
3	0.878	0.959	23	0.396	0.505
4	0.811	0.917	24	0.388	0.496
5	0.754	0.874	25	0.381	0.487
6	0.707	0.834	26	0.374	0.478
7	0.666	0.798	27	0.367	0.470
8	0.632	0.765	28	0.361	0.463
9	0.602	0.735	29	0.355	0.456
10	0.576	0.708	30	0.349	0.449
11	0.553	0.684	35	0.325	0.418
12	0.532	0.661	40	0.304	0.393
13	0.514	0.641	45	0.288	0.372
14	0.497	0.623	50	0.273	0.354
15	0.482	0.606	60	0.250	0.325
16	0.468	0.590	70	0.232	0.302
17	0.456	0.575	80	0.217	0.283
18	0.444	0.561	90	0.205	0.267
19	0.433	0.549	100	0.195	0.254
20	0.423	0.537			

习题参考答案

习题一

1. (1) $\Omega=\{1,2,3,4,5,6\}$, $A=\{2,4,6\}$;

(2) $\Omega=\{(x,y,z) \mid x+y+z=1, x,y,z \in \mathbf{R}_+\}$,

$A=\{(x,y,z) \mid x+y+z=1, x,y,z \in \mathbf{R}_+ \text{ 且 } x^2+y^2=z^2\}$;

(3) $\Omega=\{$正正,正反,反正,反反$\}$, $A=\{$正正$\}$.

2. (1) Ω; (2) $\varnothing$.

3. (1) $AB\overline{C}$; (2) ABC; (3) $(A\overline{B}\,\overline{C}) \cup (\overline{A}B\overline{C}) \cup (\overline{A}\,\overline{B}C)$;

(4) $(\overline{A}\,\overline{B}\,\overline{C}) \cup (A\overline{B}\,\overline{C}) \cup (\overline{A}B\overline{C}) \cup (\overline{A}\,\overline{B}C)$.

4. (1) $\frac{5}{8}$; (2) $\frac{3}{8}$.

5. $\frac{1}{4}$.

6. (1) $\frac{7}{15}$; (2) $\frac{1}{15}$.

7. $\frac{7!\times 8\times 6}{10!}=\frac{1}{15}$.

8. $\frac{2}{3}$.

9. (1) $\frac{1}{12}$; (2) $\frac{1}{20}$.

10. $\frac{4}{7}$.

11. 0.8.

12. (1) $\frac{28}{45}$; (2) $\frac{16}{45}$; (3) $\frac{1}{45}$; (4) $\frac{1}{5}$.

13. $\frac{3}{10}, \frac{3}{5}$.

14. 0.51.

15. $\frac{1}{2}, \frac{2}{7}, \frac{1}{4}$.

16. $\frac{a(n+1)+bn}{(a+b)(m+n+1)}$.

17. (1) $\frac{3}{2}p-\frac{1}{2}p^2$; (2) $\frac{2p}{p+1}$.

18. (1) $\frac{1}{2}$； (2) B 车间.

19. 0.75.

20. (1) 0.8； (2) 0.5.

21. 0.999 13.

22. ～**25.** 略.

26. 0.003,0.059.

27. (1) 63.15%； (2) 8.19%； (3) 16.38%； (4) 56.59%.

28. $(2p-p^2)^3$.

29. 0.552.

30. (1) 0.96； (2) 0.5.

难题详解

习 题 二

1. (1) $P\{X=3\}=\frac{1}{10}, P\{X=4\}=\frac{3}{10}, P\{X=5\}=\frac{6}{10}$;

(2) $P\{X=1\}=\frac{11}{36}, P\{X=2\}=\frac{9}{36}, P\{X=3\}=\frac{7}{36}$,

$P\{X=4\}=\frac{5}{36}, P\{X=5\}=\frac{3}{36}, P\{X=6\}=\frac{1}{36}$.

2. $P\{X=0\}=\frac{22}{35}, P\{X=1\}=\frac{12}{35}, P\{X=2\}=\frac{1}{35}$.

3. (1) $P\{X=k\}=p(1-p)^{k-1} \quad (k=1,2,\cdots)$;

(2) $P\{Y=n+r\}=C_{n+r-1}^{n}(1-p)^n p^r \quad (n=0,1,2,\cdots)$.

4. $c=\frac{37}{16}, P\{X<1\}=\frac{20}{37}$.

5. (1) 0.321； (2) 0.243.

6. (1) 0.072 9； (2) 0.008 56；

(3) 0.999 54； (4) 0.409 51.

7. (1) $\frac{1}{C_8^4}=\frac{1}{70}$;

(2) $P\{$连续试验 10 次,成功 3 次$\}=C_{10}^3\left(\frac{1}{70}\right)^3\left(\frac{69}{70}\right)^7=\frac{3}{10\,000}$,此概率太小,按照实际推断原理,认为他确有区分能力.

8. (1) $\frac{4^8}{8!}e^{-4}\approx 0.029\,77$;

(2) 0.566 530(查表计算).

9. (1) $P\{X\leqslant 3\}=F_X(3)=1-e^{-1.2}$;

(2) $P\{X\geqslant 4\}=1-F_X(4)=e^{-1.6}$;

(3) $P\{3<X\leqslant 4\}=F_X(4)-F_X(3)=e^{-1.2}-e^{-1.6}$;

(4) $P=P\{X\leqslant 3\}+P\{X\geqslant 4\}=1-e^{-1.2}+e^{-1.6}$;

(5) $P\{X=2.5\}=0$.

10. (1) $P\{X<2\}=P\{X\leqslant 2\}=F_X(2)=\ln 2$,

$P\{0<X\leqslant 3\}=F_X(3)-F_X(0)=1$,

$P\left\{2<X<\frac{5}{2}\right\}=F_X\left(\frac{5}{2}\right)-F_X(2)=\ln\frac{5}{2}-\ln 2=\ln\frac{5}{4}$;

(2) $f_X(x)=F_X'(x)=\begin{cases}0, & x<1,\\ \dfrac{1}{x}, & 1\leqslant x<\mathrm{e},\\ 0, & x\geqslant \mathrm{e}.\end{cases}$

11. (1) $F(x)=\begin{cases}0, & x<1,\\ 2\left(x+\dfrac{1}{x}\right)-4, & 1\leqslant x\leqslant 2,\\ 1, & x>2;\end{cases}$

(2) $F(x)=\begin{cases}0, & x<0,\\ \dfrac{x^2}{2}, & 0\leqslant x<1,\\ 2x-\dfrac{x^2}{2}-1, & 1\leqslant x\leqslant 2,\\ 1, & x>2.\end{cases}$

(2) 中的 $f(x)$ 与 $F(x)$ 的图形分别如右图所示.

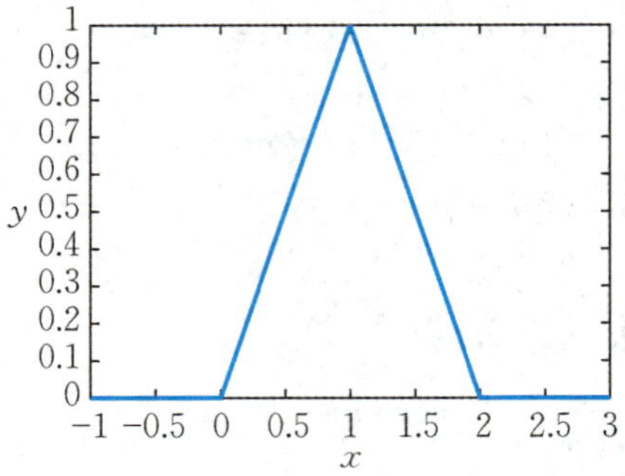

$f(x)$

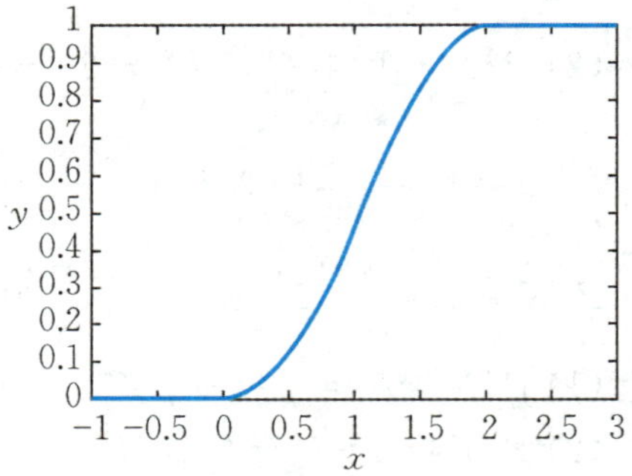

$F(x)$

12. 该顾客一次未等到服务而离开窗口的概率为

$$P\{X>10\}=\frac{1}{5}\int_{10}^{+\infty}\mathrm{e}^{-\frac{x}{5}}\mathrm{d}x=\mathrm{e}^{-2},$$

因此 Y 的分布律为

$P\{Y=k\}=\mathrm{C}_5^k\mathrm{e}^{-2k}(1-\mathrm{e}^{-2})^{5-k}\quad(k=1,2,3,4,5)$,

$P\{Y\geqslant 1\}=1-P\{Y<1\}=0.516\,7$.

13. (1) $a=-1, b=2$; (2) $\frac{3}{4}$;

(3) $F(x)=\begin{cases}0, & x<0,\\ 0.5x, & 0\leqslant x<1,\\ -0.5x^2+2x-1, & 1\leqslant x<2,\\ 1, & x\geqslant 2.\end{cases}$

14. (1) $P\{X>200\}=\int_{200}^{+\infty}\frac{1}{600}\mathrm{e}^{-\frac{1}{600}x}\mathrm{d}x=\mathrm{e}^{-\frac{1}{3}}$;

(2) $3\mathrm{e}^{-\frac{2}{3}}-2\mathrm{e}^{-1}$.

15. (1) $g(y)=\begin{cases}\dfrac{1}{y}, & 1<y<\mathrm{e},\\ 0, & 其他;\end{cases}$ (2) $h(y)=\begin{cases}\dfrac{1}{2}\mathrm{e}^{-\frac{y}{2}}, & 0<y<+\infty,\\ 0, & 其他.\end{cases}$

16. (1) $\varphi(y)=\begin{cases}0, & y<1,\\ \dfrac{1}{2\sqrt{\pi(y-1)}}e^{-\frac{y-1}{4}}, & y\geqslant 1;\end{cases}$ (2) $\varphi(y)=\begin{cases}0, & y<0,\\ \dfrac{1}{\sqrt{2\pi}}e^{-\frac{y^2}{2}}, & y\geqslant 0.\end{cases}$

17. $\varphi(y)=\begin{cases}0, & y<0,\\ \dfrac{2}{\pi\sqrt{1-y^2}}, & 0\leqslant y\leqslant 1,\\ 0, & y>1.\end{cases}$

18. 0.6.

19. (1) $P\{2<X\leqslant 5\}=0.532\,8$, $P\{|X|>2\}=1-P\{|X|<2\}=0.697\,7$;

(2) $c=3$.

20. (1) $P\{X\leqslant 105\}=0.338\,4$, $P\{100<X\leqslant 120\}=0.595\,2$; (2) 129.74.

21. 0.045 6.

22. 31.25.

23.

$Y=X^2$	0	1	4
P	$\frac{1}{5}$	$\frac{7}{30}$	$\frac{17}{30}$

24. $g(y)=\dfrac{1}{3}y^{-\frac{2}{3}}f(y^{\frac{1}{3}})$.

25. $f(y)=\begin{cases}\dfrac{1}{2\sqrt{y}}e^{-\sqrt{y}}, & y>0,\\ 0, & y\leqslant 0.\end{cases}$

26. $\varphi(\theta)=\dfrac{9}{10\sqrt{\pi}}e^{-\frac{81(\theta-37)^2}{100}}\quad(\theta\in\mathbf{R})$.

难题详解

习 题 三

1. (1) 放回抽样:

Y	X	
	0	1
0	$\frac{25}{36}$	$\frac{5}{36}$
1	$\frac{5}{36}$	$\frac{1}{36}$

(2) 不放回抽样:

Y	X	
	0	1
0	$\frac{45}{66}$	$\frac{10}{66}$
1	$\frac{10}{66}$	$\frac{1}{66}$

2. (1)

Y	X			
	0	1	2	3
0	0	0	$\frac{3}{35}$	$\frac{2}{35}$
1	0	$\frac{6}{35}$	$\frac{12}{35}$	$\frac{2}{35}$
2	$\frac{1}{35}$	$\frac{6}{35}$	$\frac{3}{35}$	0

(2) $P\{X>Y\}=\frac{19}{35}, P\{Y=2X\}=\frac{6}{35}, P\{X+Y=3\}=\frac{5}{9}, P\{X+Y<3\}=\frac{2}{7}$.

3. $P\{X=m,Y=n\}=p^2(1-p)^{n-2}\quad(n=2,3,\cdots;m=1,2,\cdots,n-1)$,

$P\{X=m\}=\sum\limits_{n=m+1}^{\infty}p^2(1-p)^{n-2}\quad(m=1,2,\cdots)$,

$P\{Y=n\}=(n-1)p^2(1-p)^{n-2}\quad(n=2,3,\cdots)$.

利用离散型随机变量条件分布律的公式，有

$P\{X=m\mid Y=n\}=\frac{1}{n-1}\quad(n=2,3,\cdots;m=1,2,\cdots,n-1)$,

$P\{Y=n\mid X=m\}=pq^{n-m-1}\quad(m=1,2,\cdots;n=m+1,m+2,\cdots)$.

4. (1) $A=2$;

(2) $P\{X\mid Y\}=\frac{f(x,y)}{f_Y(y)}=\begin{cases}2\mathrm{e}^{-2x}, & x>0,\\ 0, & \text{其他},\end{cases}$

$P\{Y\mid X\}=\frac{f(x,y)}{f_X(x)}=\begin{cases}\mathrm{e}^{-y}, & y>0,\\ 0, & \text{其他};\end{cases}$

(3) $P\{X\leqslant 2\mid Y\leqslant 1\}=1-\mathrm{e}^{-4}$.

5. (1) $C_n^m p^m(1-p)^{n-m}$，其中 $0\leqslant m\leqslant n\quad(n=0,1,2,\cdots)$；

(2) $P\{Y=m,X=n\}=C_n^m p^m(1-p)^{n-m}\cdot\frac{\lambda^n}{n!}\mathrm{e}^{-\lambda}$，其中 $0\leqslant m\leqslant n\quad(n=0,1,2,\cdots)$.

6. (1) $k=\frac{1}{8}$；(2) $P\{X<1,Y<3\}=\frac{3}{8}, P\{X<1.5\}=\frac{27}{32}, P\{X+Y\leqslant 4\}=\frac{2}{3}$.

7. $\frac{1}{6}$.

8. $\frac{4}{\pi^2}$.

9. 略.

10. X 与 Y 的边缘分布律分别为

X	1	2	3
P	$\frac{1}{2}$	$\frac{1}{9}+\alpha$	$\frac{1}{18}+\beta$

Y	1	2
P	$\frac{1}{3}$	$\frac{1}{3}+\alpha+\beta$

$\alpha=\frac{2}{9}, \beta=\frac{1}{9}$.

11. (1) $c=12$； (2) $F(x,y)=\begin{cases}(1-e^{-3x})(1-e^{-4y}), & x>0,y>0,\\ 0, & 其他;\end{cases}$

(3) $f_X(x)=\begin{cases}3e^{-3x}, & x>0,\\ 0, & x\leqslant 0,\end{cases}$ $f_Y(y)=\begin{cases}4e^{-4y}, & y>0,\\ 0, & y\leqslant 0,\end{cases}$

由于 $f(x,y)=f_X(x)f_Y(y)$，因此 X 与 Y 相互独立.

12. $f_X(x)=A\sqrt{\dfrac{\pi}{c}}\,e^{-\left(a-\frac{b^2}{4c}\right)x^2},\quad x\in(-\infty,+\infty)$，

$f_Y(y)=A\sqrt{\dfrac{\pi}{a}}\,e^{-\left(c-\frac{b^2}{4a}\right)y^2},\quad y\in(-\infty,+\infty)$，

$b=0,\sqrt{ac}=A\pi$.

13. 放回抽样：

X 的边缘分布律为

X	0	1
P	$\frac{5}{6}$	$\frac{1}{6}$

Y 的边缘分布律为

Y	0	1
P	$\frac{5}{6}$	$\frac{1}{6}$

不放回抽样：

X 的边缘分布律为

X	0	1
P	$\frac{5}{6}$	$\frac{1}{6}$

Y 的边缘分布律为

Y	0	1
P	$\frac{5}{6}$	$\frac{1}{6}$

14. $f_X(x)=\begin{cases}\displaystyle\int_0^x 4.8y(2-x)\,dy=2.4x^2(2-x), & 0\leqslant x\leqslant 1,\\ 0, & 其他,\end{cases}$

$f_Y(y)=\begin{cases}\displaystyle\int_y^1 4.8y(2-x)\,dx=2.4y(3-4y+y^2), & 0\leqslant y\leqslant 1,\\ 0, & 其他.\end{cases}$

15. $f_X(x)=\begin{cases}\displaystyle\int_x^{+\infty} e^{-y}\,dy=e^{-x}, & x>0,\\ 0, & 其他,\end{cases}$

$f_Y(y)=\begin{cases}\displaystyle\int_0^y e^{-y}\,dx=ye^{-y}, & y>0,\\ 0, & 其他.\end{cases}$

16. （1）$c=\dfrac{21}{4}$；

（2）$f_X(x)=\begin{cases}\displaystyle\int_{x^2}^{1}\frac{21}{4}x^2y\,\mathrm{d}y=\frac{21}{8}x^2(1-x^4), & -1\leqslant x\leqslant 1,\\ 0, & \text{其他},\end{cases}$

$f_Y(y)=\begin{cases}\displaystyle\int_{-\sqrt{y}}^{\sqrt{y}}\frac{21}{4}x^2y\,\mathrm{d}x=\frac{7}{2}y^{\frac{5}{2}}, & 0\leqslant y\leqslant 1,\\ 0, & \text{其他}.\end{cases}$

17. 放回抽样：

$$P\{X=0,Y=0\}=\frac{25}{36},\quad P\{X=0,Y=1\}=\frac{5}{36},$$

$$P\{X=1,Y=0\}=\frac{5}{36},\quad P\{X=1,Y=1\}=\frac{1}{36},$$

则 X 与 Y 相互独立.

不放回抽样：

$$P\{X=0,Y=0\}=\frac{45}{66},\quad P\{X=0\}=\frac{5}{6},\quad P\{Y=0\}=\frac{5}{6},$$

$$P\{X=0\}P\{Y=0\}=\frac{25}{36}\neq\frac{45}{66},$$

则 X 与 Y 不相互独立.

18. （1）X 的概率密度为

$$f_X(x)=\begin{cases}1, & x\in(0,1),\\ 0, & \text{其他},\end{cases}$$

Y 的概率密度为

$$f_Y(y)=\begin{cases}\dfrac{1}{2}\mathrm{e}^{-\frac{y}{2}}, & y>0,\\ 0, & y\leqslant 0,\end{cases}$$

(X,Y) 的概率密度为

$$f(x,y)=f_X(x)f_Y(y)=\begin{cases}\dfrac{1}{2}\mathrm{e}^{-\frac{y}{2}}, & 0<x<1,y>0,\\ 0, & \text{其他}；\end{cases}$$

（2）0.144 5.

19. $f(x,y)=\begin{cases}\dfrac{1}{2}, & (x,y)\in D,\\ 0, & (x,y)\notin D,\end{cases}$ $f_X(x)=\begin{cases}1+x, & -1\leqslant x\leqslant 0,\\ 1-x, & 0\leqslant x\leqslant 1,\\ 0, & \text{其他}.\end{cases}$

20. $f_X(x)=\begin{cases}1, & 0\leqslant x\leqslant 1,\\ 0, & \text{其他},\end{cases}$ $f_Y(y)=\begin{cases}1, & 0\leqslant y\leqslant 1,\\ 0, & \text{其他},\end{cases}$ $f_Z(z)=\begin{cases}z, & 0\leqslant z<1,\\ 2-z, & 1\leqslant z<2,\\ 0, & \text{其他}.\end{cases}$

21. $f_Z(z)=\begin{cases}\dfrac{1}{(1+z)^2}, & z>0,\\ 0, & z\leqslant 0.\end{cases}$

22. $f_Z(z)=\begin{cases}\dfrac{1}{2}e^{-\frac{z}{2}}, & z>0,\\ 0, & z\leqslant 0.\end{cases}$

23. $F_Z(z)=\begin{cases}0, & z<0,\\ 2z-z^2, & 0\leqslant z<1,\\ 1, & z\geqslant 1,\end{cases}$ $f_Z(z)=\begin{cases}2(1-z), & 0\leqslant z<1,\\ 0, & \text{其他}.\end{cases}$

24. (1) $f_Z(z)=\begin{cases}\dfrac{z^3}{6}e^{-z}, & z>0,\\ 0, & \text{其他};\end{cases}$ (2) $f_\eta(u)=\begin{cases}\dfrac{u^5}{120}e^{-u}, & u>0,\\ 0, & \text{其他}.\end{cases}$

25. 0.000 63.

26. (1) $P\{X=2\mid Y=2\}=0.2, P\{Y=3\mid X=0\}=\dfrac{1}{3}$;

(2) $P\{V=0\}=0, P\{V=1\}=0.04, P\{V=2\}=0.16, P\{V=3\}=0.28,$
$P\{V=4\}=0.24, P\{V=5\}=0.28$;

(3) $P\{U=0\}=0.28, P\{U=1\}=0.30, P\{U=2\}=0.25, P\{U=3\}=0.17.$

27. $F_U(u)=\begin{cases}0, & u<0,\\ \dfrac{(1-e^{-u})^2}{1-e^{-1}}, & 0\leqslant u<1,\\ 1-e^{-u}, & u\geqslant 1.\end{cases}$

难题详解

习 题 四

1. $E(X)=\dfrac{2}{9}, D(X)=\dfrac{88}{405}$,其中 X 表示在取到正品之前,已取出的废品个数.

2. 0.74 万元.

3. (1) $E(X)=-0.2$; (2) $E(X^2)=2.8$; (3) $E(3X^2+5)=13.4$.

4. (1) $E(X)=2, E(Y)=0$; (2) $E(Z)=-\dfrac{1}{15}$; (3) $E(W)=5$.

5. $a=\dfrac{1}{3}, b=2$.

6. $E(Y)=45$.

7. (1) $E(X)=\dfrac{3}{2}$; (2) $E\left(\dfrac{1}{X}\right)=\dfrac{3}{4}$.

8. 2.

9. $E(X)=3\times\dfrac{2}{5}=\dfrac{6}{5}, D(X)=3\times\dfrac{2}{5}\times\dfrac{3}{5}=\dfrac{18}{25}$.

10. $E(Y)=\dfrac{1}{3}, D(Y)=\dfrac{8}{9}$.

11. $D(3X-5)=1.5$.

12. 0.977 2.

13. $E(Y)=68.26, D(Y)=21.665\,7$.

14. $D(X+Y)=\frac{16}{3}, D(2X-3Y)=28.$

15. $D(XY)=14.$

16. $E(|X-Y|)=\sqrt{\frac{2}{\pi}}, D(|X-Y|)=1-\frac{2}{\pi}.$

17. 略.

18. $\rho_{XY}=0, \mathrm{Cov}(X^2, Y^2)=-0.02.$

19. $E(X+Y)=\frac{4}{3}, D(X+Y)=\frac{1}{18}.$

20. (1)

X	Y = 0	Y = 1
0	$\frac{2}{9}$	$\frac{1}{9}$
1	$\frac{1}{9}$	$\frac{5}{9}$

(2) $P\{X+Y\leqslant 1\}=\frac{4}{9}.$

21. (1) $D(X+Y)=71$； (2) $D(X-Y)=51.$

22. 当 a, c 同号时，$\rho_{X_1X_2}=\rho$；当 a, c 异号时，$\rho_{X_1X_2}=-\rho.$

23. 略.

24. $\frac{2\sqrt{66}}{33}.$

25. $\mu_k=\frac{b^{k+1}-a^{k+1}}{(k+1)(b-a)}, \nu_k=\begin{cases}\frac{1}{k+1}\left(\frac{b-a}{2}\right)^k, & k \text{ 是偶数}, \\ 0, & k \text{ 是奇数}.\end{cases}$

26. $P\{|X-E(X)|\geqslant 3\sigma\}\leqslant\frac{1}{9}.$

27. $P\{|X+Y|\geqslant 6\}\leqslant\frac{1}{12}.$

28. $P\{|f_n(A)-p|<0.01\}\geqslant 1-p(1-p)\geqslant 0.75.$

29. 0.374 5.

30. 0.811 4.

难题详解

习 题 五

1. C.

2. C.

3. C.

4. B.

5. D.

6. B.

7. 总体:最近的大学本科毕业生实习期满转正后的月薪;
样本:1 000 名 2024 届本科毕业生实习期满转正后的月薪;
样本容量:1 000.

8. $(n-1)\sigma^2$.

9. $E(\overline{X})=n, D(\overline{X})=\frac{n}{5}, E(S^2)=2n$.

10. $F(10,5)$.

11. 16.

12. 略.

13. $t(16)$.

14. 0.025.

15. 26.105.

16. (1) 21,0.16; (2) 0.451 4.

17. $t(4)$.

18. 0.674 4.

19. $\frac{1}{3}$.

20. (1) 0.99; (2) $\frac{2\sigma^4}{15}$.

21. (1) $\chi^2(2n-2)$; (2) $F(1,2n-2)$.

难题详解

习 题 六

1. $\frac{1}{4}$.

2. $\hat{n}=\frac{\overline{X}}{\hat{p}}, \hat{p}=1-\frac{\frac{1}{n}\sum_{i=1}^{n}(X_i-\overline{X})^2}{\overline{X}}$.

3. (1) $2\overline{X}$; (2) 0.963 4.

4. $\frac{1}{1-\overline{X}}-2, -\left(1+\frac{n}{\sum_{i=1}^{n}\ln x_i}\right)$.

5. $\sqrt{\frac{1}{2n}\sum_{i=1}^{n}x_i^2}, \frac{1}{n}\sum_{i=1}^{n}|x_i|$.

6. $\min\{x_1,x_2,\cdots,x_n\}$.

7. 略.

8. (1) $\frac{1}{2(n-1)}$; (2) $\frac{1}{n}$.

9. 证明略,T_3 更有效.

10. 略.

11. (1) $2\overline{X}$; (2) $\dfrac{\theta^2}{5n}$; (3) 无偏估计,相合估计.

12. (992.16,1 007.84).

13. (1) (14.81,15.01); (2) (14.75,15.07).

14. (4.786,6.214),(1.825,5.792).

15. (1) (0.001,0.007); (2) (0.001 1,0.007 9).

16. 至少 2 个.

17. (−0.63,3.43).

18. (0.222,3.601).

19. (3.56,4.49).

20. (1) 40 394; (2) 2 342.

难题详解

习 题 七

1. 这日自动包装机工作正常.

2. 这日钢材含碳量的均值有显著降低.

3. 这日自动包装机工作正常.

4. 可以认为镁的熔点显著高于 650 ℃.

5. 接受 $H_0:\sigma^2=0.03$.

6. 这日纤度的总体标准差不正常.

7. 接受 $H_0:\sigma\geqslant 0.04\%$.

8. 可以认为该班男生和女生的英语成绩存在显著差异.

9. (1) 无显著差异; (2) 无显著差异.

10. 可以认为使用原料 B 的产品的平均重量比使用原料 A 的要重.

11. 可以认为早晨的身高比晚上的身高要高.

12. 接受 $H_0:\mu_1-\mu_2\leqslant 2$.

13. 可以断定 $\sigma_x^2=\sigma_y^2$.

14. 这两个系统检索资料无显著差别.

难题详解

习 题 八

1. (1) 0.984 7,线性关系显著;

(2) $\hat{y}=4.437\,1+0.321\,6x$,$f_0=247.117\,4>5.12=F_{0.05}(1,9)$,在显著性水平 $\alpha=0.05$ 下线性回归方程显著,而 $f_0=247.117\,4>10.56=F_{0.01}(1,9)$,在显著性水平 $\alpha=0.01$ 下线性回归方程显著;

(3) (11.296 4,138.703 6).

2. $\hat{y}=0.731\,3+0.282\,8x+0.136\,2x^2$.

3. $f_0=5.034\,5>F_{0.05}(3,12)=3.49$,故在显著性水平 $\alpha=0.05$ 下应拒绝原假设 H_0,即认为 4 种工艺有显著差异. 而 $f_0=5.034\,5<F_{0.01}(3,12)=5.95$,故在显著性水平 $\alpha=0.01$ 下应接受原假设 H_0,即认为 4 种工艺无显著差异.